U0353515

中国石油大学（北京）学术专著系列

流态化技术
在化工过程中的应用

刘梦溪　卢春喜　王祝安　著

化学工业出版社

·北京·

内容简介

本书汇集了研究团队二十余年来在气固流化床反应器基础研究和工程放大方面的研究成果，介绍了流态化基本原理，剖析了催化裂化过程气体分布器和工业流化床反应器流动问题，介绍了吡啶碱合成过程的特点、耦合流化床反应器内的多相流动、小型热态反应器中的流动、工业侧线和工业反应器中的质量平衡、压力平衡和热量平衡以及反应性能。此外，本书还详细介绍了新型耦合流化床反应器开发过程及研究成果，包括半焦合成二硫化碳的热力学分析和反应动力学分析、大型冷态流体力学实验结果、工业耦合流化床反应器的设计要点、开工时流动与温度的控制手段以及工业装置正常运行时的操作数据与分析。

本书可供化工和石油化工等领域科技人员、工程技术人员、生产管理人员阅读，也可供高等院校化学工程与工艺、过程装备与控制工程等相关专业本科生、研究生学习参考。

图书在版编目（CIP）数据

流态化技术在化工过程中的应用/刘梦溪，卢春喜，王祝安著.—北京：化学工业出版社，2022.4
ISBN 978-7-122-40651-4

Ⅰ.①流… Ⅱ.①刘…②卢…③王… Ⅲ.①流态化-应用-化工过程 Ⅳ.①TQ02

中国版本图书馆 CIP 数据核字（2022）第 016969 号

责任编辑：仇志刚　高璟卉　　　　　　　　　装帧设计：刘丽华
责任校对：宋　玮

出版发行：化学工业出版社（北京市东城区青年湖南街 13 号　邮政编码 100011）
印　　装：北京捷迅佳彩印刷有限公司
710mm×1000mm　1/16　印张 23½　字数 461 千字　2022 年 7 月北京第 1 版第 1 次印刷

购书咨询：010-64518888　　　　　　　　售后服务：010-64518899
网　　址：http://www.cip.com.cn
凡购买本书，如有缺损质量问题，本社销售中心负责调换。

定　　价：128.00 元　　　　　　　　　　　　　　版权所有　违者必究

丛书序

科技立则民族立，科技强则国家强。党的十九届五中全会提出了坚持创新在我国现代化建设全局中的核心地位，把科技自立自强作为国家发展的战略支撑。高校作为国家创新体系的重要组成部分，是基础研究的主力军和重大科技突破的生力军，肩负着科技报国、科技强国的历史使命。

中国石油大学（北京）作为高水平行业领军研究型大学，自成立起就坚持把科技创新作为学校发展的不竭动力，把服务国家战略需求作为最高追求。无论是建校之初为国找油、向科学进军的壮志豪情，还是师生在一次次石油会战中献智献力、艰辛探索的不懈奋斗；无论是跋涉大漠、戈壁、荒原，还是走向海外，挺进深海、深地，学校科技工作的每一个足印，都彰显着"国之所需，校之所重"的价值追求，一批能源领域国家重大工程和国之重器中都有我校的贡献。

当前，世界正经历百年未有之大变局，新一轮科技革命和产业变革蓬勃兴起，"双碳"目标下我国经济社会发展全面绿色转型，能源行业正朝着清洁化、低碳化、智能化、电气化等方向发展升级。面对新的战略机遇，作为深耕能源领域的行业特色型高校，中国石油大学（北京）必须牢记"国之大者"，精准对接国家战略目标和任务。一方面要"强优"，坚定不移地开展石油天然气关键核心技术攻坚，立足油气、做强油气；另一方面要"拓新"，在学科交叉、人才培养和科技创新等方面巩固提升、深化改革、战略突破，全力打造能源领域重要人才中心和创新高地。

为弘扬科学精神，积淀学术财富，学校专门建立学术专著出版基金，出版了一批学术价值高、富有创新性和先进性的学术著作，充分展现了学校科技工作者在相关领域前沿科学研究中的成就和水平，彰显了学校服务国家重大战略的实绩与贡献，在学术传承、学术交流和学术传播上发挥了重要作用。

科技成果需要传承，科技事业需要赓续。在奋进能源领域特色鲜明世界一流研究型大学的新征程中，我们谋划出版新一批学术专著，期待学校广大专家学者继续坚持"四个面向"，坚决扛起保障国家能源资源安全、服务建设科技强国的时代使命，努力把科研成果写在祖国大地上，为国家实现高水平科技自立自强，端稳能源的"饭碗"作出更大贡献，奋力谱写科技报国新篇章！

中国石油大学（北京）校长

2021 年 11 月 1 日

前　言

　　气固流化床反应器是利用气固流态化的原理，将固体颗粒悬浮在气体中，在固体和气体之间进行质量和能量传递，并在颗粒内孔或表面发生反应，具有质量、能量传递速率快、温度均匀、易于大规模连续操作等优点。气固流化床反应器在化工和石油化工领域具有非常广泛的用途。流化催化裂化（FCC）、甲醇制烯烃（MTO 或MTP）、燃煤锅炉、吡啶碱合成等过程中都用到了气固流化床。在石油炼制行业，气固流化床发展较为迅速，尤其是在流化催化裂化工艺过程中。经过 50 多年的发展，我国已积累了丰富的研究成果和工业化经验，实现了催化剂、工艺、工程和装备全面国产化，整体技术达到国际先进水平，自主开发出的 DCC、 MIP 等催化裂化家族技术已出口国外。近年来，一些化工过程也在尝试从传统的固定床操作跃升到流化床操作，但由于规模较小、应用装置少、国外公司技术壁垒、研究基础薄弱等诸多原因，这些化工过程的气固流化床反应器技术发展相对较慢，尤其是缺乏从小型热态实验、大型冷态流体力学实验到工业侧线、工业化应用，这一流化床反应器开发全过程的基础数据和研究结果，从而导致这些化工过程的气固流化床反应器普遍存在器内传递受限、气固接触效果差、能耗高、排放超标、无法实现长周期运转等一系列问题。本书选取了吡啶碱合成和二硫化碳合成两个典型化工过程作为范例，系统地介绍了耦合气固流化床反应器开发全过程的研究结果和大量工业运行基础数据，以期为相同或相近化工过程的研究者和工程师提供一些参考和借鉴。

　　实现高效低毒农药的自主安全生产是我国农药发展的重大战略需求，关系到我国农业的战略安全。吡啶及其衍生物是目前杂环化合物中开发应用范围最广的品种之一，被称作是"三药"（农药、医药和兽药）及其"三药"中间体的"芯片"。我国是全球吡啶碱及其下游产品的主要生产和消费国，高效地合成吡啶碱对我国农药行业、甚至我国农业的发展和战略安全都有着重要的意义。目前，我国吡啶碱的生产主要存在以下"卡脖子"问题：（1）吡啶碱合成装置普遍存在反应器分布器频繁结焦的问题，开工周期一般只有 3~4 个月，远低于美国 Vertellus 等国际生产商的开工周期（1年以上），不但生产能力低下，而且能耗和排放等指标居高不下。（2）我国目前已经实现吡啶碱生产工艺和催化剂技术的国产化，但是反应器技术一直没有摆脱受制于人的局面，相关技术被美国 Vertellus、UOP 等国际专利商垄断。一方面，花费大量外汇购买的国外专利技术存在代差，导致装置在运行中普遍存在开工周期短、能耗高、排放量大等一系列问题；另一方面，核心反应器技术掌握在外方手中，使我国农药行业甚至农业都存在着巨大的隐患，极大地威胁我国农业的战略安全。针对这一现状，笔者研究团队开发出了一种新型的耦合流化床反应器。工业化结果表明，新型反应器彻底解决了以上"卡脖子"难题，并实现了较高的产品收率。

本书第 1 章至第 3 章介绍了流态化基本原理、催化裂化过程气体分布器并对工业流化床反应器流动问题进行剖析。第 4 章至第 7 章详细介绍了吡啶碱合成过程的特点、耦合流化床反应器内的多相流动、小型热态反应器中的流动传递与反应、工业侧线和工业反应器中的质量平衡、压力平衡和热量平衡以及反应性能。

二硫化碳是一种应用十分广泛的化工原料，目前合成二硫化碳主要采取木炭合成法，采用固定床反应器。该方法具有集成度差、劳动强度高、污染排放大、能耗高、效率低等一系列问题。另一种方法是采用天然气合成二硫化碳，由于原料价格昂贵，大大限制了产品的利润。针对这一现状，笔者研究团队开发出了一种高效的耦合流化床反应器，一套流化床装置就达到了近 500 台固定床反应器的产能，与此同时极大地降低了能耗和排放量。本书第 8 章至第 10 章详细介绍了新型耦合流化床反应器开发过程中的研究成果，包括半焦合成二硫化碳的热力学分析和反应动力学分析、大型冷态流体力学实验结果、工业耦合流化床反应器的设计要点、开工时流动与温度的控制手段，以及工业装置正常运行时的操作数据与分析。

本书内容汇集了研究团队二十余年来在气固流化床反应器基础研究和工程放大方面的研究成果，也凝聚了研究团队范怡平教授和程文嘉、孙祥虎、穆长春、秦迪、周帅帅等一大批研究生的辛勤付出。

由于编者水平有限，书中可能存在不妥和疏漏之处，恳请广大读者批评指正。

著者
2021 年 2 月

目　录

第 **1** 章

流态化基本原理

在石油化工与化工行业，气固流态化技术得到了广泛的应用，有单容器流化床，也有双容器流化床（反应器-再生器），有同高并列式、高低并列式等；从床型分，有鼓泡床、湍流床、快速床、输送床等。在以往的生产中，人们过多关注产品收率和产品分布，而忽视了与流化工程相关的问题；工程设计者对流态化机理的研究较为欠缺。近年来，随着流态化技术的发展和实际生产操作过程出现的问题，流态化工程问题愈来愈被人们所重视。诸如，固体颗粒在反应器和再生器及管路中的循环，循环中所能形成的流型，流动中的脱气和充气，催化剂物性与流化和流动的关系，床层的密度和密度分布，扬析夹带的机理和模型，床膨胀，等等。通过对生产装置进行标定，可总结出一定的规律，甚至导出一些关联式，但这些大多是经验性的总结，还需要进一步结合流态化基本原理，深刻认识设备内的两相流动行为，才能够为流化床反应器的长周期操作、事故状态的处理、新型反应器的开发和设计提供指导。

1.1　流态化颗粒

所谓流态化，是一种使微粒固体与气体或液体接触而转变成类似流体状态的操作。当流体施加于颗粒的曳力（向上）和颗粒排开流体受到的浮力之和等于颗粒自身的重力时，颗粒就悬浮起来。或者说，颗粒被流化起来，如图 1.1 所示。研究流态化技术，必须对流态化颗粒进行分类，对颗粒大小、形状和孔体积以及颗粒在不同操作条件下运动规律等都应有所了解，并利用固体颗粒固有特性，完成整个生产过程。

1.1.1　颗粒的分类

根据除尘技术的基本理论与应用[1]，对粉尘和尘埃我国目前尚未有统一的名词术语。根据国际上比较常见的分类，粉尘是指尘粒比较粗的颗粒（大于 $75\mu m$），尘埃则指粒径大于 $1\mu m$ 小于 $75\mu m$ 的颗粒。近年来国际上较为通用的粉体颗粒分类是 Geldart 颗粒分类，将粉体颗粒分为四类[2]，即 A 类、B 类、C 类、D 类，见图 1.2。

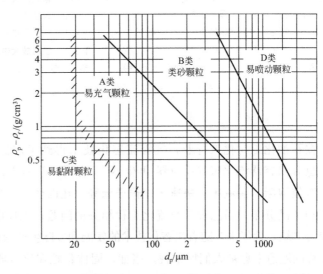

图 1.1　气固流化床
　示意图

图 1.2　Geldart 颗粒分类图

每种颗粒具有本身的特性，且决定了其流化性能。因此，在阅览流态化相关书籍和选用关联式时，必须明确该关联式适用于哪种颗粒，否则将产生很大的误差。在气固系统中，Geldart 颗粒的特性为：

（1）A 类颗粒

A 类颗粒被称为细颗粒或可充气颗粒，一般具有较小的粒度，平均粒径（$30\sim100\mu m$），典型的 A 类颗粒为 FCC 催化剂，其特性为：

①　容易充气流动；

②　颗粒直径较小，颗粒密度较小；

③ 表观气速在床层起始流化速度 u_{mf} 与起始鼓泡速度（出现第一个气泡的速度）u_{mb} 之间时，床层出现均匀流化，即散式流化（流化床颗粒均匀地分散，平稳地流化，其典型为液-固系统流态化），此时 $u_{mf}/u_{mb} < 1$；

④ 在气泡出现前床层有较大的膨胀；

⑤ 固体颗粒内循环较强，乳化相内气体返混严重；

⑥ 气泡直径小，流化较为平稳；

⑦ 存在最大气泡直径；

⑧ 因粒团的形成，可以形成快速流态化；

⑨ 颗粒夹带（指流化气体从床层中带走固体颗粒的过程）较为严重。

（2）B 类颗粒

B 类颗粒被称为粗颗粒，一般具有较大的粒度，平均粒径在 $100 \sim 1000 \mu m$ 之间，以砂粒为典型代表，其特性为：

① 起始流化速度与起始鼓泡速度近似相等，即 $u_{mf} = u_{mb}$；

② 气泡较大，气泡沿床高而增大；

③ 固体颗粒返混相对较弱，乳化相内气体返混较弱；

④ 床层流化不稳定。

（3）C 类颗粒

C 类颗粒属于黏性颗粒或超细粉颗粒。奶粉、锅炉飞尘以及炼油工业流化催化裂化旋风分离器二级料腿中的催化剂颗粒属于 C 类颗粒。其特性为：

① 颗粒直径小，平均直径 $d_p < 30 \mu m$；

② 颗粒间作用力较大，具有较强的黏聚性，所以不易流化，易形成沟流，自然流动也较困难；

③ 颗粒间力对颗粒的流化行为有显著影响；

④ 若使 C 类颗粒形成流化床，只有在搅拌或振动作用下方可实现。

（4）D 类颗粒

D 类颗粒属于过粗颗粒，一般颗粒平均直径约大于 $1000 \mu m$，麦粒、咖啡豆、粗玻璃珠均属此类。其流化特性为：

① 床层易产生喷动，该类颗粒流化时易产生极大气泡或节涌，难于稳定操作；

② 迄今为止，B 类和 D 类颗粒不易严格区分。

随着流态化技术不断发展，在 Geldart 对颗粒分类的基础上，有人提出一种 AB 类颗粒，该种颗粒的性质介于 A 类和 B 类颗粒之间。对炼油工业催化剂而言，大密度 FCC 催化剂具有 AB 类颗粒的一些性质，因此，在操作中应注意掌握其流化特性，特别要重视大密度 FCC 催化剂的流动和输送，以实现平稳操作。

由 Geldart 颗粒分类，总结出各类颗粒的宏观特性见表1.1。

石化领域常见颗粒的流态化宏观特性见表1.2。

由此可见，不同颗粒物性，床层流化性能是不同的。所以在讨论流态化基本原理之前，首先应研究影响气固流态化颗粒的主要物性，如粒径分布、颗粒密度、颗粒的输送和流动性能、充气与脱气性能。

表 1.1　各类颗粒宏观特性表

项目	C 类	A 类	B 类	D 类
平均粒径/μm	＜30	30～100	100～1000	＞1000
节涌形状	节状	轴对称	大气泡轴对称	壁上
流动行为	易粘连	易充气	易鼓泡	易喷动

表 1.2　不同物性、不同粒径气固流态化对比

项目	FCC 催化剂	油砂	沥青造粒	半焦	高硫焦
粒度范围/μm	1～150	3～2000	75～150	1～2500	0～710
平均粒径/μm	50～70	73～172	约 139	约 468	90～170
操作表观气速/(m/s)	0.3～1.2	0.4～1.5	0.039～0.3	0.3～1.3	0.4～1.5
堆积密度/(kg/m³)	820～890	约 1260	约 401	约 869	874～906
床层组成	床层分密相和稀相，床界面稳定	床层分密相和稀相，床界面清楚	起始流化分局部和全床流化，全床流化后有床界面	有床界面，流化后有喷动现象，但不明显，气泡大	床层分密相和稀相，床界面清楚
气泡性能	鼓泡床气泡大，湍动床气泡小且均匀	气泡较大	有气泡，易形成气体沟流	气泡较大，床层波动较厉害	床层不稳定，气泡较 FCC 物料大
乳化相性能	乳化相为连续相，有返混	返混较严重	返混严重，湍动明显	返混较严重，有时有节涌	返混较严重
起始流化速度/(m/s)	0.025	0.05～0.12(起始流化分三个阶段)	0.12～0.14(起始流化分二个阶段)	0.128～0.129	
流化床名称	鼓泡床或湍流床	鼓泡床或湍流床	鼓泡床	鼓泡床	鼓泡床或湍流床

粉体颗粒分类除 Geldart 颗粒分类外，常用的还有 Grace 颗粒分类[3]。Geldart 颗粒分类没有包含操作气速和其他的过程变量。Grace 为了适应高温高压操作条件，考虑到流态化状态与雷诺数 Re、阿基米德准数 Ar 有关，提出新的参考 d_p^* 及 u^* 计算式：

$$d_p^* = Ar^{1/3} = d_p (\rho_f g \Delta\rho / \mu_f^2)^{1/3} \tag{1.1}$$

$$u^* = Re/d_p^* = u [\rho_f^2 / (\mu_f g \Delta\rho)]^{1/3} \tag{1.2}$$

式中　$\Delta\rho=\rho_p-\rho_f$；

ρ_p——颗粒密度，kg/m^3；

ρ_f——流化气体密度，kg/m^3；

d_p^*——无量纲颗粒直径；

u^*——无量纲表观气速；

d_p——颗粒直径，m；

μ_f——气体黏度，Pa·s。

通过计算 d_p^*，可确定颗粒分界值。Grace 给出 C-A 类颗粒分界值：$(d_p^*)_{C-A}=0.68\sim1.1$，通常采用 $(d_p^*)_{C-A}=1.1$，此时 $Ar_{C-A}=0.31\sim1.3$[3]；A-B 类颗粒的分界值由下式计算：

$$(d_p^*)_{A-B}=101(\Delta\rho/\rho_f)^{0.425} \tag{1.3}$$

$$Ar_{A-B}=1.03\times10^6(\Delta\rho/\rho_f)^{1.275} \tag{1.4}$$

若 $\Delta\rho=1000\sim2000kg/m^3$，则 $(d_p^*)_{A-B}=5$，或者 $Ar_{A-B}\approx125$[3]。

对大部分低压系统而言，$\Delta\rho/\rho_f$ 一般为 $500\sim10000$，$(d_p^*)_{B-D}=12\sim46$，常取 $(d_p^*)_{B-D}=46$，或者 $Ar_{B-D}=1.45\times10^5$。在其他颗粒分类中 B 类、D 类颗粒分界不清晰的问题在此得到了解决[3]。

因 Geldart 对颗粒的分界只是定性的，不是临界值，故不能确切地表明其颗粒流态化特性。Grace 所给出的颗粒分界值说明了一定颗粒的流化特性。在此基础上 Grace 提出了 A 类与 B 类颗粒可进一步分为 A、AB、B 类颗粒，其定性关系为：

① A 类颗粒 $u_{mb}/u_{mf}\geqslant1.2$；

② AB 类颗粒 $1.1<u_{mb}/u_{mf}<1.2$；

③ B 类颗粒 $u_{mb}/u_{mf}\leqslant1.1$。

对于固体颗粒而言，其形状有球形和非球形的。一般情况下，所有颗粒并非等直径，而是不同粒径的混合物形成非均一粒径颗粒群。表述非均一颗粒群常用粒径分布，或称筛分组成。

1.1.2　有关颗粒的一些概念

上一节介绍了颗粒的分类，不同类型的颗粒有不同的流化性能。相同类型的颗粒，其结构对流化性能也有一定的影响，为了掌握流态化基本理论，必须对影响流态化的颗粒本身特性的一些概念作简单介绍。

1.1.2.1　粉体颗粒的各种角度

根据颗粒筛分组成、平均粒径等物理性质，不同的筛分组成和不同粒径的颗粒具有一定的休止角、塌角、差角和滑动角,见图 1.3。

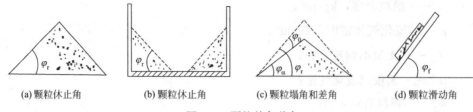

| (a) 颗粒休止角 | (b) 颗粒休止角 | (c) 颗粒塌角和差角 | (d) 颗粒滑动角 |

图 1.3　颗粒的各种角

(1) 颗粒休止角 φ_r

休止角也称堆角、安息角 [图 1.3(a)、(b)]。在自然堆放粉体颗粒时,其堆积体的自由表面与水平面形成的最大夹角称休止角。休止角是衡量粉体颗粒流动性的重要指标,也是相关设备设计中的重要参数。设备壁面或内构件的倾角小于 φ_r 时粉体颗粒不能自然流动,反之粉体颗粒能自然流动。

(2) 颗粒塌角 φ_a

在粉体颗粒物性测量仪上堆积一定数量的颗粒,形成休止角后 [图 1.3(c)],再用一定质量、一定高度的重物振动颗粒后形成的角称塌角 φ_a [图 1.3(c)]。

(3) 颗粒差角 φ_0

差角是休止角与塌角的差:$\varphi_0 = \varphi_r - \varphi_a$,见图 1.3(c)。

(4) 颗粒滑动角 φ_f

如图 1.3(d) 所示,凡大于 φ_f 的角,均能使颗粒自然流动,即 $\varphi_f > \varphi_r$,该角称颗粒的滑动角。

在工程设计中应考虑到固体颗粒的这些物性,一般将反应器以及颗粒储罐均设计成锥形底,锥底线与水平线的夹角都应大于休止角,即达到滑动角的范围,这样在停车时便于卸出催化剂。为使催化剂在输送管线中流动方便,催化剂管线也设计成具有一定角度的斜管。大型加料线、小型加料线均设计成具有较大曲率半径的弯管等,都与此有关。

1.1.2.2　催化剂颗粒的平均直径

粒度和粒度分布对流化床中各种行为的影响历来被人们所关注,但至今仅能给出定性的描述,例如对起始流化速度、床层黏度、气泡大小、床膨胀、气泡上升速度、颗粒直径与沉降速度、颗粒直径与阻力系数、颗粒直径与粒子的水平输送速度、颗粒直径与粒子的垂直输送速度等都会带来一定的影响。许多研究者发表了一些实验曲线,可供参考。以下介绍常用的计算颗粒平均直径计算式,见表 1.3。表中 x_i 为某筛分粒径的质量分数,$d_i = (d_i + d_{i-1})/2$。

从表 1.3 所给出的计算式计算的结果差别很大,根据具体的应用场合,应选用不同的平均直径。

表 1.3 平均粒径的计算方法

名称	符号	计算公式
算术平均直径	$\overline{d}_{av}$	$\overline{d}_{av} = \dfrac{1}{n}\sum(n_i d_i)$
几何平均直径	$\overline{d}_{g}$	$\overline{d}_{g} = (d_1^{n_1} d_2^{n_2} d_3^{n_3} \cdots d_n^{n_n})^{\frac{1}{n}}$
重量平均直径	$\overline{d}_{w}$	$\overline{d}_{w} = \sum(x_i d_i)$
平均体积直径	$\overline{d}_{v}$	$\overline{d}_{v} = (\sum x_i d_i^3)^{1/3}$
等比表面积直径	$\overline{d}_{sv}$	$\dfrac{1}{\overline{d}_{sv}} = \sum \dfrac{x_i}{d_i}$
表面积平均直径	$\overline{d}_{s}$	$\overline{d}_{s} = (\sum x_i d_i^2)^{1/2}$
中位粒径	d_{50}	以粒径分布的累积值为 50% 时的粒径表示
多数径	d_{max}	以粒径分布中占比最高的粒径表示

注：x_i 指粒径为 i 颗粒的质量分数；n_i 指粒径为 i 的颗粒的数量；n 为颗粒总数。

1.1.2.3 颗粒的密度

在工程设计和流化实验中，考虑到物性对流化和流动的影响，常常用到催化剂密度的几个概念。为了使读者掌握计算和测试，以下介绍 FCC 催化剂密度的几个概念。

（1）骨架密度 ρ_s

多孔性的固体颗粒与水构成悬浮液时，水将充满全部颗粒微孔和颗粒间的空隙。在一定量的悬浮物中，除去水的体积，即为催化剂不包括微孔和颗粒间空隙的净体积。单位颗粒净体积所具有的质量即为催化剂的骨架密度，可表示为：

$$骨架密度 = \frac{颗粒样品质量}{瓶体积 - \dfrac{瓶总质量 - 瓶质量 - 样品质量}{20℃水的密度}}(\text{g/mL}) \qquad (1.5)$$

式中，20℃时水的密度为 0.9982g/mL。

（2）颗粒密度 ρ_p

单位颗粒（包含孔隙）体积的质量。在测量时扣除颗粒之间的空隙，即得包括微孔在内的颗粒体积，在该单位体积内颗粒的质量即表示颗粒密度。颗粒密度和骨架颗粒密度关系如下：

$$\rho_p = \rho_s(1 - \delta) \qquad (1.6)$$

式中　ρ_p——颗粒密度，g/mL；

　　　ρ_s——催化剂骨架密度，g/mL；

　　　δ——颗粒的孔隙率。

（3）堆积密度 $\rho_\text{堆}$

单位堆积体积（包含颗粒之间空隙体积）颗粒的质量。也就是堆积着的颗粒的密度，以质量与其堆积体积的比表示。一定质量的堆积颗粒的体积随颗粒间空隙大小的改变而改变，在不同情况下可分别以充气密度、沉降密度和压紧密度三种形式来表示。

① 充气密度

将已知质量的催化剂装入量筒中，并颠倒摇动，然后将量筒直立，待样品刚刚全部落下时读取其体积，这时所测得的密度为充气密度，或称松装密度。

② 沉降密度

依上述方法，将量筒静置，待样品全部落下后，再静置 2min，读取其体积，此时求得的密度称为沉降密度，或自由堆积密度。

③ 压紧密度

将上述已知质量催化剂的量筒在特定操作仪上振动数次，直至体积不变为止，此时的体积为压紧体积，求得的密度为压紧密度，或敦实密度。堆积密度的表达式为：

$$\rho_\text{堆}=W/V \tag{1.7}$$

式中　$\rho_\text{堆}$——堆积密度，g/mL；

　　　　W——样品质量，g；

　　　　V——样品体积，mL。

1.1.2.4　与颗粒相关的其他几个概念

在气固流化床反应器中，除了颗粒的密度，还有一些参数与颗粒的流化、气固间的传质密切相关，如颗粒的形状、比表面积、粗糙度系数、孔体积、孔隙率和起始流化指数。

自然界中很多颗粒都不是球形的，工业中用到的很多颗粒如矿石等也不是球形的，但颗粒的形状和其流化行为却有着很大的关系。表示颗粒形状的参数有圆形度和球形度。

（1）颗粒的球形度

颗粒的球形度指颗粒的外形接近球形的程度，是一个无量纲参数，最常见的球形度的定义方法为：

$$\Phi_s=\frac{\text{同体积球体的表面积}}{\text{颗粒的表面积}}=\frac{\pi(6V_\text{p}/\pi)^{\frac{2}{3}}}{S_\text{p}} \tag{1.8}$$

球形度的变化范围为：$0<\Phi_s\leqslant1$。其中，当颗粒为球体时，球形度为 1。

（2）颗粒的圆形度

颗粒的圆形度指颗粒在某一个平面上的投影接近于圆的程度，也是一个无量纲参数。最常见的圆形度的定义为：

$$\Psi_s = \frac{\text{与颗粒投影面积相等的圆的周长}}{\text{颗粒投影面积的周长}} \tag{1.9}$$

圆形度的变化范围为：$0 < \Psi_s \leqslant 1$。其中，当颗粒在平面上的投影为圆形时，圆形度为 1。需要注意的是，圆形度等于 1 并不意味着颗粒一定是球体，且投影平面不同，同一个颗粒的圆形度是不同的。也就是说，圆形度和投影方向密切相关。

（3）颗粒的比表面积

单位体积的颗粒所具有的表面积，其定义式为：

$$a = \frac{S_p}{V_p} = \frac{6}{\overline{d}_{sv}} \tag{1.10}$$

式中　S_p——颗粒的表面积，m^2；

　　　V_p——颗粒的体积，m^3；

　　　$\overline{d}_{sv}$——颗粒的体积当量直径，m。

（4）粗糙度系数

颗粒表面粗糙的程度对颗粒的流化、颗粒的堆积密度、休止角等参数有着一定的影响。

$$
\begin{aligned}
\text{粗糙度系数} &= \frac{\text{颗粒微观的实际表面积}}{\text{外观看成光滑时颗粒的表面积}} \\
&= \frac{\text{用吸附法测定的比表面积}}{\text{用渗透法测定的比表面积}}
\end{aligned} \tag{1.11}
$$

（5）孔体积

单位质量颗粒所含有的孔隙体积称为孔体积。通常以 1g 颗粒上所含孔隙的体积来表示。测定孔体积有水滴定法和四氯化碳吸附法两种。以水滴定法为例，颗粒试样在其粒子内孔未被充满时是具有流动性的，而当内孔吸水达到饱和时，粒子表面覆盖一层水膜，因水的表面张力作用，粒子间相互黏结，因而失去流动性，根据吸水量进行孔体积测量。孔体积的表达式为：

$$V_i = \frac{V_{H_2O}}{G} \tag{1.12}$$

式中　V_i——孔体积，mL/g；

　　V_{H_2O}——滴定消耗蒸馏水的体积，mL；

　　　G——试样质量，g。

（6）颗粒的孔隙率

孔隙率指的是颗粒内部未被物质填充的空间在整个颗粒体积中的比重，其定义式为：

$$\delta = \frac{V_i}{V_p} \tag{1.13}$$

其中 V_i 是颗粒内部所有孔（包括封闭孔和开放孔）的体积。

（7）流化数

流化数指颗粒流化时的表观气速与起始流化速度之比，表示颗粒流化时的状况，与颗粒的粒径及其分布、形状、强度、工艺过程和设备结构等有关。

$$w = \frac{u_g}{u_{mf}} \tag{1.14}$$

1.2　流化床的形成与流化相图

前一节已经介绍了颗粒分类和颗粒的一些特性。使颗粒悬浮在流体中，从而使固体颗粒转变成类似流体状态的操作称为流态化。如流体在一个容器中向上通过一块多孔板，从容器内装有的固体颗粒间隙中流过，可能出现如下几种情况。

① 当流速较低时，颗粒静止不动。流体仅从颗粒之间的缝隙穿过，固体颗粒相对位置不发生变化，床层高度不变，称为固定床，见图 1.4(a)。

② 当流速增大时，颗粒开始松动，颗粒位置在一定区间进行调整。床层略有膨胀，但颗粒不能自由运动。若流速再继续升高，颗粒全部悬浮在向上流动的气体或液体中。随着流速再增加，则会形成流化床，如图 1.4(b) 所示。此时流化床中有一个界面，称为床界面。床界面以下称密相区，床界面以上称稀相区。有床界面的流化床称为鼓泡床或湍动床。

③ 当流速再升高达到某一值时，流化床界面消失，此时称为快速床。流速继续提高，颗粒分散悬浮在气流中，被气流带出，这种状态称输送床，见图 1.4(c)。

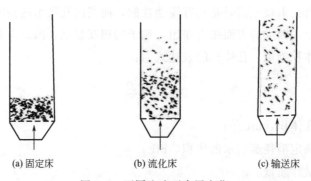

(a) 固定床　　　　　(b) 流化床　　　　　(c) 输送床

图 1.4　不同流速下床层变化

众所周知，流化介质有气体和液体。因此，流态化按流体介质分类可分为气-固流态化、液-固流态化和气-液-固三相流态化。流态化操作使固体颗粒具有流体的性质，表现在：

① 当容器倾斜时，床层上表面保持水平，见图 1.5(a)；

② 两个高度不同的床层连通后，它们的床层能自行调整至同一水平面，见图 1.5(b)；

③ 床层中任意两点压力差约等于此两点的床层静压头，见图 1.5(c)；

④ 流化床层也像液体一样具有流动性。如容器壁面开孔，颗粒将从孔口喷出，并可像液体一样由一个容器流入另一个容器，见图 1.5(d)。

因流化床层具有液体的某些性质，因此在一定状态下，流化床层有一定的密度、热导率、比热容和黏度等。

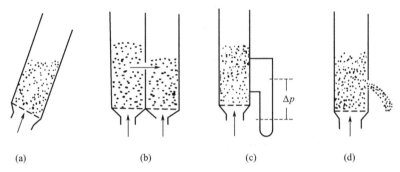

图 1.5　流化床中固体具有类似于液体的性质

1.2.1　压降与流速的关系

表观气速定义为流量以单位容器截面积表示的气体流速。若流体自下而上通过颗粒床层，理想情况下通过床层的压降 Δp_B 与表观气速 u_g 的关系如图 1.6 所示。

(1) 固定床阶段

床层压降 Δp_B 随流速的增加而增大，对应于图 1.6(b) 的 A—B 段。对细颗粒，Ergan 方程是最典型的描述床层压降 Δp_B 与表观气速 u_g 关系的关联式[4]：

$$\frac{\Delta p}{H} = 150 \frac{(1-\varepsilon)^2}{\varepsilon^3} \frac{\mu u_g}{d_p^2} + 1.75 \frac{(1-\varepsilon)}{\varepsilon^3} \frac{\rho_f u_g^2}{d_p} \tag{1.15}$$

式中　ε——床层空隙率，在固定床阶段为定值；

　　　ρ_f——流体密度，g/mL；

　　　μ——流体黏度，Pa·s。

当流速由 A 点增大至 B 点，床层开始膨胀，颗粒发生振动重新排列，但还不能自由运动，如图 1.6(b) 的 B—C 段所示。

(2) 流化床阶段

当流速进一步增至 u_{mf} 点时，床层开始流化。对 A 类颗粒而言，颗粒开始脱

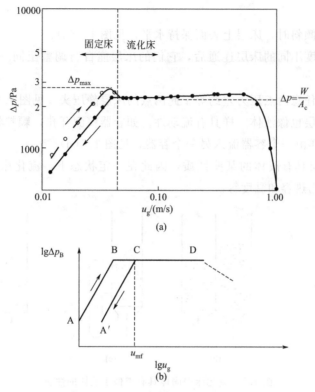

图 1.6　流化床压降与流速关系

离接触并悬浮在流体中，颗粒间充满流体可以自由运动，无颗粒与流体集聚状态，整个床层处于散式流化的模式。但是在工业装置上几乎看不到散式流化床，主要是因为散式流化的气速范围很窄，表观气速稍微增加就已进入鼓泡床状态。典型的散式流态化为液固系统。

此时全床层受力情况为：

$$重力（向下）=L_{mf}A(1-\varepsilon_{mf})\rho_p g$$

$$浮力（向上）=L_{mf}A(1-\varepsilon_{mf})\rho_f g$$

$$阻力=A\Delta p_B$$

其中，L_{mf} 是起始流化时膨胀床层的高度，A 为床层横截面积，Δp_B 为全床层压降。

当几种力平衡（重力＝浮力＋阻力）时，即开始流化，即：

$$L_{mf}A(1-\varepsilon_{mf})\rho_p g=L_{mf}A(1-\varepsilon_{mf})\rho_f g+A\Delta p_B \tag{1.16}$$

整理后得：

$$\Delta p_B=L_{mf}(1-\varepsilon_{mf})(\rho_p-\rho_f)g \tag{1.17}$$

若在临界点后流速继续增大，$u>u_{mf}$ 时，因颗粒的质量不变，即：

$$L(1-\varepsilon)A\rho_p = L_{mf}(1-\varepsilon_{mf})A\rho_p \tag{1.18}$$

因此，$L(1-\varepsilon)$ 等于定值，故 Δp_B 不变，有：

$$\Delta p_B = L(1-\varepsilon)(\rho_p - \rho_f)g \tag{1.19}$$

在气固系统中，

$$\rho_p \gg \rho_f$$

因此 ρ_f 可忽略，式(1.19) 变为：

$$\Delta p_B \approx \frac{L(1-\varepsilon)\rho_p g A}{A} = \frac{W}{A} \tag{1.20}$$

即约等于单位面积床层的质量。

1.2.2　流化床实际与理想状态的差异

理想的流化状态是固体颗粒间的距离随流体流速的增加而均匀地增加，以保持颗粒在流体中的均匀分布。这种颗粒的均匀悬浮使所有颗粒都有相同的机会与流体接触，同时使流体都流经相同厚度的颗粒层。因而，流体和颗粒之间有充分均匀的接触和反应机会。这对化学反应和物理操作都是十分有利的，因为它保证了全床中均匀的传质、传热效率以及均匀的停留时间。这时的流化质量是最高的。但是，实际流化床并不总是处于这种理想流化状态。在液固系统中因流体和固体颗粒间密度差较小，流化状态接近理想状态（散式流化态）；而在气固系统中，气固两相密度差较大，对于 A 类颗粒而言，尽管也会出现接近理想状态的散式流化态，但是操作气速往往过小，工业中很少应用。因此，工业中气固流化床通常是以聚式流化态的模式出现。流化介质以气泡相的形式存在，固体颗粒则以乳化相存在于流化床中。乳化相中的固体为连续相，气体则为非连续相，大部分气体以较快速度的气泡相通过床层，所以降低了气固接触效率。

为了提高气固接触效率，工业流化床也会采用快速床的操作模式。其最大特点是气体由不连续相变成连续相，而固体由连续相变成非连续相，形成絮状物，时聚时散。压降和流速的关系图可以从宏观上粗略表示流化质量，特别是不能用肉眼直接观测流化状态时，可以凭借此图来判断设备内流化情况的好坏。因此，分析流化床实际与理想状态的差异，可以有助于了解床层的流化质量。

① 当 $u > u_{mf}$ 时，可能出现两种情况的流化床。

散式流态化：床层均匀膨胀，无气泡出现，床面稳定，常出现于液固系统。

聚式流态化：出现不连续的气泡相，床面波动，压降波动，常见于气固系统。

Wilhelm 和 Kwauk 于 1948 年提出散式流态化的判据[5]：

$$Fr_{mf} = \frac{u_{mf}^2}{gd_p} < 0.13 \text{ 时,为散式流化态} \tag{1.21}$$

② 因颗粒间相互接触，部分颗粒可能有架桥或者壁效应等情况。在开始流化时，压降有可能比理论值大，曲线将通过一最大压降点而呈现一峰状，如图 1.7 所示。

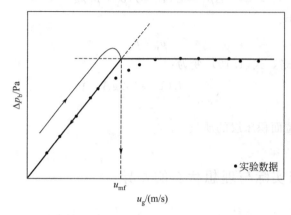

图 1.7　颗粒开始流化时的压降变化示意图

③ 床层结构不均匀对压降的影响：此时可能出现部分流化，即床层中同时存在固定区和流化区域，因此压降低于预计值，而床层全部流化的速度 u_{fc} 也将比预计的高，如图 1.8 所示。

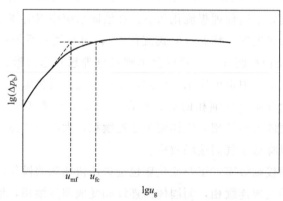

图 1.8　床层结构不均匀对压降的影响

1.2.3　低速气固流化床的床型

当床层完全被流化起来后，随着气速的增加，流化床还会表现出不同的特点。

（1）鼓泡床

随着表观气速的增加，流化介质出现了集聚相——气泡。气泡在密相床中以一定速度上升，这些小气泡在上升的同时聚拢，逐渐形成较大的气泡。气泡的大小与原生气泡大小紧密相关。气泡在流化床中形成不连续相，而催化剂则形成连续的乳化相，气泡上升到流化界面时会发生破裂，破裂的气泡会产生一个较高的气速，通常称为有效气速。一般有效气速大约等于 10 倍气体表观速度。依靠该气速，将床内的部分催化剂颗粒带入床界面以上的自由空间，出现床界面以下的密相床和床界面以上的稀相床。工业装置中很多床层反应器、再生器、汽提器都在鼓泡床的操作模式下操作。

（2）节涌床

在床径比较小时，当气泡直径达到与床直径相等时则出现气节或气栓。气节与气节之间的固体呈固定床流动时称腾涌床，或叫节涌床。对部分化工生产过程而言，常常因流化床直径小而出现节涌流化床，如甲醇合成烃类、烯醛法合成异戊二烯等。对于节涌床，许多研究者发表了关于其流体力学特性以及气柱上升速度、气柱频率、床膨胀、床内构件等的研究成果。这里不详细介绍，读者需要时请查阅有关文献。

（3）湍流床

湍流床是一种特殊的床型，介于鼓泡床与快速床之间。当鼓泡床进一步提高流化介质表观气速时，床层气泡直径变小，气泡数量增多，气泡很快合并又很快被激烈湍动的旋涡搅动所击碎，气泡在床层界面形成大量喷溅，使床界面变得模糊不清，这些都是在冷模实验中观察到的典型湍流床状态。

关于从鼓泡床向湍流床过渡的判据，许多研究者提出了不同的看法。Kohoe 和 Davidson 等提出过一些方法[6]，但是没有反映出湍流床湍动的实质，因此不十分可靠。Yerushalumi 提出一个判别准则[7]，认为对于小直径床来说，在鼓泡床与湍流床之间有一节涌床存在；对大直径流化床来说，虽无节涌现象存在，但在鼓泡床向湍流床过渡时，有一个压力波动区，该区与小直径节涌状态相对应。中国科学院过程工程研究所和清华大学对湍流床和快速床进行了大量的研究，清华大学蔡平等[8] 提出了鼓泡床到湍流床转变点速度 u_c 的关联式：

$$\frac{u_c}{\sqrt{gd_p}} = \left(\frac{0.211}{D^{0.27}} + \frac{2.42 \times 10^{-3}}{D^{1.27}}\right) \left[\frac{D}{d_p} \frac{\rho_p - \rho_g}{\rho_g}\right]^{0.27} \tag{1.22}$$

李佑楚等[9] 提出了湍流床到快速床的转变点速度 u_{fp} 为：

$$u_{fp} = (3.5 \sim 4.0) u_t \tag{1.23}$$

对于典型的 A 类颗粒 FCC 催化剂，$u_{fp} = 3.4 u_t$。

（4）快速床

在湍流床的基础上进一步增加气速，使密相床层要靠固体循环量来维持，当无固体循环量时，密相床层固体就会被气体全部带出，气体夹带固体达到饱和量，此时已达到快速床状态。其特点是，稀密相床界面消失，床层密度存在上稀下浓状态，床层密度的大小和循环强度密切相关。当颗粒循环强度较低时，整个床层呈稀相状态，随着颗粒循环强度增加，床层密度也增加。这时床层虽然呈密相，但其状态却与鼓泡床、湍流床密相床有很大区别。在快速床中，不连续的气泡相转化为连续的气相，而连续的乳化相逐渐变为组合松散的颗粒群，类似絮状，时聚时散，突破了聚式流化床两相模型的界限。因此，只有细颗粒物料才能形成快速床。快速床操作气速高，床内气固相接触好，传递速度快，气固返混小，设备利用率高，是一个很有发展前景的床型。流化催化裂化烧焦罐操作就属于快速床，在我国利用快速床、湍流床串连操作建成了新型催化裂化装置，取得了明显效果。

（5）输送床

快速床靠提高固体颗粒循环强度维持床层。当继续提高气速后，依靠固体颗粒循环强度也无法维持床层，此时床层空隙率增大，所有颗粒都悬浮在气流中，并被气流带走。这时颗粒浓度降低，已达到气力输送状态，称为输送床。床层压降来源于颗粒的悬浮和气-固两相与壁面摩擦阻力的分配。工业装置中的提升管基本都属于输送床流化。此阶段的转变点速度称为带出速度，或称载流点速度，以 u_{pt} 表示。由快速床转变为输送床的判据，见图 1.9[10]。

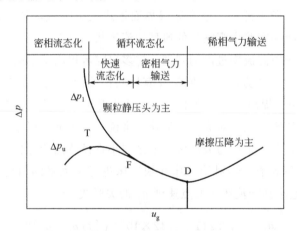

图 1.9　压降与表观气速关系

上述谈到气固流态化由低气速到高气速形成不同的床型。随着气速由零开始逐步提高，其流型的示意图见图 1.10。

1.2.4　流化相图

颗粒与流化介质接触，因流化介质速度不同可以形成不同的床型。不同床型的性质和表现不同，例如床层空隙率不同，则床层压降不同等。根据这些变化，许多研究者作出不同的流态化相图。相图中有些是宽筛分粒子的，有些是窄筛分粒子的，有些是广义流态化相图。本节选择与 A 类颗粒相近的细粉流化相图进行介绍

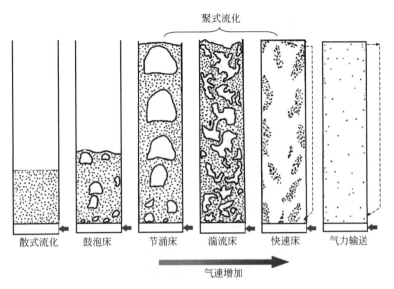

图 1.10　气固流态化流型示意图

以达到联系实际之目的。

（1）郭慕孙流化相图

郭慕孙在研究快速床特性时，提出了它与散式流态化之间不同的膨胀特性状态图形，并通过细粉 Al_2O_3 流动实验加以验证，如图 1.11[11] 所示。当速度范围在 0→A 区间时，颗粒呈固定状态；A→B 区间内呈散式膨胀；B→E 区间时，床层内开始鼓泡，随气速增加，气泡的大小及数量都相应增加；当气速到达 E 点附近时，床内出现湍动状态；当到达 C 点时（u_c），床密度急剧下降，呈稀相流化。

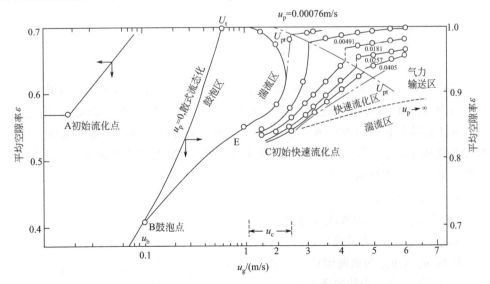

图 1.11　Al_2O_3 颗粒流化相图

（散式流态化曲线右侧数据点参照右侧纵坐标）

（2）Yerushalmi 流化相图

在快速流化床及输送床中，滑落速度 u_{sl} 对化学反应有很重要的关系。因此，除了解 $\varepsilon \sim u_g$ 的关系外，还应当了解 $u_{sl} \sim (1-\varepsilon)$ 的关系。Yerushalmi 流化相图就是以 u_{sl} 与 $(1-\varepsilon)$ 为坐标，表达各种流态化过程的关系曲线[12]，见图 1.12。

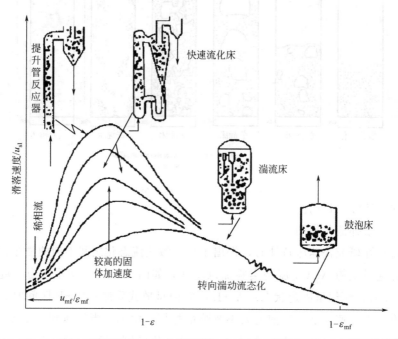

图 1.12　Yerushalumi 流化相图

滑落速度 u_{sl} 通常以下式计算：

$$u_{sl} = \frac{u_g}{\varepsilon} - \frac{u_s}{1-\varepsilon}$$

（1.24）

式中，u_g/ε 为气体在颗粒间的真实速度；$u_s/(1-\varepsilon)$ 为颗粒的真实速度；滑落速度则为气、固相颗粒真实速度之差。因此，当 $u_{sl} = u_{mf}$ 时就意味着床层开始流化。

从上述流化相图和细粉 A 类粒子流态化的划分可以看出，起始流化速度 u_{mf}、起始鼓泡速度 u_{mb}、湍流点速度 u_c、快速点速度 u_{fp} 以及载流点速度 u_{pt} 是十分重要的。其与流化床型的关系为：

$u_g < u_{mf}$ 为固定床；

$u_{mf} \leqslant u_g < u_{mb}$ 为散式流化床；

$u_{mb} \leqslant u_g < u_c$ 为鼓泡床；

$u_c \leqslant u_g < u_{fp}$ 为湍流床；

$u_{fp} \leqslant u_g < u_{pt}$ 为快速床；

$u_g \geqslant u_{pt}$ 为输送床。

1.2.5　u_{mf}、u_{mb}、u_t、u_c、u_{fp}的确定

1.2.5.1　起始流化速度 u_{mf} 的确定

测定起始流化速度 u_{mf} 通常利用床层压降 Δp 与气速 u_g 的关系，通过以 Δp 对 u_g 在双对数坐标上作图来获得。图 1.13 为粒径 $44.68\mu m$ 的 FCC 催化剂 $\Delta p\text{-}u_g$ 的关系图，在 $\Delta p\text{-}u_g$ 的曲线上作 AB 段和 ED 段的切线，两线的交点即为 u_{mf}[13]。对于 FCC 催化剂也可用床层均匀膨胀曲线来确定 u_{mf} 和 u_{mb}，见图 1.14[14]。

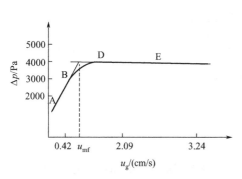

图 1.13　$\Delta p\text{-}u_g$ 的关联曲线

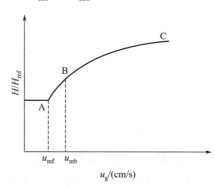

图 1.14　床层的膨胀曲线

关于 u_{mf} 的计算式也有许多种，而且它们之间有较大差异。现将部分公式列出，供参考。

将式（1.15）和式（1.20）联立，可得到起始流化速度的表达式为[15]：

$$\frac{150(1-\varepsilon_{mf})}{\Phi_s^2\varepsilon_{mf}^3}\left(\frac{d_p u_{mf}\rho_f}{\mu}\right)+\frac{1.75}{\Phi_s\varepsilon_{mf}^3}\left(\frac{d_p u_{mf}\rho_f}{\mu}\right)^2=\frac{d_p^3\rho_f(\rho_p-\rho_f)g}{\mu^2}\qquad(1.25)$$

式中　Φ_s——球形度；

$\quad\quad d_p$——颗粒平均直径，m；

$\quad\quad \rho_p$——颗粒密度，kg/m^3；

$\quad\quad \rho_f$——气体密度，kg/m^3；

$\quad\quad \mu$——气体黏度，$Pa\cdot s$；

$\quad\quad \varepsilon_{mf}$——起始流化时的空隙率。

根据 Grace[16] 以及 Wen 和 Yu[17] 等人的工作，可以进一步得出[15]：

$$\begin{cases} u_{mf}=0.00075\,\dfrac{(\rho_s-\rho_f)gd_p^2}{\mu},Ar<10^3 \\[4mm] u_{mf}=0.202\,\sqrt{\dfrac{(\rho_s-\rho_f)gd_p}{\rho_f}},Ar>10^7 \end{cases}\qquad(1.26)$$

Wen 和 Yu 等假设[17]：

$$\frac{1}{\Phi_s \varepsilon_{mf}^3} \approx 14, \frac{1-\varepsilon_{mf}}{\Phi_s^2 \varepsilon_{mf}^3} \approx 11 \tag{1.27}$$

并进一步提出：

对小颗粒 $Re_p < 20$ 时：

$$u_{mf} = \frac{d_p^2(\rho_p - \rho_f)g}{1650\mu} \tag{1.28}$$

对大颗粒 $Re_p > 1000$ 时：

$$u_{mf} = \frac{d_p(\rho_p - \rho_f)g}{24.5\rho_f} \tag{1.29}$$

工业中流化催化裂化再生器和反应器中 u_{mf} 的值为 0.003m/s（再生器）和 0.0019m/s（反应器）。也有人认为，工业装置 $u_{mf} = 0.00128$m/s。卢春喜等在实验室测得 FCC 催化剂 $u_{mf} = 0.00143$m/s。

1.2.5.2 起始鼓泡速度 u_{mb} 的确定

起始鼓泡速度常用塌落法测量。

在流化床正常操作时，突然关闭气源，测定床高随时间变化的曲线（见图 1.15）。若床层中没有气泡，则床层一开始就以等速直线下降，此直线外推到 $t=0$ 时的床层高度即为浓相床高 H_D。在不同气速下得到相应的床高 H_T，又求得相应的浓相床高，再用 H_T 和 H_D 对 u_g 作图（如图 1.16），$H_T \sim u_g$ 和 $H_D \sim u_g$ 曲线交点对应的气速下，塌落曲线无气泡逸出段，一开始就是等速下降段的始点，此气速为起始鼓泡速度 u_{mb}。

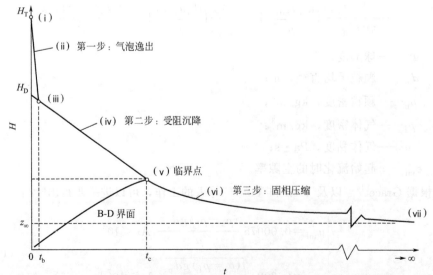

图 1.15 床层塌落曲线

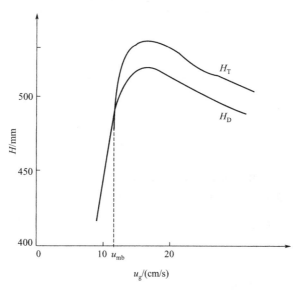

图 1.16 u_{mb} 的确定

1.2.5.3 带出速度 u_t 的确定

带出速度是一个很重要参数，$u_g = u_t$ 时颗粒被流化介质带出床层并从容器中带走。对单颗粒而言，在无限大空间中其带出速度就等于沉降速度。球形固体颗粒的带出速度 u_t 可以用下述公式计算：

当 $Re_p < 0.4$ 时

$$u_t = \frac{g(\rho_p - \rho_g)d_p^2}{18\mu} \quad [\text{SI 制}] \tag{1.30}$$

当 $0.4 < Re_p < 500$ 时

$$u_t = \left[\frac{4}{225}\frac{(\rho_p - \rho_g)g^2}{\rho_g\mu}\right]^{1/3} d_p \quad [\text{CGS 制}] \tag{1.31}$$

当 $500 < Re_p < 200000$ 时

$$u_t = \left[\frac{3.1g(\rho_p - \rho_g)d_p}{\rho_g}\right]^{1/2} \quad [\text{CGS 制}] \tag{1.32}$$

若颗粒为非球形，则求 u_t 时必须乘以校正因子 η。

$$\eta = 0.8431g\left(\frac{\Phi_s}{0.005}\right) \tag{1.33}$$

根据工业数据[18]，FCC 催化剂的带出速度如表 1.4 所示。

表 1.4 催化剂带出速度

颗粒直径/μm	30	40	60	80	100
再生器 u_t/(m/s)	0.0175	0.0305	0.0690	0.1200	0.1850
反应器 u_t/(m/s)	0.064	0.140	0.242	0.422	0.570

单个颗粒的带出速度为：

$$u_t = \sqrt{\frac{4d_p^3(\rho_p - \rho_g)g}{3c_d\rho_g}} \tag{1.34}$$

式中　ρ_p，ρ_g——颗粒和气体密度，kg/m^3；

d_p——颗粒直径（混合颗粒取最大值），m；

c_d——摩擦系数。层流 $c_d = 24/Re$；过渡流 $c_d = 10/Re^{1/2}$；湍流 $c_d = 0.43$。

颗粒群的带出速度为：

$$u_t' = u_t(1-c)^n \tag{1.35}$$

式中　u_t'——颗粒群的带出速度，m/s；

u_t——单个颗粒的带出速度，m/s；

c——固体颗粒在层中的体积分数；

n——雷诺数的函数。

球形颗粒群的带出速度为：

$$u_t' = \frac{\mu}{d_p\rho_p} \times \frac{Ar\varepsilon^{4.75}}{18 + 0.6\sqrt{Ar\varepsilon^{4.75}}} \tag{1.36}$$

式中，μ 为气体黏度，Pa·s；$Ar = \dfrac{d_p^3 g(\rho_p - \rho_g)\rho_g}{\mu^2}$，$\varepsilon = \left[\dfrac{18Re + 0.36Re^{0.2}}{Ar}\right]^{0.21}$，

《催化裂化工艺设计》[18] 给出 FCC 催化剂颗粒的 $u_t = 0.6m/s$。

1.2.5.4 湍流点速度 u_c 的确定

湍流床速度报道得不多，定义也略有不同。Yerushalumi 指出[12]，当床层进入湍动状态时，可以发现床层压力波动值陡然下降。根据催化裂化数据，当气速达 0.6m/s 时，床层压力波动明显减小，此为进入湍流床的标志，见图 1.17。

较为确切的湍流点速度是蔡平等[8,66] 提出的转变点速度。当床径较大时，可用下式近似估算：

$$\frac{u_c}{\sqrt{gd_p}} = \left(K\frac{\rho_p - \rho_f}{\rho_f} \times \frac{D_f}{d_p}\right)^{0.27} \tag{1.37}$$

式中，K 为常数，D_f 为流化床有效直径。对没有内构件的自由床有：

$$D_f = D，K = \left(\frac{0.211}{D^{0.27}} + \frac{2.42 \times 10^3}{D^{1.27}}\right)^{\frac{1}{0.27}}$$

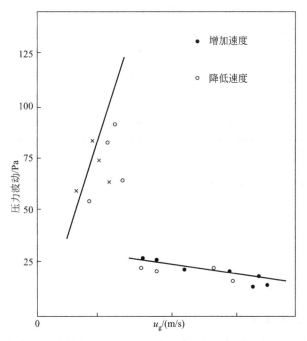

图 1.17　床层压力波动曲线

蔡平等进一步提出一个简化的计算公式：

$$u_c = 0.211\sqrt{gd_p}\left[\frac{(\rho_p-\rho_f)}{d_p\rho_f}\right]^{0.27} \tag{1.38}$$

对挡板流化床的临界湍流速度，赵新进等通过对气泡变化的分析提出了临界湍流速度计算式[19]：

$$u_c = \begin{cases} \left(\dfrac{n+1}{n-1}\right)^n \varepsilon_{mf}^n u_i, & D\geqslant 0.3\text{m} \\ u_{c,0.3}+0.833(0.23-D), & D<0.3\text{m} \end{cases} \tag{1.39}$$

式中　n——$6.807Re_t^{-0.125}$；

　　　u_i——$14.55Re_t^{-0.6083}(\rho_p/1000\rho_g)^{-0.3738}u_t$；

Re_t——$d_pu_t\rho_g/\mu$；

　　D——床径，m；

　　u_c——临界湍流速度，m/s。

按气泡变化分析，湍流床中气泡直径小，气泡大小不随床高而变化。从鼓泡床到湍流床过渡大多基于压力波动变化，而压力波动与床层中气泡直径有关，湍流床气泡本身不稳定，由气固两相流体力学决定，但还可受外界条件的影响，所以难于从理论上进行分析。从上述分析看出，赵新进的思路是值得借鉴的。

浙江大学阳永荣等[20] 的实验结果表明，从鼓泡床向湍流床过渡最先发生在床内中心区，当气速达到 0.35m/s 以后床中心区开始呈现湍动流化行为，当气速达到 0.58m/s 时整个床进入湍流床，上述数据是用 FCC 催化剂做流化实验得到的，该数据与工业流化床进入湍流床时的现象是极一致的。他们的数据与其他学者数据的比较见表 1.5。

表 1.5　湍动流态化区域的 Richardson-Zaki 关系

颗粒			床径/m	单颗粒终端速度 u_t/(m/s)	n	进入湍流状态	
催化剂种类	直径/μm	密度/(g/cm³)				转折点速度/(m/s)	空隙率
FCC 催化剂（文献中）	49	1.07	152	0.0778	5	0.37	0.640
工业催化剂[20]	63	1.9	800	0.2269	3.7	0.35	0.583
FCC 催化剂[20]	66.7	1.48	114	0.1980	1.71	0.35	0.67

1.2.5.5　快速点速度 u_{fp} 的确定

许多工业流化床都在快速床的模式下操作，如流化催化裂化装置的高效再生器烧焦罐、低速操作的提升管等，其操作气速在 0.9～3.0m/s（图 1.18）。判断其是湍流床还是快速床，分界线应为快速点速度 u_{fp}。根据资料介绍，有如下方法可以确定 u_{fp}。

中国科学院过程工程研究所郭慕孙等通过实验发现，催化裂化催化剂的快速点速度 $u_{fp}=3.4u_t$，对小密度催化剂 $u_{fp}=1.25$m/s。卢春喜在大密度 FCC 催化剂（CRC-1）流化床中通过实验得到 $u_{fp}=1.34$m/s，又根据实验数据绘制成床膨胀曲线（见图 1.19），发现不同的催化剂床界面消失点对应的表观气速不同[21]。床界面消失点的气速可近似视为快速点速度。从图中看出，小密度催化剂（共 Y-15）的 $u_{fp}=1.28$m/s。

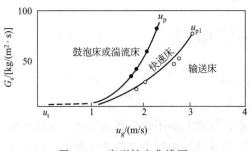

图 1.18　床型转变曲线图

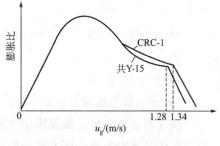

图 1.19　床膨胀曲线

毕晓涛等[22] 提出对于间歇操作有：

$$Re_{fp} = 1.53Ar^{0.5}$$

式中，阿基米德数 $Ar = \dfrac{\overline{d}_{sv}^3 g\rho_f (\rho_p - \rho_f)}{\mu^2}$。

对于连续操作，清华大学白丁荣等[23] 1993 年给出：

$$\frac{u_{fp}}{\sqrt{gD}} = 1.463 \left(\frac{G_s D}{\mu} \times \frac{\rho_p - \rho_g}{\rho_g} \right)^{0.288} \left(\frac{D}{d_p} \right)^{-0.69} Re^{-0.24} \qquad (1.40)$$

工业催化裂化装置的湍流点和快速点的计算方法见例1。

[例1]　已知 0.6Mt/a 同轴式催化裂化装置使用高铝微球催化剂，其筛分组成见表 1.6。

表 1.6　高铝微球催化剂筛分组成

筛分/μm	<15.3	15.3~32	32~89.9	89.9~121	>121
质量分数/%	1.2	12.0	78.6	7.70	0.2

颗粒密度 $\rho_p = 1247\text{kg/m}^3$，再生器操作温度为 680℃，再生器底部压力为 0.15MPa，求：湍流点速度 u_c 和快速点速度 u_{fp}。

解：（1）u_c 的计算

$$\overline{d}_p = 1/\left[\sum (x_i / d_{pi}) \right]$$

$$= \cfrac{1}{\cfrac{\frac{1}{2} \times 15.3}{0.012} + \cfrac{\frac{1}{2} \times (15.3 + 32)}{0.12} + \cfrac{\frac{1}{2} \times (32 + 89.9)}{0.786} + \cfrac{\frac{1}{2} \times (89.9 + 121)}{0.077} + \cfrac{121}{0.002}}$$

$$= 49.3 (\mu\text{m})$$

由操作温度和操作压力查得烟气密度 $\rho_g = 0.87\text{kg/m}^3$，黏度 $\mu = 3.6 \times 10^{-5}\text{Pa·s}$，由式(1.38)计算可得：

$$u_c = 0.211 \sqrt{gd_p} \left[\frac{(\rho_p - \rho_f)}{d_p \rho_f} \right]^{0.27}$$

$$= 0.211 \sqrt{9.8 \times 49.3 \times 10^{-6}} \left(\frac{1247 - 0.87}{49.3 \times 10^{-6} \times 0.87} \right)^{0.27}$$

$$= 0.48 (\text{m/s})$$

（2）u_{fp} 的计算

由式(1.30)先计算出 Ar：

$$Ar = \frac{\overline{d}_{sv}^3 g\rho_f(\rho_p - \rho_f)}{\mu^2} = \frac{(49.3 \times 10^{-6})^3 \times 9.8 \times 0.87(1247 - 0.87)}{(3.6 \times 10^{-5})^2} = 0.9823$$

由毕晓涛等人的方程可知：

$$Re_{fp} = 1.53Ar^{0.5} = 1.5164$$

可求得 u_{fp} 为：

$$u_{fp} = \frac{Re_{fp}\mu}{\overline{d}_{sv}\rho_f} = \frac{1.5164 \times 3.6 \times 10^{-5}}{49.3 \times 10^{-6} \times 0.87} = 1.275(\text{m/s})$$

工业装置 FCC 催化剂湍流点速度和快速点速度范围大致为：

$$u_c = 0.4 \sim 0.6\text{m/s}$$

$$u_{fp} = 1.2 \sim 1.5\text{m/s}$$

u_c 和 u_{fp} 都与物性、操作条件有关，针对不同的装置应当通过计算来初步确定床层的属性。

1.2.5.6　稀相输送的一般规律

固体颗粒在管路中输送时，根据颗粒浓度的大小可分为稀相输送和密相输送。流态化工程原理定义以 100kg/m^3 为分界，凡浓度大于 100kg/m^3 者为密相输送，而小于 100kg/m^3 则属于稀相输送范畴。催化裂化装置中催化剂大型加料线、大型卸料线、小型加料和卸料线、稀相提升管和提升管反应器等均属于稀相输送。

（1）稀相输送的流型

以提升管反应器为例，在提升管反应器中，气体线速度比流化床中的气体线速度高得多。在催化裂化工业装置中原料油进口处的线速度一般为 $4.5 \sim 7.5\text{m/s}$。在提升管的预提升段，预提升线速度一般为 $1.5 \sim 3.0\text{m/s}$，在此气速下气固混合后固体流动会形成三种不同的流型，见图 1.20。

① 颗粒沿再生斜管流入提升管，通过孔口时，在重力作用下颗粒先向下流落，流落的距离与预提升气速有关，预提升气速越大颗粒流落距离越短。在向下流落的过程中，颗粒速度逐渐降低并最终为 0，然后颗粒反转向上。因为颗粒进入提升管的时候具有水平方向的分速度，再加上气体的携带作用，颗粒主流为螺旋向上。

② 比主流较少的颗粒沿提升管中心呈稀薄的颗粒流股向上流动。

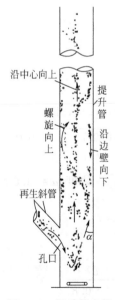

图 1.20　提升管底部流型图

③ 沿提升管管壁有颗粒呈絮状聚团形式向下流动。

这三种流型在一定高度内共存，超过一定高度后逐渐汇合，流型趋于稳定。一般而言，原料喷嘴应设置在此高度以上，方能保持原料与固体颗粒充分接触，达到良好反应的目的。提升管中颗粒因受重力作用，上升的速度总是低于气体的速度，这种现象称为颗粒的滑落。气体速度 u_g 与颗粒速度 u_p 之比则称为滑落系数。当催化剂颗粒被加速完成以后，催化剂颗粒速度应等于 u 与

自由沉降速度 u_t（亦即终端速度）之差，因此超过加速段后，其滑落系数为：

$$滑落系数 = \frac{u_g}{u_g - u_t} \qquad (1.41)$$

由式(1.41) 看出，随着 u_g 的增加滑落系数下降。当 u_g 大到一定数值后，滑落系数趋近于 1，也就是固体颗粒速度 u_p 趋近于气体速度 u_g，即没有滑落现象。此时，颗粒的返混减至最低。图 1.21 表示 $u_t = 0.6 \sim 1.2\text{m/s}$ 范围内气速与滑落系数的关系曲线。由图可知，当气速增加到 20m/s 以后颗粒的滑落系数几乎变化不大，而且其值趋近于 1。

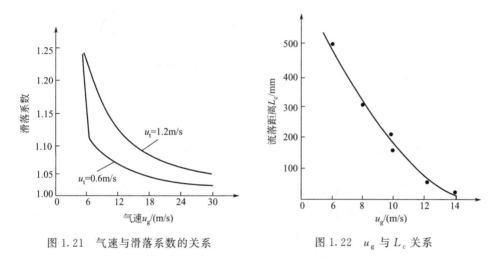

图 1.21　气速与滑落系数的关系　　　　　图 1.22　u_g 与 L_c 关系

（2）催化剂通过斜管流入提升管的流落特征

催化剂自 J 型（或 Y 型）入口结构流入提升管后，首先是向下流落，其向下流落的距离依操作条件的不同而异。当提升管预提升气速低时，向下流落的距离长。随着提升管预提升气速增加，向下流落的距离递减。当提升管预提升气速超过某一值后，基本没有向下流落。根据流落实验数据标绘出流落曲线，见图 1.22。由该曲线回归可得如下关联式：

$$L_c = 822.5 - 60.5 u_g \qquad (1.42)$$

由图 1.20 可以看出：当颗粒流落以后，在反转向上运动时，气流流股与提升管壁之间有一夹角 α，α 与提升管气速成正比，气速愈大 α 愈大。在实验条件下，α 变化范围为 2°～8°。因有 α 的存在，所以会形成一股螺旋向上的流股。

（3）提升管中颗粒密度分布

上述已谈到提升管预提升处颗粒的流落，也简单介绍了提升管底部颗粒流动的流型。工业生产装置提升管反应器高度一般在 25～40m，在提升管顶部使用着不同结构的快速分离器。不同结构的快速分离器压降不同，将会对提升管中催化剂密度分布产生一定影响。以往的研究者认为，循环流化床中提升管密度的分布为单调的S形分布，见图1.23。

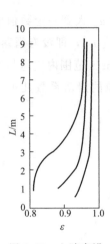

图1.23　空隙率沿
高度的分布

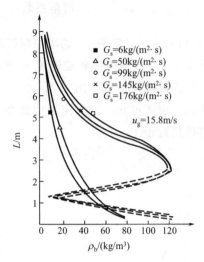

图1.24　提升管密度分布（三叶形快
速分离装置，$u_g=15.8\text{m/s}$）

　　卢春喜采用了与工业催化裂化装置两器循环相同的工艺流程，分别考察了使用三种不同结构的快速分离器时提升管内FCC催化剂的密度分布规律，实验结果分别见图1.24～图1.26[21]。从图1.24、图1.26看出，在提升管底部3m以内催化剂的密度波动较大。这是因为催化剂通过斜管孔口时约束作用改变，造成催化剂流入提升管时呈非均匀流落；其次是催化剂流落距离和返回角α不同，使之与提升管壁的摩擦力不同，造成催化剂密度改变。最后，催化剂在该范围内有明显的滑落，见图1.22。絮状物滑落有时被上升的气速夹带走，有时在一定高度范围内上下摆动而不被带走。当絮状物被夹带走后，在该段，催化剂密度会突然降低，然后由重新滑落的絮状物补充，导致密度加大，此现象在输送中周而复始进行。根据快速流态化理论可知，絮状物聚时聚散时散，也说明提升管底部催化剂密度有较大幅度变化，而不像是单调的S形变化。

　　提升管底部3m以上催化剂密度逐渐减小，但是到某一高度以后，催化剂的密度几乎不再发生变化，维持在一个恒定值。至于能否完全均匀分布，还取决于气固两相流动过程本身的静压能、动压能、位能和摩擦内能损耗之间的相互转换，进而决定催化剂沿轴向密度分布。从提升管结构看，安装角度也影响催化剂密度分布。如在实验中，将提升管的安装倾斜3°～4°，催化剂在流动过程中，向倾斜一侧偏流，造成提升管截面上一侧催化剂密度大，而另一侧密度较小。因此，保证提升管在安装时垂直是很重要的。

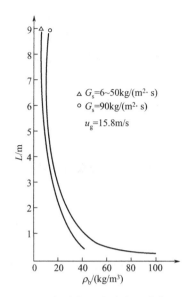

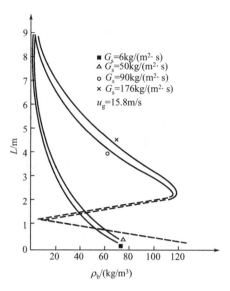

图 1.25　提升管密度分布（清华大学　　　　图 1.26　提升管密度分布（杯口形快
专利快速分离装置，$u_g = 15.8 \text{m/s}$)　　　　　速分离装置，$u_g = 15.8 \text{m/s}$)

　　一般来讲，提升管出口段催化剂密度会有不同程度的提高，这主要受出口快速分离器压降约束的影响，也由催化剂颗粒受阻、反弹等因素造成。大型冷态实验装置中的测量结果表明，出口段催化剂密度比提升管中部密度提高 $10\% \sim 20\%$。

　　（4）气固运动形态分析

　　在提升管中，当固体质量流率 $G_s = 0$（即只有气体通过）时，提升管单位长度上的压降 $\Delta p / L$（压力梯度）随气速 u_g 的增加而增大，见图 1.27 中 AB 线。这主要由气流运动产生摩擦阻力所致。当固体质量流率为某一定值 G_s 时，所测压降为混合物密度产生的静压与混合物动压降（摩擦阻力降）之和。当气速较高时（如 C 点），提升管内催化剂密度较小，流动的摩擦阻力降占主要地位；当气速减小时，静压降虽然因密度增大而增大，但摩擦阻力降却因气速下降而减小，故总的压力梯

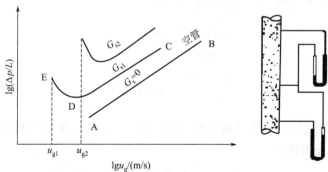

图 1.27　气固流动形态图

度 $\Delta p/L$ 下降。气速从 D 点再继续下降，提升管内的催化剂密度急剧增大，于是静压降的增大占主要作用，总的压力梯度 $\Delta p/L$ 也随之急剧增大。当接近 E 点时，提升管内催化剂密度太大，气流已不足以支持固体颗粒，因而出现腾涌，此点称为噎塞点。此时固体向上流动便从稀相过渡到密相，噎塞点的气体速度称为噎塞速度，即 E 点对应的表观气速。噎塞点的速度随固体流速的增加而增大。输送系统的设计应保证操作气速 u_g 大于噎塞速度。

（5）噎塞速度的计算

噎塞速度的计算有许多经验公式，其中 Bi 等人详细分析了噎塞时的物理量后，给出如下计算公式[23]：

$$\frac{u_{gc}}{\sqrt{gd_p}} = 21.6 \left(\frac{G_s}{\rho_s u_{gc}}\right)^{0.542} Ar^{0.105} \tag{1.43}$$

Punwani 通过考察发现下列方程的结果与实验观察值相比较，其方差误差小于 50%[24]。

① Punwani 方程（方差误差为 25%）[24]

$$2gD(\varepsilon_{ch}^{-4.7}-1)/(u_{gc}-u_t)^2 = 0.00874\rho_g^{0.77} \tag{1.44}$$

$$\frac{G_s}{\rho_p} = (u_{gc}-u_t)(1-\varepsilon_{ch}) \tag{1.45}$$

式中　u_{gc}——噎塞速度，m/s；

　　　ε_{ch}——噎塞速度对应的空隙率；

　　　G_s——管道单位面积输送量，kg/(m² · s)；

其他符号同本章符号表。

② Leung 的方程（方差误差为 39%）[25]

$$u_{gc} = 32.3 \frac{G_s}{\rho_p} + 0.97 u_t \tag{1.46}$$

③ Yang W-C 方程（方差误差为 44%）[26]

$$\begin{cases} \dfrac{2gD(\varepsilon_{ch}^{-4.7}-1)}{(u_{gc}-u_t^2)^2} = 0.04 \\ \dfrac{G_s}{\rho_p} = (u_{gc}-u_t)(1-\varepsilon_{ch}) \end{cases} \tag{1.47}$$

在已知沉积速度（水平管输送的最小速度）后，噎塞速度可用以下关系估算：

对均一筛分颗粒：

$$u_{gc} \approx u_{cs} \tag{1.48}$$

对混合筛分颗粒：

$$u_{gc} \approx \left(\frac{1}{3} \sim \frac{1}{5}\right) u_{cs} \tag{1.49}$$

对混合筛分的颗粒而言，u_{gc} 应低于 u_{cs}，因此用 u_{cs} 值作为噎塞速度已十分安全。

另外，也可用 Zenz 的图解法求解噎塞速度[27]：对均一颗粒可直接用图 1.28 求噎塞速度，对混合筛分的颗粒应再同时应用图 1.29 进行校正，具体步骤如下：

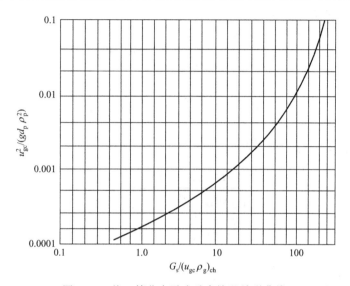

图 1.28　均一筛分水平或垂直输送关联曲线

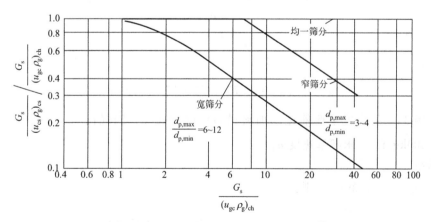

图 1.29　颗粒筛分分布对沉积（噎塞）速度的影响

① 首先给定固气比，假定 u_{gc}，求出 $u_{gc}^2/(g d_p \rho_p^2)$；

② 由图 1.28 查得 $G_s/(u_{gc}\rho_g)_{ch}$；

③ 根据 $G_s/(u_{gc}\rho_g)_{ch}$ 由图1.29 查得 $\dfrac{G_s}{(u_{gc}\rho_g)_{cs}}\Big/\dfrac{G_s}{(u_{gc}\rho_g)_{ch}}$ 并求得计算的固气

比，其中 G_s 为固体加料速度，$kg/(m^2 \cdot s)$；

④ 若计算的固气比与给定的固气比不等，应重复上述步骤，直至相等为止。

现举例说明求噎塞速度。

[例2] 设固体循环量 $S_w = 18000 kg/h$，$\rho_p = 2500 kg/m^3$，粒径 $d_p = 57\mu m$，$u_t = 3.4 m/s$，$u_{mf} = 0.24 m/s$。求噎塞速度 u_{gc} 和空隙率 ε_{ch} 及稀相输送速度 u。

解：

(1) 假定管径 $d = 0.1 m$。

(2) $G_s = \dfrac{S_w}{\dfrac{\pi}{4}d^2} = \dfrac{18000}{\dfrac{3.14}{4} \times 0.1^2 \times 3600} = 637 [kg/(m^2 \cdot s)]$

$$u_p = \frac{G_w}{\rho_p} = \frac{637}{2500} = 0.255 (m/s)$$

(3) 噎塞速度 u_{gc} 和空隙率 ε_{ch} 由式(1.48) 计算：

$$\begin{cases} \dfrac{2gD(\varepsilon_{ch}^{-4.7}-1)}{(u_{gc}-u_t^2)^2} = 0.04 \\ \dfrac{G_s}{\rho_p} = (u_{gc}-u_t)(1-\varepsilon_{ch}) \end{cases}$$

即：$0.04(u_{gc}-u_t^2)^2 = 2gD(\varepsilon_{ch}^{-4.7}-1)$

将已知参数代入，解上述方程组得：

$$\varepsilon_{ch} = 0.96$$
$$u_{gc} = 9.9 m/s$$

(4) 稀相输送速度 u 考虑计算式与实际的误差，为安全起见取：

$$u = 1.75 u_{gc} = 1.75 \times 9.9 = 17.325 (m/s)$$

[例3] 某装置平衡催化剂加料量 $G = 6000 kg/h$，固气比为 4，$d_p = 60\mu m$，$\rho_p = 1200 kg/m^3$，求噎塞速度 u_{gc}。

解：

假定 $u_{gc} = 1.3 m/s$，则：

$$\frac{u_{gc}^2}{gd_p\rho_p^2} = \frac{1.3^2}{9.8 \times 60 \times 10^{-6} \times 1200^2} = 0.00199 \approx 0.002$$

查图 1.28

$$\frac{G_s}{(u_{gc}\rho_g)_{cs}} = 36$$

查图 1.29

$$\frac{\dfrac{G_s}{(u_{cs}\rho_g)_{cs}}}{\dfrac{G_s}{(u_{gc}\rho_g)_{ch}}}=0.11$$

$$\frac{G_s}{(u_{cs}\rho_g)_{cs}}=36\times0.11=3.96$$

接近所给定的固气比,故假定 $u_{gc}=1.3\text{m/s}$ 是合理的。

(6) 稀相水平输送

水平输送较垂直输送复杂得多。在垂直输送中降低气速,固体将沉降于上升气流中,固体颗粒仍呈弥散状态,只是随着气速的降低固体滑落增加,但总趋势仍为向上流动。若气速降到噎塞速度时,固体将沉积于管底。当水平输送时,降低气速会使固体颗粒沉积于管底,气体则由沉积层上部至管顶的通道中通过。沉积于管底部的固体流动情况与气速有密切关系。如果气速足够高,沿整个水平管可维持较均匀地输送固体 [见图 1.30(a)];当气速较低时,固体可以是"沙丘"状 [见图 1.30(b)])、齿状 [见图 1.30(c)]、节涌状 [见图 1.30(d)] 流动。

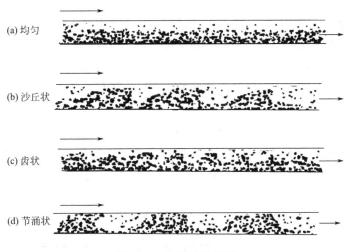

图 1.30 水平输送流型

① 稀相水平输送的相图

图 1.31 为稀相水平输送的相图,横坐标为气速的对数,纵坐标为单位长度管线压降的对数。图 1.31 中 AB 为只有气体通过管线时的压降曲线,当气速较高时固体以 G_{sl} 的质量流率引入管线,所有固体均呈悬浮状态通过管道而无沉积现象 (见图 1.31 C 点)。气速降低时,压力降沿 CD 线下降,在气速降到 D 点时,颗粒开始在管底沉降,此时的气速称为沉积速度 u_{cs}。沉积速度为气固特性和管径的函数。若仍以 G_{sl} 的速率加入固体,颗粒层将增加,当固体颗粒较粗且大小均一时,

约有相当于管截面一半的面积为颗粒层,上层仍为稳态输送,如图1.31 DE线所示。气速进一步下降,沉积的颗粒层继续加厚,压降也随之上升,如图1.31 EF线所示。

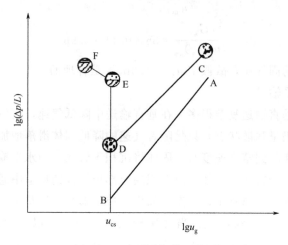

图 1.31　水平稀相输送相图

② 沉积速度的求法

水平管气力输送需要比较高的气体速度,催化裂化提升管水平段即如此。气速高则摩擦压降大,颗粒磨损和管壁磨损快。为了使这些效应减至最小程度,要求保持较低的气速。但是气速过低又会使颗粒沉积,为了保持颗粒不至于沉积,必须使气速大于沉积速度。

Zenz 提出了一种计算沉积速度的方法[28]:对颗粒不均一的固体利用图1.32,首先求出最大颗粒和最小颗粒的沉积速度 $u_{cs,1}$、$u_{cs,2}$;按图1.32查得的 $u_{cs,1}$、$u_{cs,2}$ 都是在管径为 63.5mm 的管子中流动时测得的,要对所选的 u_{cs} 按式(1.50)进行校正。

$$u_{cs,m} \propto d_t^{0.4} \tag{1.50}$$

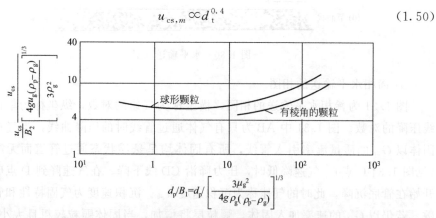

图 1.32　均一固体颗粒沉积速度 (管径 6.35cm)[28]

d_t 为实际使用的管径，换算时应取 $u_{cs,m}$ 两者中较大的数值来换算。然后再按图 1.33 或式(1.51) 求 u_{cs}。其中，图 1.32、图 1.33 和式(1.52) 均为 CGS 制。

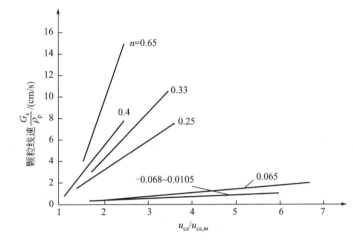

图 1.33 不均一颗粒沉积速度与固体线速度的关联[28]

$$\frac{G_s}{\rho_p} = \frac{G_s}{G} \times \frac{\rho_g}{\rho_p} u_{cs} = B_2 \frac{u_{cs} - u_{cs,m}}{u_{cs,m}} \tag{1.51}$$

对于近似计算，B_2 可以按下式取值：

$$B_2 = 21.4 n^{1.5} \qquad (当 \; n > 0.068);$$
$$B_2 = 0.32 \qquad (当 -0.11 < n < -0.068)。$$

其中，n 为沉积速度修正用值，系图 1.33 曲线上两点的斜率。

[例4] 某催化裂化装置提升管上端水平段的操作条件为：压力 155kPa（表），温度 470℃，油气密度 $\rho_g = 5.87 \text{kg/m}^3$，催化剂颗粒密度 $\rho_p = 1200 \text{kg/m}^3$，油气黏度 $\mu = 1.27 \times 10^{-4}$ Pa·s，催化剂最大颗粒直径 149μm，催化剂最小颗粒直径 20μm，固气比=3.94。求水平输送时的沉积速度 u_{cs}。

解：

$$\left[\frac{4g\mu(\rho_p - \rho_g)}{3\rho_g^2}\right]^{1/3} = \left[\frac{4 \times 980 \times 1.27 \times 10^{-4}(1.2 - 5.87 \times 10^{-3})}{3 \times (5.87 \times 10^{-3})^2}\right]^{1/3} = 7.92(\text{cm/s})$$

$$\left[\frac{3\mu^2}{4g\rho_g(\rho_p - \rho_g)}\right]^{1/3} = \left[\frac{3 \times (1.27 \times 10^{-4})^2}{4 \times 980 \times 5.87 \times 10^{-3}(1.2 - 5.87 \times 10^{-3})}\right]^{1/3}$$
$$= 1.216 \times 10^{-3}(\text{cm})$$

对大颗粒
$$\frac{d_p}{\left[\dfrac{3\mu^2}{4g\rho_g(\rho_p - \rho_g)}\right]^{1/3}} = \frac{1.49 \times 10^{-2}}{1.208 \times 10^{-3}} = 12.25$$

查图 1.32，得

$$\frac{u_{cs,1}}{\dfrac{4g\mu(\rho_p-\rho_g)}{3\rho_g^2}}=5.5 \qquad u_{cs,1}=5.5\times17.92=98.56(cm/s)$$

对小颗粒

$$\frac{d_p}{\left[\dfrac{3\mu^2}{4g\rho_g(\rho_p-\rho_g)}\right]^{1/3}}=\frac{2\times10^{-3}}{1.216\times10^{-3}}=1.645$$

查图 1.32，得

$$\frac{u_{cs,2}}{\left[\dfrac{4g\mu(\rho_p-\rho_g)}{3\rho_g^2}\right]}=4.6 \qquad u_{cs,2}=4.6\times17.92=82.43(cm/s)$$

求两点间的斜率 n

$$第 1 点(12.25,5.5)$$
$$第 2 点(1.645,4.6)$$
$$n=\frac{\lg12.25-\lg1.645}{\lg5.5-\lg4.6}=11.23$$

$u_{cs,1}$ 较大，换算为管径 $\phi1400mm$ 时的 u_{cs}：

$$\frac{u_{cs,m}}{0.99}=dt^{0.4}=\left(\frac{140}{6.35}\right)^{0.4}=22.05^{0.4}=3.45$$

$$u_{cs,m}=0.99\times3.45=3.42(cm/s)$$

利用式(1.51) 求 u_{cs}

$B_2=21.4n^{1.5}=21.4\times11.2^{1.5}=805$，将 B_2 值代入式(1.51)

$$3.94\times\frac{5.87\times10^{-3}}{1.2}\times u_{cs}=\frac{u_{cs}-3.42}{3.42}\times805$$

$$u_{cs}=3.42(cm/s)$$

③ 适宜气速的选择

前面已介绍颗粒的噎塞速度是颗粒在垂直输送中所需的最低速度。颗粒的沉降速度是颗粒在水平管输送中所需最低气速。但在输送过程中，气流在管路中分布不均匀，受物料之间的黏附、团聚、碰撞、气固之间的摩擦等影响，要达到均匀稳定输送必须选用较高的气速。适宜气速可用终端速度的倍数或噎塞速度的倍数来求。气速按颗粒终端速度计算的经验系数如下。其中，u_t' 为颗粒群的终端速度，m/s。

a. 松散物料在垂直输送管中 $u_g\geqslant(1.3\sim1.7)u_t'$；

b. 松散物料在倾斜管中 $u_g\geqslant(1.5\sim1.9)u_t'$；

c.松散物料在水平管中 $u_g \geqslant (1.8 \sim 2.0) u_t'$;

d.有一个弯头的上升管 $u_g \geqslant 2.2 u_t'$;

e.有两个弯头的垂直或倾斜管 $u_g \geqslant (2.2 \sim 4.0) u_t'$;

f.管路布置复杂时 $u_g \geqslant (2.6 \sim 5.0) u_t'$;

g.大密度成团的黏结性物料 $u_g \geqslant (5.0 \sim 10) u_t'$;

h.细粉状物料 $u_g \geqslant (50 \sim 100) u_t'$。

催化裂化催化剂最大粒径为 $149 \mu m$,终端速度在 $0.6 m/s$ 左右,实际上在以空气输送催化剂时线速约 $5 \sim 10 m/s$,为终端速度的 $8 \sim 10$ 倍,提升管线速低可到 $4 \sim 10 m/s$,高可到 $7 \sim 25 m/s$,约为终端速度的 $7 \sim 40$ 倍。

需要指出的是,文献中关于噎塞速度、沉积速度的研究很多,此处只是介绍了有限的研究结果,更全面的总结可以参阅 Bi 等[29] 和 Klinzing 等[30] 的研究工作。

1.3　催化裂化催化剂床膨胀

利用床膨胀,工程设计人员可以精确地设计流化床的结构尺寸,如稀密相交界处的变径位置。变径位置取决于床膨胀高度,利用床膨胀,工程设计人员可以精确地设计流化床的结构尺寸,如稀密相交界处的变径位置、自由空域高度等。床膨胀高度是描述流化床特性的主要参数,许多研究者已做了大量的工作。不过大多数是在小直径床和较低的表观速度下取得的实验数据,距工业实际还有一定的距离。

1.3.1　床膨胀高度历史回顾

为了确定流化床的膨胀高度,许多研究者做了大量工作,取得了累累硕果。但是,因流化床的确十分复杂,直至今日,流化床中气泡直径的计算、气体流动形式和停留时间分布等问题仍没有得到很好地解决,目前不得不凭经验和经验关联式或图表来进行设计计算。

由两相流理论可知,床层的膨胀主要由床内气泡所造成。实际上,密相区总体积是乳化相体积加上气泡相体积,气泡相在密相区所占的体积分数大小决定床膨胀的大小,而气泡相体积与下列因素有关:

① 与气体通过床层的形式有关;

② 若气体以气泡形式通过床层,则也与气泡大小有关;

③ 与气体在床层中停留时间有关。

气体以气泡形式和无气泡形式通过床层,显然床膨胀是不一样的。有气泡时,若气泡直径不同，其上升速度不一样，气泡在床层的停留时间有差异。在同样气量下，直径小而数量多的气泡较直径大而数量少的气泡在床层中的上升速度要低。因此，前者的床膨胀比 R 显然比后者要大，按这一原理并适当简化可以导出床膨胀与气速、气泡直径之间的简单关系为[31]：

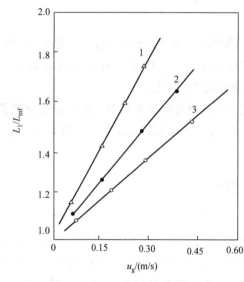

图 1.34　细颗粒流化床膨胀

$$R = \frac{L_1}{L_{mf}} = 1 + \frac{u_g - u_{mf}}{0.711(gd_b)^{1/2}} \tag{1.52}$$

该方程不能用于实际工业装置的计算。

细颗粒流化中稳定气泡直径较小，因此距分布板以上一定高度后，$L_1/L_{mf} \sim u_g$ 关系为一条直线。图 1.34 曲线 1 为稳定气泡直径 2.5cm，平均粒径 $20\mu m$ 的颗粒；曲线 2 为稳定气泡直径 6.3cm，平均粒径为 $70\mu m$ 的较宽分布颗粒；曲线 3 为稳定气泡直径 13cm，平均粒径 $70\mu m$ 的较窄分布颗粒。在 u_{mf} 至 u_{mb} 的阶段服从散式流化的床膨胀规律，也就是可以明显感到密相区有均匀膨胀阶段，秦霁光假定鼓泡流化床的膨胀纯因气泡所导致，得到了自由鼓泡床膨胀高度的计算式[32]：

$$L_1 = L_0 + \frac{1.90(u_g - u_{mf})^{0.7}}{g^{0.35}}\left[L_1 + \frac{1.58^{1/7}}{(u_g - u_{mf})^{2/7}}\left(\frac{A_t}{N_0}\right)^{4/7}\right]^{0.65} \tag{1.53}$$

式中　A_t——流化床横截面积，m^2；

　　　N_0——分布板上的孔数或泡罩数；

　　　L_0——流化床的静床高度，m。

王樟茂[13] 对实验数据进行了优化回归，在其实验范围内 $\omega < 7$（ω 为流化数），得到如下计算床膨胀比（R）的关系式：

$$R = \frac{\omega}{a + b\omega + c\omega^2} \tag{1.54}$$

式中　$a = 0.260(\overline{d}_p)^{0.0194}$

　　　$b = 0.580(2.88 \times 10^2 \overline{d}_p)^{\left(\frac{0.003}{\overline{d}_p}\right)}(1 + F_a)^{\left(\frac{-0.0014}{\overline{d}_p}\right)}$

　　　$c = 0.01185\left(\frac{\overline{d}_p g}{u_{mf}}\right)^{0.5}(1 + F_a)^{-0.1442}$

F_a——粒径小于 $45\mu m$ 的细颗粒因子，$F_a = \sum \left(\dfrac{\overline{d}_p}{d_{pi}}\right) x_i$。

秦霁光提出粗颗粒床的积分式[32]：

$$L_1 - L_{mf} = \int_0^{L_1} \frac{u_g - u_{mf}}{u_b} dL \qquad (1.55)$$

式中，床膨胀高度单位为 m，速度单位为 m/s。

陈大保、杨贵林在挡板流化床中，用空气和微球型硅胶获得床膨胀关联式为[33]：

$$\varepsilon = 2.33 \left(\frac{u_g}{u_{mf}}\right)^{0.77} \left(\frac{u_{mf}^2}{Dg}\right)^{0.04} \left(\frac{Ly}{Ar}\right)^{0.1075} \qquad (1.56)$$

对使用斜片挡板或挡网床，人们提出床膨胀比可近似地用 $R = \dfrac{0.517}{1 - 0.76 u_g^{0.197}}$ 来计算；对垂直管束内构件，床膨胀比可用 $R = \dfrac{0.517}{1 - 0.67 u_g^{0.114}}$ 计算。

上述床膨胀高度的计算式大都从两相理论出发，然而两相理论只适用于散式流化床和较低气速的聚式流化床，对于气速较高的聚式流化床还存在一定的偏差。例如，随着气速的增加，乳化相中的空隙率并不严格等于起始流化时的空隙率，而是略小于 ε_{mf}。此外，笔者也曾发现气泡中存在一定量的颗粒，颗粒浓度的大小和操作条件密切相关[34,35]。因此，用不同的计算式计算出的床膨胀高度相差甚大，因为得出计算式的实验条件，如床径、装料高度、气速范围、分布器形式、内构件、物性等均不完全相同。上述计算式供参考，在设计选用时注意选择条件接近的公式来估算。

1.3.2　密相床高的确定

1.3.2.1　实验室采用方法

（1）直接目测法

在实验室中，因多采用透明有机玻璃制作流化床，因此，密相床高可以直接观察得到。若在床底部直接安装标尺，则可直接读出床界面高度，即膨胀床高。用该床高比静床高，可近似求出床膨胀高度比。

（2）压降梯度法

在流化床上，每隔一定间距设置一个压差计，由所测压降梯度对轴向高度作图，由所得曲线的拐点，确定密相床高，见图 1.35。

许多研究单位在预测的床界面上下，安装更多的测压点，可以使所测量精度大

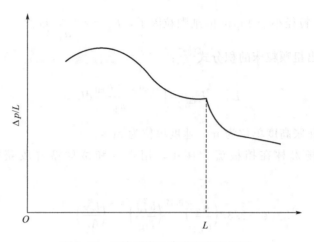

图 1.35 压降梯度法床高确定示意图

幅提高。

以上是有明显床界面条件下确定床高的方法。当无明显的床界面时，按流化理论，以 $100kg/m^3$ 为浓相和稀相划分标准确定床高，即大于 $100kg/m^3$ 为浓相，反之为稀相，也可近似求出床膨胀高度。

1.3.2.2 工业装置密相床高的估算

一般来说，工业装置设置的测压点较少，而在密相床部分测压点更少，因此不可能很精确地计算出密相床高，只能进行估算。估算的方法有两种。

(1) 方法一

按流态化工程理论，稀、密相密度分界为 $100kg/m^3$，根据图 1.36 则有：

$$L_1 = h_1 + h_2 + x \tag{1.57}$$

由

$$\Delta p_3 = xg\Delta p_2/(h_2 g) + (h_3 - x)g\Delta p_4/(h_4 g)$$

即

$$\Delta p_3 = xg\rho_2 + (h_3 - x)g\rho_4$$

解得

$$x = (\Delta p_3 - h_3 g\rho_4)/[g(\rho_2 - \rho_4)] \tag{1.58}$$

(2) 方法二

国井大藏提出的密相床高计算方法见图 1.37，可将三个测压点压力代入下式[36]：

$$L_1/h_1 = (p_C - p_A)/(p_C - p_B)$$

按图 1.36 可写成：

$$L_1 = (\Delta p_1 + \Delta p_2 + \Delta p_3)/(\rho_1 g) \tag{1.59}$$

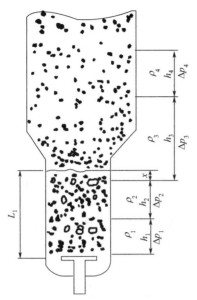

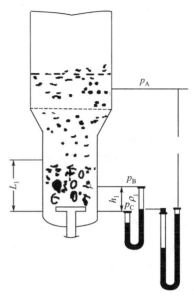

图 1.36　床高估算示意图（方法一）　　　图 1.37　床高估算示意图（方法二）

1.4　夹带、扬析和输送分离高度

研究夹带、扬析和输送分离高度（TDH）有其实际意义。设计时，必须知道从床层中夹带出来的固体颗粒的夹带速率、夹带固体颗粒的粒度分布以及夹带颗粒速率和粒度分布随气速和位置变化的规律。因为这些问题直接影响着流化床的结构尺寸，旋风分离器等相关设备的布置以及催化剂的损失。

1.4.1　颗粒的夹带

1.4.1.1　颗粒的夹带机理

（1）颗粒的夹带机理

夹带（entrainment）指的是气体从流化床表面带走的颗粒的现象，夹带率的单位为 kg/(m² · s)。最重要的夹带机理是 Levy 等 1983 年提出的，他们认为颗粒由密相床抛入自由空域和气泡在床层表面的破裂有关[37]。

Zenz 和 Weil[38]，Chent 和 Saxena[39] 提出了顶盖理论，认为气泡还未到达床表面时就发生了破裂，破裂时气泡顶部和床表面之间还存在一个颗粒薄层，抛入稀相的是薄层内的颗粒；George 和 Grace[40] 则提出了尾涡理论，认为气泡在床表面破裂时，气泡尾涡中的颗粒在惯性的作用下进入了稀相；Pemberton 和 Davidson[41] 则认为以上两种机理同时在起作用，具体哪种机理占主导，则与颗粒尺寸、流化气速以及流化床几何结构有关。他们还提出了一种夹带机理，即当气泡在床表面破裂时正好发生了聚并，将上部气泡尾涡中的颗粒也抛入了稀相。Levy 等[37] 和 Peters 等[42] 在流化床中拍摄得到的结果验证了这些机理。Pemberton 和 Davidson[41] 认为对于 A 类颗粒，顶盖理论占主导作用，而对 B 类颗粒而言，尾涡理论占主导作用。由顶盖理论进入稀相的颗粒的直径略小于床层中的颗粒直径，而尾涡理论进入稀相的颗粒直径和床层中颗粒接近，且后者的夹带率也大于前者。由气泡顶盖抛入稀相的颗粒更加分散，而由尾涡进入稀相的颗粒更倾向于形成粒团[43,44]。

此外，还有一种机理认为，在粒径分布较宽的粗颗粒气固体系内，较细的颗粒更容易被带到床层表面，在间隙速度的作用下被抛入稀相。

(2) 稀相空间的气固两相流

颗粒被抛入稀相后发生了分级现象，一部分大的颗粒在重力的作用下返回床层，剩余的小的颗粒则被气体夹带向上运动。研究者们发现稀相空间的气固两相流比想象中要复杂得多。

Lewis 和 Gilliland 提出[45]：

① 气泡破裂时产生大量的颗粒团；

② 颗粒团在上升过程中逐渐分散为分散颗粒；

③ 颗粒团大于最大可夹带颗粒时，颗粒团便自由下落；

④ 颗粒团分散后，分散颗粒被中心气流带出；

⑤ 在颗粒团向分散颗粒转化时，稀相密度随高度的变化率与浓相密度成正比。

经整理，在稀相某一高度处的颗粒夹带速率与床面处的颗粒夹带速率的关系为：

$$F_s = F_{s0} \exp(-az) \qquad (1.60)$$

即：

$$\rho = \rho_0 \exp(-az)$$

式中 F_s——稀相某一高度的颗粒夹带速率，$kg/(m^2 \cdot s)$；

F_{s0}——床面处的夹带颗粒速率，$kg/(m^2 \cdot s)$；

z——稀相某一高度位置，m；

ρ、ρ_0——稀相某高度和床面处的密度，kg/m^3。

Pemberton 和 Davidson 提出一个包括虚拟气泡（ghost bubbles）理论、顶盖抛射理论和稀相空间夹带的机理模型[41]。

① 虚拟气泡（ghost bubbles）理论

该理论认为气泡在床层表面破裂进入稀相自由空间后仍然保持着自身的特性，气体受气泡内气体流场的影响，在稀相中仍存在一个旋转流动的气团，该气团称为虚拟气泡。虚拟气泡随湍流上升而动量逐渐减弱，形成自由空间气流的湍动。经推导，虚拟气泡流与气流的相对速度 u' 可表示成：

$$u' = u'_0 \exp(-\beta z), \beta = 230\sqrt{u_g} D_b^{-0.45} \text{（对 FCC 而言）}$$

式中　D_b——气泡当量直径，m；

　　　u'——虚拟气泡与气流相对速度，m/s；

　　　u'_0——床表面处虚拟气泡速度，m/s；

　　　z——稀相某一高度，m。

② 顶盖抛射理论

该理论认为，颗粒从流化床层表面进入稀相自由空间是因气泡在床层表面处破裂时，将气泡顶盖或尾涡的颗粒抛射到自由空间[41]。依该理论计算单个气泡抛射的颗粒量 F_{or} 为：

$$F_{or} = 3D_p \rho_p (u_g - u_{mf})(1 - \varepsilon_{mf})/D_b \tag{1.61}$$

多气泡在床层表面抛射颗粒量 F_{ow} 为：

$$F_{ow} = 0.1 \rho_p (1 - \varepsilon_{mf})(u_g - u_{mf}) \tag{1.62}$$

上述二式中 D_p 为球形顶盖厚度。

$$D_p = u_b D_b /(12 u_m)$$

式中　u_m——颗粒抛射速度，$u_m = 2.5 u_b$，m/s；

　　　u_b——气泡上升速度，m/s。

③ 稀相空间颗粒三相夹带机理

Pemberton 和 Davidson 认为稀相空间颗粒的运动可分为三相，一相中细颗粒 $u_t < u_2$ 随气流上升；二相中 $u_t > u_2$，颗粒向下降落；三相中在器壁附近向下移动的细粉颗粒在器壁附近形成下落的边界膜[41]。

1.4.1.2　颗粒夹带模型

（1）Lewis 经验模型

Lewis[45] 根据不同操作条件下的实验结果得出一个经验模型。

$$F = F_0 \exp(-az) \tag{1.63}$$

式中　F——自由空间夹带速率，kg/(m²·s)；

　　　F_0——床面夹带速率，kg/(m²·s)；

　　　a——颗粒夹带速率沿高度方向分布的关联系数；

　　　z——离床面高度，m。

（2）三相模型

Kunii[46] 假定自由空间存在上升颗粒群、下降颗粒群和上升的均一分散颗粒三相，并从理论上导出了与 Lewis 等人一致的结果。

（3）Bergougnou 经验模型

Baron 和 Bergougnou 等通过大型流化床进行了一系列的实验，提出一个经验模型[47]：

$$F = F_\infty + F_0 \exp(-az) \tag{1.64}$$

式中　F——自由空域颗粒夹带速率，$kg/(m^2 \cdot s)$；

F_∞——TDH 以上颗粒夹带速率，$kg/(m^2 \cdot s)$；

F_0——床面颗粒夹带速率，$kg/(m^2 \cdot s)$；

a——常数；

z——离床面高度，m。

（4）Wen 和 Chen 改进模型

Wen 和 Chen 等[48] 对 Bergougnou 等人提出的模型进行了改进，提出了下面的夹带模型：

$$F = F_\infty + (F_0 - F_\infty) \exp(-az) \tag{1.65}$$

式中符号含义同式(1.64)。这些模型都是根据实验数据归纳出来的。式(1.65)中的床面颗粒夹带速率 F_0 可由下面的关系预测[40]：

$$\frac{F_0}{A_t D_b} = 3.07 \times 10^{-9} \frac{\rho_g^{3.5} g^{0.5}}{\mu^{2.5}} (u_g - u_{mf})^{2.5}$$

式中，F_∞ 是 TDH 以上细颗粒扬析速率；D_b 为床层表面处的气泡平均直径，可由颗粒的扬析速率常数求得：

$$F_{i,\infty} = K_i x_i$$
$$F_\infty = \sum F_{i,\infty}$$

式(1.65)中常数 a 取决于床内颗粒组成，可以从实验数据 F 对高度 z 作图而获得。a 的值在 $3.5 \sim 6.4 m^{-1}$，因 a 的值对预测夹带速率影响不大，因此对没有合适的带出速率关系的情况，推荐 a 值为 $4.0 m^{-1}$。

1.4.1.3　夹带率计算公式

下面列举一些已发表的夹带率计算公式，供参照使用。

（1）Kuni Levenspilel 计算式[46]

$$F = F_0 \exp(-az) \tag{1.66}$$

（2）Wen 和 Chen 公式[48]

$$F = F_\infty + (F_0 - F_\infty) e^{-az} \tag{1.67}$$
$$a = 3.5 \sim 6.4 m^{-1}$$

$$F_0 / A_t D_B = 3.07 \times 10^{-9} \frac{\rho_g^{3.5} g^{0.5}}{\mu^{2.5}} (u_g - u_{mf})^{2.5}$$

式中　D_B——床面气泡直径，m。

（3）Zenz 和 Weil 夹带率公式（TDH 以下）[38]

① 将颗粒分成窄间隔，求出这些间隔中哪些颗粒的 $u_t < u_2$，这些就是被夹带的颗粒，具有 $u_t > u_2$ 的颗粒不能上升到夹带分离高度，因而不被夹带；

② 假定每一粒度的颗粒在床层中单独存在，求出其夹带率；

③ 假定进入的气流分成单个的平行流，每一特定粒度的颗粒具有相同的速度，则全部夹带率是：

$$F_{全部} = \Sigma(每一特定粒度的夹带率 \times 床层中该组分的分率)$$

（4）曹汉昌夹带率公式（TDH 以下）[49]

很多学者都把稀相某一高度夹带率和床层表面的夹带率关联起来，但实际操作过程中床层表面的夹带率很难测得。曹汉昌总结了四个工业装置的 17 套工业数据，以 TDH 截面为基准得到如下公式：

$$F = F_\infty \exp[a_1(TDH - z)] + \frac{2.68 \times 10^{-3} \rho_b^{1.2}(TDH - z)\exp[a_2(TDH - z)]}{TDH}$$

$$(1.68)$$

式中，$a_1 = 0.07 u_e^{-1.5} D_e^{-1.1}$，$a_2 = 0.419 u_e^{0.5} \left(\dfrac{A_b}{0.785 D_e^2}\right)^{0.05}$，$u_e$ 为稀相空间的表观气速，m/s；D_e 为稀相空间的直径，m；A_b 为密相床层的横截面积，m^2。

（5）我国催化裂化生产装置数据回归得到的饱和夹带率公式：

$$F_\infty = 0.2678 e^{7.095 u_g}$$

$$(1.69)$$

一般来讲，当再生器稀相气速 u_g 分别为 0.35m/s、0.36m/s、0.434m/s、0.48m/s 时，其对应的饱和夹带量为 3.14kg/m³、3.4kg/m³、5.39kg/m³、8.04kg/m³。

1.4.1.4　影响夹带的因素

（1）气速

气速越高夹带速率越大，夹带速率正比于 u_g^4，但是随气速的增加 u_g 的影响减小。

（2）床直径 D 的影响

D 越大夹带速率越大，Lewis 和 Gilliland 对床径的影响进行过较全面的研究，结果为：当 $D = 0.009 \sim 0.02m$，夹带速率随 D 增加而急剧增加；当 $D > 0.08m$ 直到最大直径 0.146m 范围，夹带与 D 无关；需要说明的是，他们没有提供更大直径流化床的实验数据。

（3）床层高度

对细颗粒而言，夹带受床高的影响很小。对粗颗粒而言，流化质量不好，产生沟流或节涌将影响夹带量，但夹带量是增大还是减小，学界有不同观点。

（4）内构件

内构件置于床面附近时，抑制夹带效果明显。内构件有金属网、搅拌器、挡板等。若金属网放置在密相中，将导致夹带量增加，而不是所希望的减小；对于筛网填料，若将其放置在密相中，将能够减少夹带，而放置在稀相中则会增加夹带；百叶窗被放置在接近床面处时，夹带速率将显著降低；管排放置在密相中时，对颗粒的扬析几乎没有影响。

（5）自由空域高度

对给定的自由空域高度，固体浓度沿高度方向减小。随着自由空域高度的增加，沉降下来的颗粒量增加，任意截面上的颗粒浓度增大。当自由空域增加到大于TDH 时，任意截面浓度达到最大值 $\overline{c}_{sR}$，此时各截面颗粒浓度沿轴向的分布服从 $\overline{c}_{sR}=\overline{c}_{sR0}e^{-az}$，其中 c_{sR0} 为床层表面处稀相的颗粒浓度。在自由空域高度没有达到 TDH 时，各水平面浓度低于相应的 $\overline{c}_{sR}$。

1.4.1.5 中国石油大学（北京）的研究结果

对于具有一定粒度分布的颗粒，床面的气泡破裂把颗粒弹溅到自由空域。在离床面一定高度 z_c 区域内，颗粒除受湍动影响外，还受重力作用。大的颗粒或粒团上升到一定高度后需返回床层，因此在床层表面附近，稀相颗粒浓度随高度下降很快，这一区域又称为弹溅区，其高度定义为临界喷溅高度 z_c。在 z_c 以上，因气流的高度湍动，颗粒因湍流扩散而达到边壁并沿边壁下流，因气体的湍动沿高度衰减，因此在这一区域颗粒浓度减小的趋势显著放慢，这一区域又称为颗粒的扩散区。在 TDH 以上气体趋于平稳，因此颗粒浓度基本不变。

（1）自由空域内颗粒浓度的分布

通过实验，经数据处理绘出沿自由空域高度颗粒浓度变化图，见图 1.38。从图 1.38 可看出，随着表观气速的增加，自由空域中的颗粒浓度显著增加。这是因为气速增加，气泡增多，导致气泡在床面破裂时的有效气速增加，故有更多颗粒被夹带。

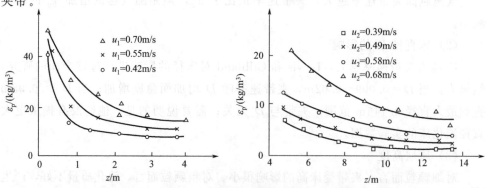

图 1.38 $\phi1200/\phi1000$ 流化床颗粒浓度沿自由空域高度的分布

（2）临界喷溅高度 z_c 的关联

图1.39给出了气速与喷溅高度的实验曲线。从图1.39可以看出，z_c 随着气速的增加而增加，随着颗粒密度的增大而增加。把 z_c 和气速 u_2、粒径 d_p 和颗粒密度 ρ_p 进行关联得如下经验式：

$$z_c = k_3 Re_{pl}^{0.536} \left(\frac{\rho_p - \rho_g}{\rho_g} \right)^{0.32} \tag{1.70}$$

式中，$k_3 = 8.21 \times 10^{-2} D^{0.1039}$

（3）恒定夹带量

稀相中颗粒浓度沿自由空域高度的增加而逐渐降低，当达到TDH后，颗粒浓度基本不再变化。此时的颗粒浓度称为气体的恒定夹带量，图1.40为实验曲线。

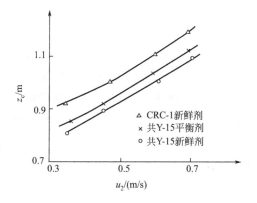

图1.39　气速对临界喷溅高度的影响

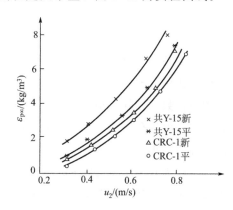

图1.40　恒定夹带量曲线（$D = \phi870/\phi710$）

由图1.40可以看出，气体的恒定夹带量随线速度的增加而增大，随颗粒密度的增加而减小。

对实验数据进行多元回归可得：

$$\varepsilon_{p\infty} = 15.833 \left[(\rho_p - \rho_g)/\rho_g \right]^{-1.337} Fr_2^{1.27} \tag{1.71}$$

修正后可用于工业装置，修正后的关联式为：

$$\varepsilon_{p\infty} = f(D, T, p) \left[(\rho_p - \rho_g)/\rho_g \right]^{-1.337} Fr_2^{1.27} \tag{1.72}$$

图1.41给出了式(1.72)计算结果与工业数据的比较，由图1.41可以看出，式(1.72)的计算结果与工业数据吻合较好。另外，可以看出在大型冷态实验装置上测得的恒定夹带量远低于工业值。这是因为一般工业装置中温度较高，气体的黏度也相对较大；此外，工业装置反应器尺寸远大于实验装置，床层表面破裂的气泡尺寸大于实验装置的气泡尺寸，弹溅进入稀相的颗粒量也远大于实验装置中的颗粒量。

（4）自由空域内各组分所占比例分布

用共Y-15催化裂化平衡剂作为固体颗粒，当线速度 $u_2 = 0.3\text{m/s}$ 时，整个自

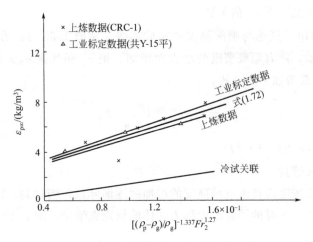

图 1.41　恒定夹带量与工业数据的比较

由空域内各组分所占比例分布实验曲线见图 1.42。由图可知，在 TDH 以下，各组分所占比例沿轴向高度呈指数型变化，在 TDH 处及 TDH 以上各组分所占比例基本为一常数。另外，小于 $20.2\mu m$ 和 $20.2\sim40.3\mu m$ 的颗粒随自由空域高度的增加其所占比例逐渐增大，$40.3\sim80.6\mu m$ 以上的大颗粒组分所占比例随自由空域高度的增加而减小。

不同表观气速下 TDH 处各组分所占比例见图 1.43。细颗粒（小于 $40.3\mu m$）组分所占比例随表观气速的增加而减少，对实验数据回归得通式：

$$x_i = c_5 u_2^c \tag{1.73}$$

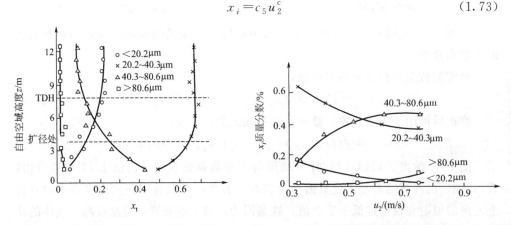

图 1.42　装置各组分所占比例分布曲线　　图 1.43　TDH 各组分所占比例曲线（共 Y-15 新）

（5）扩径段影响的分析

鉴于工业催化裂化装置两器多采用变径结构，而同径所谓"大筒型"已逐步被淘汰，因此，本实验亦采用变径流化器实验，存在一个大径面积与小径面积之比为 1.5 倍的变径段。考察变径段对催化剂浓度分布的影响实属必要。

在得到实验数据后，将扩径段以上实验数据换算成扩径段以下相同线速度时的数据并作图，见图1.44。从图中看出，扩径段附近颗粒浓度受扩径的影响较大。因此不能将筒式流化床 TDH 和颗粒浓度分布用于变径流化床上。

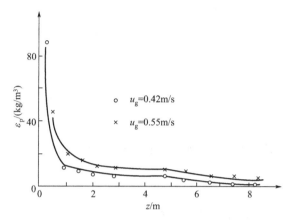

图 1.44   折算成等速下颗粒浓度分布曲线（共 Y-15 平）

通过对两套大型实验装置实验结果分析，得出了临界喷溅高度 z_c 及恒定夹带量的经验关联式。用湍流扩散模型较好地关联了颗粒浓度沿轴向分布的实验数据，同时还给出了不同线速下各颗粒组分所占比例沿轴向的分布曲线。并对 TDH 处各组分所占比例与表观气速进行了关联，式(1.71)、式(1.72) 可供工程设计参考。

1.4.2   颗粒的扬析

扬析（elutriation）又称为淘析，指的是夹带到稀相的颗粒的分析效应，其特点在于能够有选择性地从流化床中带走某些粒径的颗粒。一般认为 $u_g - u_t$ 的差值达到某一数值是扬析的必要条件，很多研究者都把 $u_g - u_t$ 看作扬析的推动力。

1.4.2.1   扬析的机理

Leva-Wen 扬析机理如下[51]：

首先假定：

① 流化床为乳化相和气泡相；

② 按 Davidson 模型将气泡与尾迹作为球形考虑；

③ 乳化相即分散相，它的空隙率等于起始流化条件下的空隙率；

④ 考虑气泡沿床轴向高度增长；

⑤ 最大气泡直径公式 $D_{em} = u_t / 0.711g$；

⑥ 最大气泡上升速度满足 $N_b u_a = \dfrac{L_1 - L_{mf}}{L_1}(u_g - u_{mf})$；

⑦ 气泡个数 N_b：

$$N_b V_b = \frac{L_1 - L_{mf}}{L_1}$$

式中　V_b——气泡体积，m^3；

　　　N_b——单位时间气泡个数。

按上述 7 个条件求出床层单位时间内夹带的颗粒质量流率 f_w 为：

$$f_w = \left(\frac{\pi}{6} D_b{}^3\right) \rho_p (1 - \varepsilon_{mf}) N_b u_a$$

式中，D_b 为气泡直径，m；u_a 为气泡绝对上升速度，m/s。

1.4.2.2　扬析速率

（1）Leva 用类似一级反应的速率方程来描述扬析速率[51]。

$$-\frac{\mathrm{d}x_i}{\mathrm{d}t} = kx_i \tag{1.74}$$

式中　x_i——固体颗粒混合物中 i 组分所占质量分数。

积分上式得：

$$x_i = x_{i0} e^{kt}{}_i$$

其中，x_{i0} 和 x_i 分别为 i 组分在 $t = 0$ 和 $t > 0$ 时的质量分数。

（2）Yegi 和 Aochi 重新定义了扬析速率表达式[52]。

$$-\frac{w}{A_t} \times \frac{\mathrm{d}x_i}{\mathrm{d}t} = k_i x_i \tag{1.75}$$

式中　k_i——扬析速率的常数，$kg/(m^2 \cdot s)$；

　　　A_t——床截面积，m^2；

　　　x_i——床层中 i 组分的质量分数；

　　　w——床内颗粒的质量，kg。

大多数研究者采用式（1.75）来计算扬析速率常数。

（3）已发表的扬析速率计算式有如下几种。

① Yagi 和 Aochi[52]

$$\frac{k_i d_p}{\mu} = \frac{(u_g - u_t)^2}{g d_p}(0.0015 Re_t^{0.6} + 0.01 Re_t^{1.2}) \tag{1.76}$$

② Zenz 和 Weil[38]

$$\frac{k_i}{\rho_p u_g} = \begin{cases} 1.26 \times 10^7 \left(\dfrac{u_g^2}{g d_{p,i} \rho_p^2}\right)^{1.88}, & \dfrac{u_g^2}{g d_{p,i} \rho_p^2} \leqslant 3.10 \\[3mm] 1.31 \times 10^4 \left(\dfrac{u_g^2}{g d_{p,i} \rho_p^2}\right)^{1.18}, & \dfrac{u_g^2}{g d_{p,i} \rho_p^2} > 3.10 \end{cases} \tag{1.77}$$

③ Wen 和 Hashinger[53] 以煤粉和玻璃球实验：

$$\frac{k_i}{\rho_g(u_g-u_{t,i})}=1.52\times10^{-5}\left[\frac{(u_g-u_{t,i})^2}{gd_{p,i}}\right]^{0.5}Re_i^{0.725} \tag{1.78}$$

④ Tanaka 等[54] 以玻璃球、矽沙、不锈钢实验:

$$\frac{k_i}{\rho_g(u_g-u_{t,i})}=4.6\times10^{-2}\left(\frac{(u_g-u_{t,i})^2}{gd_{p,i}}\right)^{0.5}Re_i^{0.3}\left(\frac{\rho_s-\rho_g}{\rho_g}\right)^{0.15} \tag{1.79}$$

⑤ Merrick 和 Highley[55] 在 $0.9m\times0.45m$ 床中用煤粉颗粒实验:

$$\frac{k_i}{\rho_gu_g}=A+130\exp\left[-10.4\left(\frac{u_{t,i}}{u_g}\right)^{0.5}\left(\frac{u_{mf}}{u_g-u_{mf}}\right)^{0.25}\right]$$
$$A=10^{-3}\sim10^{-4} \tag{1.80}$$

⑥ Geldart 等[56] 以细砂与铝粉为颗粒（$d_p=38\sim327mm$）实验:

$$\frac{k_i}{\rho_gu_g}=23.7\exp\left(-5.4\frac{u_{t,i}}{u_g}\right) \tag{1.81}$$

⑦ Colakyan[57] 等在 $u_g=0.9\sim3.7m/s$ 时，以矽沙颗粒实验:

$$k_i=0.011\rho_s\left(1-\frac{u_{t,i}}{u_g}\right)^2 \tag{1.82}$$

⑧ Lin 等[58] 在方床中以炭粉实验:

$$\frac{k_i}{\rho_gu_g}=9.43\times10^{-4}\left(\frac{u_g}{gd_p}\right)^{1.65} \tag{1.83}$$

其中，$58\leqslant\left(\frac{u_g^2}{gd_{p,i}}\right)\leqslant1000$，$0.1m/s\leqslant u_g\leqslant0.3m/s$。

⑨ Wen 和 Chen 等[48] 假定扬析速率与床内流体流体力学无关，扬析向上的速度为 u_g-u_t，据理论推导和实验结合得出公式:

$$k_i=\rho_p(1-\varepsilon_i)(u_gu_{t,i})\frac{\delta y}{\delta x} \tag{1.84}$$

其中，
$$\varepsilon_i=\left\{1+\frac{f_p(u_g-u_{t,i})}{2gD_t}\right\}^{-\frac{1}{4.7}}$$

$$\frac{f_p\rho_p}{d_p^2}\left(\frac{\mu}{\rho_g}\right)^{2.5}=\begin{cases}5.17Re_p^{-1.5}D^2,Re_p\leqslant Re_{pc}\\12.3Re_p^{-2.5}D,Re_p>Re_{pc}\end{cases}$$

其中，$Re_{pc}=\frac{2.38}{D}$，$Re_p=\frac{\rho_g(u_g-u_t)d_p}{\mu}$

⑩ Lewis 扬析速率计算式（TDH 以下扬析）[45]:

$$\frac{k_i}{u}=C\exp\left[\left(\frac{-b}{u_g}\right)^2+az\right] \tag{1.85}$$

式中，C、a 为常数，两者均受床径影响；$b=8.86\times10^4d_p\rho_p^{1/2}$。

⑪ 对 TDH 以上夹带量，可以用颗粒扬析数量 $W_{s\infty}$ 计算：

$$W_{s\infty} = W_{i\infty} X_i \tag{1.86}$$

式中　X_i——床中 i 组分颗粒质量分数；

　　　$W_{i\infty}$——i 组分颗粒扬析量。

总扬析量为各种粒径扬析量的总和，即 $W_{s\infty} = \sum_{i=1}^{n} W_{i\infty}$。

从扬析单颗粒物料衡算可以得出：

$$k_i = \rho_p (1 - \varepsilon_i) u_{si}$$

式中，u_{si} 为已知颗粒量的固体速率，kg/s。

1.4.2.3　影响扬析速率的因素

（1）气体速度的影响

如图 1.45 所示，一般扬析速率的变化是气体速度变化的 4 倍。但是，在高气速下，气体速度对扬析速率的影响随气速的增大而越来越小。

（2）颗粒大小与颗粒密度的影响

如图 1.46 所示，随颗粒增大扬析速率减小，当颗粒很小或趋于零时，扬析速率为定值。

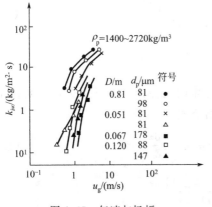
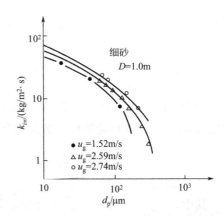

图 1.45　气速与扬析　　　　　图 1.46　颗粒大小与扬析速率的关系

密度对扬析的影响见图 1.47。由此可见，密度大扬析速率小；另外细粉扬析速率服从修正的 Henry 定律，即 $k_i = k_{i\infty} X_i$，所以扬析速率与密相床中细粉含量成正比。

Wen 和 Hashinger 还研究了细粉浓度对扬析速率的影响[53] 得出关联式：

$$k_i (>25\%) = k_i (<25\%)(x_0/25)^{-0.48}$$

式中，$k_i (>25\%)$ 为细粉浓度大于 25% 时的扬析速率常数；$k_i (<25\%)$ 为细粉浓度小于 25% 时的扬析速率常数；x_0 为混合物中 i 组分的原始含量（%）。

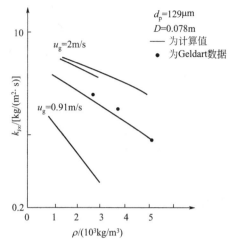

图 1.47　颗粒密度与扬析速率的关系

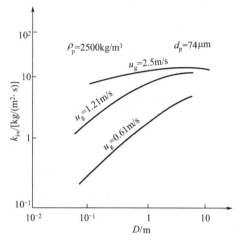

图 1.48　直径对 k_i 的影响

（3）流化床直径的影响

图 1.48 给出了直径对 k_i 的影响。直径的影响来自两个方面：一是固体颗粒对壁面的摩擦和碰撞使夹带量下降，特别是 Re_p 较低时，该影响较大；第二个方面是，在任何情况下，近壁处总有一层向下移动的颗粒层，所以 D 越大扬析速率越大（当直径加大后，细粉颗粒降落减少）。

（4）内部构件的影响

在密相床中构件对扬析影响很小。在稀相中，内构件可减少扬析量。

上面介绍了有关扬析的一些概念和计算公式，可帮助读者建立起对扬析的初步认识，可初步计算扬析浓度，特别是广受关注的旋风分离器入口催化剂浓度。随着流化床应用领域的扩大，其操作条件（高温、高压、高气速）和使用粒度分布的范围也在扩大，因此，扬析的研究范围也应扩大，以满足工业生产的需要。

对于多组分和宽粒度分布，在剧烈流化情况下，气泡破裂引起粒子喷射的同时，因密相床面上下波动或床面处局部气速的波动，使得粒子有可能被带出。像这样不依赖于气泡破裂粒子向自由空间喷射的可能性有探讨的必要。如图 1.49 所示，粗粒砂子的扬析速率与假定粒

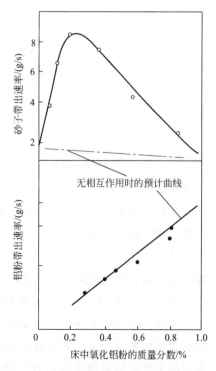

图 1.49　氧化铝粉和砂子的扬析速率

子无相互作用的计算值相比要更大。因此，Geldart 指出，颗粒扬析速率计算，必须用分散相的表观密度，并且讨论了粗粒子和细粒子的密度比以及细粒子的初始密度对扬析速率的影响。关于粒径、密度都不同的多组分系统的研究甚少。而且密相中颗粒的分布也影响扬析，目前还有许多不清楚之处。

1.4.2.4　扬析的比较

下面仅就上述发表的扬析速率计算式进行比较和讨论。由于目前尚无一致公认的关联式，对扬析的机理也没有一致的观点，以下的比较仅供参考。

计算条件如下：固体颗粒为 FCC 催化剂，$\rho_p = 1200 \text{kg/m}^3$，球形度 Φ_s 为 0.85，临界流化空隙率 $\varepsilon_{mf} = 0.48$，气体为常温下的空气，$\rho_g = 1.4 \text{kg/m}^3$，$\mu = 1.77 \times 10^{-5} \text{Pa·s}$。

当 $d_p = 53\mu\text{m}$，$u_t = 0.104 \text{m/s}$ 时，k_i 与 u_g 的关系结果见图 1.50；

k_i 和颗粒直径 d_p 的关联结果见图 1.51，计算中 u_t 按 Stokes 定律：

$$u_t = d_p^2 (\rho_p - \rho_g) g / (18\mu)$$

$$u_{mf} = \frac{\varepsilon_{mf}^3 \Phi_s^2}{180(1 - \varepsilon_{mf})} \times \frac{d_p^2 (\rho_p - \rho_g) g}{\mu}$$

从图 1.50 中看出，k_i 随 u 增大而增大，这个基本趋势是一致的，但是在同一 u_g 下，k_i 值竟相差 2~3 个数量级。由图 1.51 看出，1、3、4 等人的趋势显然是不对的。按他们的关联式，当 d_p 较小时 k_i 随 d_p 的增加而增加，只是当 d_p 增大到使其 u_t 接近 u_g 时（这里 $u_g = 0.4 \text{m/s}$），k_i 才随 d_p 的增大而急剧下降。其他人的关联在趋势上是一致的，但各式的计算结果仍存在数量级上的差别[50]。

杨贵林将扬析的关联式进行比较（条件为：$D = 0.3 \text{m}$，$\rho_p = 1174 \text{kg/m}^3$，$d_p = 67\mu\text{m}$，$\rho_g = 1.204 \text{kg/m}^3$，$\mu = 0.000178 \text{mPa·s}$），发现得到的结果很分散，各计算式也相差 2~3 个数量级。为进一步比较，取各式的计算值与实验的平均误差来说明，结果列于表 1.7[50]。

从表 1.7 中看出，Zenz 和 Well、Wen 和 Chen 的计算值和实验值比较接近。Wen 和 Chen 的关联式根据 9 位研究者的结论归纳而来，适用范围比较宽。其他关联式中，Zenz 和 Well、Lin 的关联式计算结果有不合理之处，例如颗粒终端速度大于表观气速时仍有扬析。Merrick 和 Highleg 的关联式虽然趋势是合理的，但与实验数据的差异很大。其他方法的实验值与计算值也有同种问题。因此，大部分研究者的关联式只适用于他们自己的实验条件，切忌外推，在工业应用中选用时须谨慎。

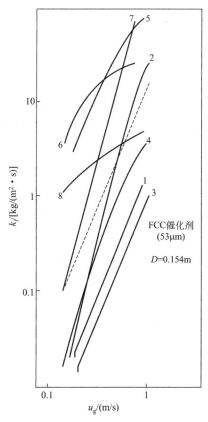

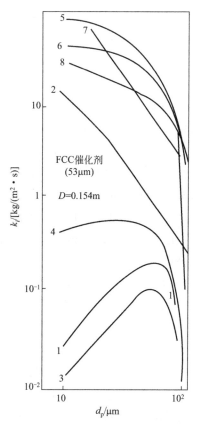

图 1.50　扬析速率常数与气速的关系

1—Yang 和 Avdan；2—Zenz 和 Well；3—Wen 和 Hachiget；4—Tanaka et al；5—Metnch；6—Calakgen；7—Lin，等；8—Wen 和 Chen

图 1.51　k_i 和颗粒直径 d_p 的关联

1—Yang 和 Avdan；2—Zenz 和 Well；3—Wen 和 Hachiget；4—Tanaka et al；5—Metnch；6—Calakgen；7—Lin，等；8—Wen 和 Chen

表 1.7　计算结果 [50]

关联式	Yagi 和 Aochl	Zenz 和 Well	Tanalca	Merrlck 和 Highleg	Geldart	Colakgu	Lin 等	Wen 和 Chen
平均误差	50.54	38.22	87.57	53.09	1290	202.5	646.9	39.3

1.4.3　输送分离高度

输送分离高度（transport disengaging height），简称 TDH。对 TDH 的研究一直被人们关注，对此已有发表的几个定义和大量的算图及关联式，现分别介绍如下。

通过大量的实验研究，不同的研究者对输送分离高度的定义有不尽相同的看法，较为熟悉的定义有：

① Tonaka 和 Shinlhard 的定义：$F=1\%F_0$ 对应的自由空域高度定义为 TDH。F

为沿自由空域高度的夹带速率分布，F_0 为自由空域浓相界面处的夹带速率。

② 旋风分离器安装在床面以上一定高度。在此高度，气泡破裂引起的波动已经消失，并且气速已稳定在一个较固定的数值，这个高度定义为 TDH。

③ 夹带速率为常数的高度定义为 TDH。

④ 在床层上面有这样一个高度，在这段高度内，气流夹带的颗粒浓度随高度而变化，超过这一高度后才趋于一个定值，而不再变化，这一高度定义为 TDH。

⑤ 局部气速消失的高度（夹带量不变的高度）定义为 TDH。

⑥ 从颗粒的上升区到颗粒的下降区的高度定义为 TDH。

1.4.3.1 TDH 的估算式

许多研究者对 TDH 的研究做了许多的工作，且已发表了大量的算图和关联式。但因实验条件的差异，其研究结果相差甚远，且与生产实际相差更远，到目前尚无公认的关联式。下面所介绍的一些算图和关联式在某种条件下可供参考使用，期望对学习流态化基本知识有推动作用。

① Amitin 先后两次发表了 TDH 计算式。

$$TDH = 0.85u^{1.2}(7.33 - 1.2\lg u_g) \tag{1.87}$$

$$TDH = 1.08u^{1.2}(6.71 - 1.2\lg u_g) \tag{1.88}$$

式中　u_g——表观气速，ft/s[❶]；

TDH——输送分离高度，ft。

② Horio 和 Zenz 的关联式为：

$$TDH/D = (2.7D^{-0.36} - 0.7)\exp(0.74u_g D^{-2.8}) \quad (SI \text{制}) \tag{1.89}$$

式中　D——床径，m。

③ 谢裕生关联式[59] 为：

$$TDH = (63.5/y)\sqrt{D_b/g} \tag{1.90}$$

式中，$y = 4.5\%$；$D_b = 0.00376(u_g - u_{mf})^2$（对多孔板）。

④ Foural 和 Bergugnou 关联式[60] 为：

$$TDH = 1000u_g^2/g \tag{1.91}$$

⑤ Horio 假定在 TDH 处气泡速度等于平均气速，也就是在 TDH 处，气流脉动速度等于常数，得出关联式为：

$$TDH = 14(D_b/g)^{1/2}（CGS \text{制}） \tag{1.92}$$

式中　D_b——气泡直径，m。

⑥ Chan 和 Knowltonn 提出[61] 对 TDH 的关联式：

$$TDH = 0.85u_g^{1.2}[7.33 - 1.2\lg(u_g)] \tag{1.93}$$

———————————

❶ 1ft = 0.3048m。

⑦ Zenz 引入有效气速 U_e 的概念。U_e 的定义是，在沉降高度 DH 处，固体浓度达到饱和夹带量时，所对应的饱和夹带速度。可按图 1.52 找出 TDH。

⑧ 通过现场实测得到 TDH 值。

B 厂催化裂化装置实测的 TDH 约为 8m，该处饱和夹带量为 $6kg/m^3$，密相气速为 1m/s，稀相气速为 0.47m/s，催化剂平均粒径 $63\mu m$。

C 厂实测催化裂化装置的 TDH 为 10m，该处饱和夹带量为 $12kg/m^3$，其操作条件是：密相气速为 0.82m/s，稀相气速为 0.54m/s，催化剂平均粒径 $54\mu m$，按上述条件计算得到的 TDH 值为 5.3m。可见计算值与实际测量值不符。

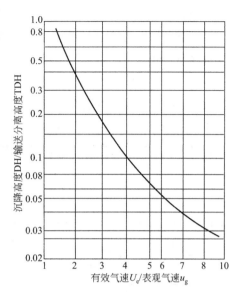

图 1.52　Zenz 的 TDH 算图

D 厂、E 厂、F 厂、G 厂等催化裂化装置 TDH 值都取 11m。

⑨ Zenz 和 Well 给出了对 $20\sim150\mu m$ FCC 催化剂的 TDH 估算图，见图 1.53。图中除了床径外没有涉及气体或固体的性质，也没有流化床的几何尺寸。因此该图仅给出了 TDH 的量级关系。

⑩ 带机理性的 TDH 估算图见图 1.54。此图系 Zenz 对鼓泡床作出的 TDH 估算图。由图 1.53 和图 1.54 看出，TDH 与实际相差甚远，其原因是：

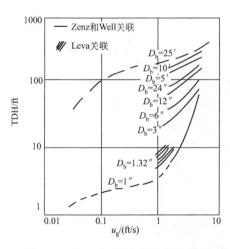

图 1.53　Zenz 和 Well 夹带分离高度

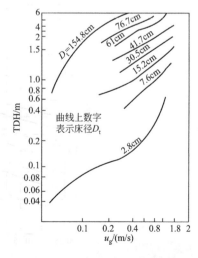

图 1.54　Zenz 鼓泡床 TDH 估算图
（曲线上数字表示床径 Dt）

a. Zenz 用的是二维床，与三维床有差别。

b. 没有考虑在自由空间任何高度上都有一层向下运动的颗粒层，使颗粒浓度沿轴向逐渐降低，难以达到恒定值。

c. 对扬析组分单一的或者颗粒分布较窄的系统，其 TDH 值可能较易确定；而对宽颗粒分布的情况，特别在高气速下则 TDH 不明显，难以确定。

⑪ Albert 和 Eesoriro 的 TDH 估算图见图 1.55。

⑫ Zenz 估算图见图 1.56，u_g 为密相表观气速。

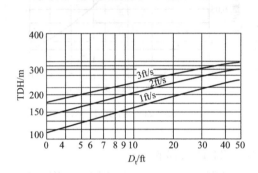

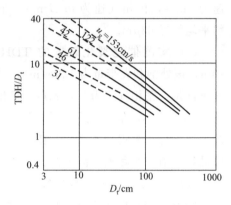

图 1.55　TDH 与气速和容器直径关系　　　图 1.56　Zenz 对 FCC 催化剂 TDH 经验

⑬ 催化裂化工艺设计 TDH 估算图见图 1.57。实际的 TDH 至少为由图得的 TDH′ 的 1.6 倍，在计算 TDH 时，应扣除旋风分离器和灰斗所占的高度或面积。因此，根据上述情况 TDH 应为

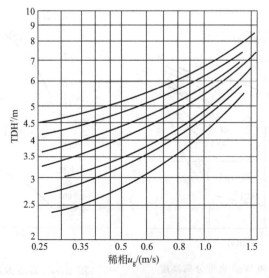

图 1.57　TDH′ 估算值

$$TDH = 1.6TDH' + 2.4(m) \tag{1.94}$$

式中 TDH' 由图 1.57 查得。

⑭ Saunders 等用不同的研究者公式在不同的操作条件下计算，给出有效的经验数据（见表 1.8）。由表看出，虽然是在实验装置上得到的 TDH 经验数据，但与工业装置的实际数据还有较大差异。

表 1.8　求 TDH 数据表

研究者	小模型气速/(cm/s)			大模型气速/(cm/s)		
	21.6	**25.9**	**30.2**	**40.4**	**48**	**56.6**
Zenz 和 Well	$6D_t$	$6D_t$	$6D_t$	$6D_t$	$6D_t$	$6D_t$
Amitin	$11.5D_t$	$14.2D_t$	$16.9D_t$	$6.7D_t$	$8.2D_t$	$9.8D_t$
Horio	$4.22D_t$	$4.6D_t$	$5.76D_t$	$6.1D_t$	$6.7D_t$	$7.3D_t$
George 和 Grace	$6.3D_t$	$7.8D_t$	$9.5D_t$	$8.0D_t$	$9.5D_t$	$11.0D_t$

注：D_t 为流化床直径。

⑮ 在大型装置上 TDH 的估算（$u_g > u_t$）见表 1.9。

表 1.9　求 TDH 估计表

颗粒直径/μm	床径/m	u_g/(m/s)	报道值/m	用式计算值/m
50~120	0.61	0.61	2.6	3.3
50~120	1.53	0.61	3.9	5.3
50~120	3.05	0.61	4.7	7.5
50~120	7.63	0.61	5.4	11.8

⑯ 曹汉昌[62] 总结工业数据，回归出 TDH 的计算式为：

$$TDH = 10.4u_g^{0.5}D^{(0.47-0.42u)} \text{(SI 制)} \tag{1.95}$$

该式目前被工业设计普遍使用。

1.4.3.2　国内某研究所的研究结果

笔者曾在某研究所的 $\phi184mm/\phi150mm \times 4000mm/4000mm$、$\phi440mm/\phi400mm \times 6000mm/5000mm$、$\phi870mm/\phi710mm \times 11000mm/5000mm$、$\phi1200mm/\phi1000mm \times 12000mm/5000mm$ 的有机玻璃流化床中进行实验。实验物料为 Y-15 新鲜剂、Y-15 平衡剂、CRC-1 新鲜剂、CRC-1 平衡剂四种物料。通过前人的研究，发现影响 TDH 的主要因素为：稀相表观气速 u_2、流化床直径 D、颗粒平均直径 d_p、颗粒密度 ρ_p、流化气体密度 ρ_g、流化气体黏度 μ、重力加速度 g。即 $TDH = f\{u_2, D, d_p, (\rho_p - \rho_g), \mu, g\}$。找出上述影响因素间的关系就可以得出较完善的 TDH 关联式。

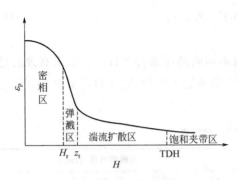

图 1.58　颗粒浓度轴向分布的简化模型

（1）TDH 的测量

床面气泡的破裂，引起自由空域中气流的高度湍动，湍动强度随自由空域高度的增加而衰减。因此，颗粒浓度沿自由空域递减。在 TDH 以上，气体的湍动趋于平稳，因此，颗粒浓度基本上不发生变化。据前人的研究结果，可以将自由空域中颗粒浓度分布简化为图 1.58 所示。

由实验数据，以颗粒浓度对自由空域高度作图，便可确定 TDH 值。

图 1.59、图 1.60 分别给出了 TDH 实验数据。由图 1.59 的实验曲线可得出，TDH 随表观线速的增加而增加，随颗粒密度的增加而减少。线速增加使气泡破裂时的动能增加，因此 TDH 也随之增大。由图 1.60 可以看出，TDH 随床径的增加而增加。

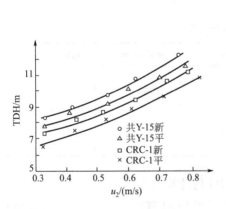

图 1.59　φ870、φ710 流化床 TDH 的
实验曲线

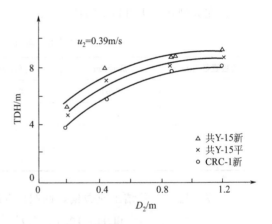

图 1.60　床径对 TDH 的影响
（扩径以上直径）

对 TDH 的上述实验数据按准数关系回归：

$$TDH \propto (D/d_p)^{c_1} \left[(\rho_p - \rho_g)/\rho_g \right]^{c_2} Re_{p2}^{c_3}$$

得如下准数式：

$$TDH/d_p = K_1 (D_2/d_p)^{0.346} \left[(\rho_p - \rho_g)/\rho_g \right]^{-0.393} Re_{p2}^{0.535}, K_1 = 5.703 \times 10^4$$

$$(1.96)$$

上式的计算值与实验值的误差在 ±15% 以内。

用 φ1200mm/φ1000mm 装置实验，固体介质为共 Y-15 平衡剂，沿自由空域高度的粒度分布见图 1.61。由图 1.61 可知，平均粒径随轴向高度的增加而减小，随表观气速的增加而增大，当达到 TDH 以后，平均粒径基本不再随高度变化。

把实验数据以 $\lg d_p$ 对 z 作图可得图 1.62。从中可以看出，$\lg d_p$ 与 z 成较好的线性关系。

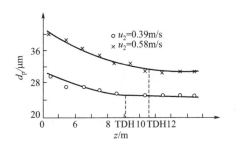

图 1.61 ϕ1200 和 ϕ1000 装置自由空域内粒度分布曲线

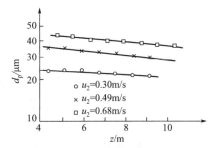

图 1.62 ϕ1200 和 ϕ1000 装置 TDH 以下颗粒分布曲线（共 Y-15 平衡催化剂）

对四套装置的实验数据进行多元回归，可得如下经验关联式：

共 Y-15 新：

$$d_p = G_1 \exp(-0.027z) u_2^{0.451} \tag{1.97}$$

共 Y-15 平：

$$d_p = G_2 \exp(-0.023z) u_2^{0.644} \tag{1.98}$$

CRC-1 新：

$$d_p = G_3 \exp(-0.025z) u_2^{0.528} \tag{1.99}$$

CRC-1 平：

$$d_p = G_4 \exp(-0.027z) u_2^{0.435} \tag{1.100}$$

式中，G_1、G_2、G_3、G_4 分别为与床径和颗粒物性有关的经验常数。

图 1.63 给出了 TDH 处平均粒径与表观气速的实验曲线。由图 1.63 可以看出 TDH 处的平均粒径随表观气速的增加而增加。线速度增加，其饱和夹带能力增加。夹带的较大颗粒组分的量也加大，因此其平均粒径将随之增大。

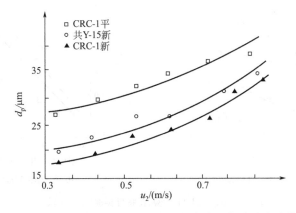

图 1.63 ϕ870 和 ϕ710TDH 处平均粒径与表观气速的实验曲线

对实验数据回归可得如下经验关联式：

共 Y-15 新：

$$d_p = 35.97 u_2^{0.545} \tag{1.101}$$

CRC-1 新：$\qquad\qquad d_p = 34.61u_2^{0.680}$ (1.102)

CRC-1 平：$\qquad\qquad d_p = 44.15u_2^{0.537}$ (1.103)

（2）与前人研究结果的对比

由上述章节可以看出，文献中计算 TDH 的关联式很多，但大多是在冷态实验装置中获得。为了考察这些关联式的准确性，本节选取了一些典型的关联式进行计算，并与现场数据进行对比。

实验在 A 厂新型催化裂化装置的再生器第二流化床中进行，设备结构亦为变径式，大径面积与小径面积之比为 3.6，扩大处距分布板 4m，实验的温度范围为 399～720℃。大径处的操作线速度为 0.405～0.599m/s，采用 CRC-1 新鲜剂，用 CYX 压力传感器测定颗粒浓度沿轴向的分布。

设流化床床径为 $D_2 = 7.8m$，分别利用前人的模型计算。图 1.64(a) 给出了计算结果与工业数据的比较。由图中可以看出 Horio 和 Amitin 的结果明显偏低，这主要是实验条件的限制而造成的差别。实验所选用的床径较小，表观气速较低，而且未考察床径及气体、固体物性对 TDH 的影响，因此 Horio 和 Amitin 的结果不能沿用到高气速下的较大直径的流化床。Zenz 的计算结果与工业装置的数据对比也偏低。这一点已被国内外学者所证实。这主要是因 Zenz 的关联没有涉及气体和颗粒的物性，而且 Zenz 的实验装置稀相高度较小，因此 Zenz 的关联仅仅给出了 TDH 的量级关系。王尊孝等通过对 $\phi500$ 流化床的实验，发现实验所确定的转变点高度（HTP）与 Zenz 的 TDH 很接近。

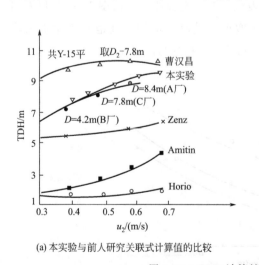

(a) 本实验与前人研究关联式计算值的比较

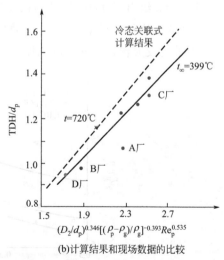

(b) 计算结果和现场数据的比较

图 1.64　TDH 计算结果与实验结果比较

本次实验的结果比由现场工业数据曹汉昌回归的结果稍偏低，从几条曲线的趋势看，只有曹汉昌的结果在线速度高于 0.58m/s 后有下降的趋势，其他几条曲线随线速度的增加呈上升趋势，说明曹汉昌的 TDH 计算式不能沿用到高气速的情况。且曹汉昌的关联式未考察气体、固体物性的影响，这就使得其应用范围有一定的局限性。

对实验数据采用冷态规律进行整理，以 TDH/d_p 对 $(D_2/d_p)^{0.346}[(\rho_p-\rho_g)/\rho_g]^{-0.393}Re_p^{0.535}$ 作图可以得图 1.64(b)。可以看到图中实验数据较好地落在同一条直线上，且与冷态结果较接近，说明热态数据与冷态规律相吻合。

对实验数据进行回归，可得如下经验关联式：

$$TDH/d_p=5.385\times10^4(D_2/d_p)^{0.346}[(\rho_p-\rho_g)/\rho_g]^{-0.393}Re_p^{0.535} \qquad (1.104)$$

此式的相关系数 $R=0.966$，最大相对误差 5.5%。

1.4.3.3　一些工业数据

表 1.10 给出了一些工业装置 TDH 的数据。

表 1.10　现场 TDH 数据

厂名	TDH/m	厂名	TDH/m
C 厂改造前 改造后	6.5 11.48	B 厂	13
I 厂	6.5	M 厂	7.8
J 厂	7.5	G 厂	11~12
K 厂	6.5	N 厂	11
L 厂	6.5	F 厂	11
D 厂	11		

通过对部分催化裂化装置实际操作的标定，得出一些催化剂密度沿再生器轴向高度的分布曲线，见图 1.65~图 1.69。从这些图中可以看出 A 厂、B 厂、D 厂稀

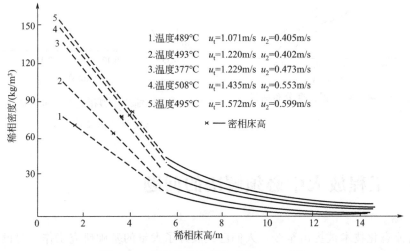

图 1.65　沿轴向催化剂密度分布（A 厂）

相高度超过 10m 以后，催化剂浓度基本趋于恒定，可以认为 TDH 在稀相高度 10m 左右。因气速较高，L 厂再生器内催化剂密度在 10m 左右还是没有恒定趋势。

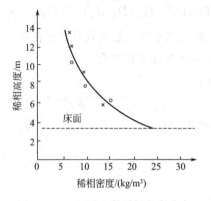

图 1.66　B 厂再生器稀相密度分布

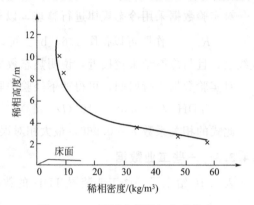

图 1.67　D 厂再生器稀相密度分布

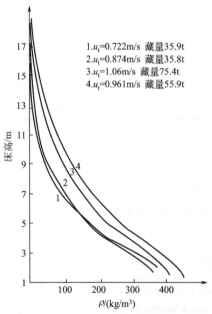

图 1.68　第一再生器密度分布曲线
（L 厂重油催化）

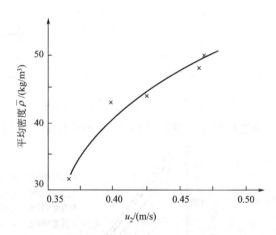

图 1.69　同轴催化裂化装置再生器稀相平均
密度与气速关系（N 厂）

1.5　工程放大中必须解决的问题

自流态化技术被提出至今，人们已经展开了大量的基础研究工作，对设备内的两相流动有了深刻的认识，提出了大量数学模型以描述气固两相的流动。这极大地推动了流态化技术的应用。近年来，随着新的化工工艺不断涌现，对反应器的性能也提出了更高的要求，仅仅采用单一形式的流化床反应器已不能满足工艺的要求，只有将多个流化床反应器高效组合在一起，构建出新型的耦合流化床反应器才能够满足工艺的要求。然而在开发新型耦合流化床反应器的时候，尚需要解决一系列装置大型化后所带来的问题。

首先，以往的研究大多是在小型冷态实验装置中进行的，其结果和工业装置往往存在着较大的差异。因为工业装置大多是在高温或高温高压条件下操作的，气体的密度、黏度和冷态时有着很大的差别，这进一步会导致两相流动的差别。此外，设备尺寸的增大会带来一系列新的问题，这些问题在小型冷态装置中是不会出现的。例如：

① 气固分离系统：设备尺寸放大后如何实现一级、二级分离设备的高效低阻；多个分离设备串、并联后性能下降的问题如何解决；三级甚至四级分离设备的工程放大；如何控制颗粒的跑损使排放的烟气满足国家的环保要求；如何将分离系统（如催化裂化）与反应环境相耦合，实现中间产品收率的最大化等。

② 进料系统：气固流化床反应器中液相进料一般采用进料喷嘴，气相进料则采用喷嘴或气体分布器。如何布置进料喷嘴使其射流能够覆盖反应器截面；如何消除射流带来的二次流和原料、催化剂浓度不匹配问题；如何构建适宜的进料区流动环境，实现进料区内的强返混、进料区出口的平推流等。

③ 气体分布器：工业反应器直径往往达数米甚至数十米，在这么大的截面上均匀分布气体对分布器提出了很高的要求。如何实现数百甚至上千个喷嘴的出口流量一致；如何在均匀布气的同时尽可能降低分布器压降；分布器的磨损是工业反应器中经常出现的问题，造成分布器内磨损和外磨损的原因是什么；如何优化喷嘴之间、喷嘴和分支管之间的匹配关系；如何优化分布器与固体颗粒引出口之间的布置等。

④ 流化质量：气固流化床工程放大的过程中往往伴随着流化质量的变差，气体分布器只是其中的一个重要影响因素。装置大型化后颗粒的循环量也会急剧增加，颗粒进入流化床的分配方式以及引出流化床的位置都对床层的流化质量产生显著影响；对于热量过剩的流化床反应器，还涉及从床中引出部分颗粒取热，然后再返回床中的问题，这同样会对流化质量产生影响。

在气固流化床反应器的开发过程中，有时候需要逐一解决上述所有问题，有时则不然。根据工艺条件和流化床尺寸的不同，只有一部分问题会成为主要矛盾，剩下的问题则是次要矛盾，甚至变得无关紧要。但无论如何，都要综合权衡这些问题并提出切实可行且高效的解决方案，才能使开发出的流化床反应器最大限度地满足工艺要求，达到预期的效果。

多年来，中国石油大学（北京）在气固流化床的工程化方面展开了大量深入细致的研究。卢春喜教授等人对气固分离系统展开了系统的研究，提出了大量基础理论和数学模型，开发出了一系列气固分离设备，在国内获得了广泛的应用。具体的研究结果见相关文献[63-65]。范怡平等人开发的 CS 系列喷嘴技术和高效进料系统在国内上百家炼厂得到了应用，取得了丰富的研究成果[63]。然而，关于气体分布器和流化床内的流化质量问题，尚未见到系统的针对工业装置的研究和分析。本书后续章节将针对这两个问题展开讨论。

参考文献

［1］ 陈明绍. 除尘技术的基本理论与应用［M］. 北京：中国建筑工业出版社，1981.

［2］ Geldart D. Types of gas fluidization［J］. Powder Technology，1973，7（5）：285-292.

［3］ Grace J R . Contacting modes of behavior classification of gas-solid and other two phase systems［J］. Can J Chem Eng，1986：64.

［4］ Ergun S . Fluid flow through packed columns［J］. Journal of Materials Science and Chemical Engineering，1952，48（2）：89-94.

［5］ Wilhelm R H，Kwauk M. Fluidization of solid particles［J］. Chem. Eng. Progr. ，1948，44：201-218.

［6］ Kehoe P W K，Davidson J F. Continuously slugging fluidized beds［J］. Inst Chem Eng. 1970，33：97.

［7］ Yerushalmi J，Cankurt N T . Further studies of the regimes of fluidization［J］. Powder Technology，1979，24（2）：187-205.

［8］ 蔡平，金涌，俞芷青，等. 气-固密相流化床流型转变的机理模型［J］. 化学反应工程与工艺，1992（3）：297-301.

［9］ 李佑楚，陈丙瑜，王风鸣，等. 快速流态化流动模型参数的关联［J］. 过程工程学报，1980，4：20-30.

［10］ 金涌，祝京旭，汪展文，等. 流态化工程原理［M］. 北京：清华大学出版社，2001.

［11］ 郭慕孙，李佑楚，李洪钟. 化学工程手册：第 21 篇［M］. 2 版. 北京：化学工业出版社. 1996.

［12］ Yerushalmi H，Cankurt N T，Geldart D，et al. Flow regimes in vertical gas-solid contact systems. AIChE Symp Ser，1978，176（74）：1-13，1978

［13］ 王樟茂，陈伯川，张年英，等. 粒度和粒度分布对流化均一性的影响［J］. 化学反应工程与工艺，1985（z1）：60-66.

［14］ 基础化学工程编写组. 基础化学工程手册（下）［M］，上海：上海科学技术出版社，1979.

［15］ Yang W C. Handbook of fluidization and fluid-particle systems ［M］，New York：Marcel Dekker Inc，2003.

［16］ Grace J R. Fluidized-bed hydrodynamics. ［M］//Hetsroni G. Handbook of multiphase systems. Washington：Hemisphere，1982.

［17］ Wen C Y，Yu Y H. A generalized method for predicting the minimum fluidization velocity［J］. AIChE J，1966，12：610-612.

［18］ 石油工业部第二炼油设计研究院. 催化裂化工艺设计［M］. 北京：石油工业出版社，1983.

［19］ 赵新进，杨贵林. 鼓泡流态化向湍流流态化过渡的影响因素分析［J］. 化学反应工程与工艺，1988（4）：30-38.

［20］ 阳永荣. 湍动流化床理论和实验的研究［D］. 杭州：浙江大学，1989.

［21］ 卢春喜. FCC 湍流流化床流动行为的研究［D］. 北京：石油大学，1994.

［22］　Bi H T, Grace J R . Flow regime diagrams for gas-solid fluidization and upward transport［J］. International Journal of Multiphase Flow, 1995, 21(6): 1229-1236.

［23］　Bai D, Jin Y, Yu Z. Flow regimes in circulating fluidized beds［J］. Chem Eng and Technol, 1993, 16: 307-313.

［24］　Punwani D V, Modi M V, Tarman P B. A generalized correlation for estimating choking velocity in vertical solids transport［C］//Proceedings of International Powder and Bulk Solids Handling and Processing Conference. Chicago: Powder Advisory Center: 1976.

［25］　Leung L S, Wiles R J, Nicklin D J. Correlation for predicting choking flowrates in vertical pneumatic coveying［J］. Industrial & Engineering Chemistry Process Design & Development, 1971, 10(2): 183-189.

［26］　Yang W C. A mathematical definition of choking phenomenon and a mathematical model for predicting choking velocity and choking voidage［J］. AIChE Journal, 1975, 21(5): 1013-1015.

［27］　Zenz F A, Othmer D F. Fluidization and fluid-particle systems［M］. New York: Reinold Publ Co, 1960.

［28］　Zenz F A . Conveyability of materials of mixed particle size［J］. Industrial and Engineering Chemistry Research, 1964, 3(1): 65-75.

［29］　Bi H T, Grace J R, Zhu J X. Types of choking in vertical pnumatic systems ［J］. International Journal of Multiphase Flow, 1993, 19(6): 1077-1092.

［30］　Klinzing G E, Rizk F, Marcus R D, et al. Pneumatic conveying of solids: A theoretical and practical approach［M］. Netherlands: Springer, 2010.

［31］　Davidson J F, Harrison D, Jackson R. Fluidized particles［M］. London: Cambridge University Press, 1963.

［32］　秦霁光, 王志洁. 鼓泡流化床非催化气固反应的数学模型［C］. 第四届全国流态化会议文集, ［出版地不详］: ［出版社不详］, 1987, 4: 135.

［33］　陈大保, 赵连仲, 杨贵林. 大型挡板流化床床层膨胀的研究［J］. 化工学报, 1983(2): 195-200.

［34］　Niu L, Liu M X, Chu Z, et al. Identification of mesoscale flow in a bubbling and turbulent gas-solid fluidized bed［J］. Ind Eng Chem Res, 2019(58): 8456-8471.

［35］　Niu L, Liu M X, Chu Z, et al. Modified force balance model of estimating agglomerate sizes in a gas-solid fluidized bed. Ind Eng Chem Res, 2019(58), 8472-8483.

［36］　国井大藏, 列文斯比尔. 流态化工程［M］. 北京: 石油化学出版社, 1977.

［37］　Levy E K, Caram H S, Dille J C, et al. Mechanisms for solids-ejection from gas-fluidized beds［J］. AIChE Journal, 1983: 29: 383-388.

［38］　Zenz F A, Weil N A. A theoretical-empirical approach to the mechanism of particle entrainment from fluidized beds ［J］. AICHE Journal, 1958, 4(4): 472-479.

［39］　Chen T P, Saxena S C. A theory of solids projection from a fluidized bed surface as a first step in the analysis of entrainment process［M］//Davidson J F, Keairns D L, et al. Fluidization II. London: Cambridge University Press, 1978, 151-159.

［40］　George S E, Grace J R. Entrainment of particles from aggregative fluidized beds. AIChE Symp Ser, 1978, 74: 67-74.

［41］　Pemberton S T, Davidson J F. Elutriation from fluidized beds. I: Particle ejection from the dense phase into the freeboard［J］. Chem Eng Sci, 1986, 41: 243-251.

［42］　Peters M H, Fan L-S, Sweeney T L. Study of particle ejections in the freeboard region of a fluidiz ed bed with an image carrying probe［J］. Chem Eng Sci, 1983, 38: 485-487.

［43］　Tanimoto H, Chiba T, Kobayashi H. The mechanism of particle ejection from the surface of a gas-fluidized bed［J］. Int Chem Engng, 1984, 24: 679-685.

［44］ Hazlett J D, Bergougnou M A. Influence of bubble size distribution at the bed surface on entrainment profile. Powder Technology, 1992, 70: 99-107.

［45］ Lewis W K, Gilliland E R, Lang P M. Entrainment from fluidized bed [J]. Chem Eng Prog Symp Ser, 1962, 58(38): 65.

［46］ Kunii D, Levenspiel O. A general equation for the heat-transfer coefficient at wall surfaces of gas-solid contactors [J]. Ind Eng Chem Res, 1991, 30(1): 136-141.

［47］ Baron T, Briens C L, Galtier P, et al. Effect of bed height on particle entrainment from gas-fluidized beds. Powder Technology, 1990, 63: 149-156, 1990.

［48］ Wen C Y, Chen L H. Fluidized bed freeboard phenomena: Entrainment and elutriation. AIChE Journal, 1982, 28: 117-128.

［49］ 曹汉昌. 流化催化裂化反应器和再生器催化剂密度的预测[J]. 石油炼制与化工, 1983(11): 14-23.

［50］ 邹学军, 杨贵林. 流化床中颗粒夹带和扬析的研究进展[J]. 化学反应工程与工艺, 1986(4): 4-14.

［51］ L Leva. Fluidization[M]. New York: McGraw-Hill, 1959.

［52］ Yagi S, Aochi T. Elutriation of particles from a batch fluidized bed[C]//The Society of Chemical Engineers(Japan) Spring Meeting. [S. l. : s. n.], 1955.

［53］ Wen C Y, Hashinger R F. Elutriation of solid particles from a dense-phase fluidized bed[J]. AICHE Journal, 2010, 6(2): 220-226.

［54］ Tanaka I, Shinohara H, Hirosue H, et al. Elutriation of fines from fluidized bed [J]. Journal of Chemical Engineering of Japan, 1972, 5(1): 51-57.

［55］ Merrick D, Highley J. Particle size reduction and elutriation in a fluidized bed process [J]. AIChE Symp Ser, 1974, 137: 367-378.

［56］ Geldart D, Cullinan J, Georghiades S, et al. Effect of fines on entrainment from gas fluidised beds [J]. Transactions of the Institution of Chemical Engineers, 1979, 57(4): 269-275.

［57］ Colakyan M, Levenspiel O. Elutriation from fluidized beds [J]. Powder Technology, 1984, 38(3): 223-232.

［58］ Lin L, Sears J T, Wen C Y. Elutriation and attrition of char form a large fluidized bed [J]. Powder Technology, 1980, 27(1): 105-115.

［59］ 谢裕生, 滝昭雄, 堀尾正靱, 等. 破裂气泡径对流化床自由空间内气流速度不规则脉动的影响[J]. 化工冶金, 1981, 4: 30-34.

［60］ Fournol A B, Bergougnou M A, Baker C G J. Solids entrainment in a large gas fluidized beds[J]. Canadian Journal of Chemical Engineering, 1973, 51: 401-404.

［61］ Chan I H, Knowlton T M. The effect of system pressure on the transport disengaging height above bubbling fluidized beds[J]. AIChE Symp, Ser, 1984, 80: 24-33.

［62］ 曹汉昌. 流化催化裂化反应器和再生器催化剂密度的预测[J]. 石油炼制与化工, 1983, 14(11): 12-21.

［63］ 卢春喜, 刘梦溪, 范怡平. 催化裂化反应系统关键装备技术[M]. 北京: 中国石化出版社, 2020.

［64］ 刘梦溪, 卢春喜, 时铭显. 催化裂化后反应系统快分的研究进展[J]. 化工学报, 2016, 67(8): 13.

［65］ 刘梦溪, 卢春喜, 时铭显. 气固环流反应器的研究进展[J]. 化工学报, 2013(1): 116-123.

［66］ 蔡平, 金涌, 俞芷青, 等. 床径影响流化床中气-固流化行为的研究[J]. 清华大学学报(自然科学版), 1988(3): 22-27.

工业流化床的气体分布器

　　石油化工行业流化床反应器直径往往达数米，在这么大的截面上均匀分布气体对分布器提出了很高的要求。例如：如何保证数百甚至上千个喷嘴的出口流量均匀分布？如何在均匀布气的同时尽可能地降低分布器压降？分布器的磨损是工业反应器中经常出现的问题，造成分布器内磨损和外磨损的原因是什么？如何优化喷嘴之间、喷嘴和分支管之间的匹配关系？这些问题和气体分布器的结构及操作条件密切相关。本章以某 1.2Mt/a 重油催化裂化再生器主风分布器为例，借助 CFD 数值模拟技术，对这些问题展开讨论。

2.1　工业气体分布器简介

　　关于气体分布器的研究，迄今为止已有许多学者发表了大量文献。目前的研究涉及了气体分布器的各个参数，如压降、开孔率、孔间距和射流等[1,2]。也有研究涉及了理论分析、分布器内气固两相的流动状态。但是目前很少有研究能给出工程设计上普遍适用的计算方法。

2.1.1　气体分布器的作用及要求

　　气体分布器的作用在于保证良好的气固接触，使气固间能够高效地反应[3-5]。气体分布器既是一个布气构件，又是一个耗能构件。一方面它可以将气体均匀地分配在床层内，保证较高的流化质量，另一方面气体的均匀分配是以能量的消耗为代价的，换言之，只有分布器压降大于某个临界值，才能实现气体的均匀分配。一个设计优良的气体分布器，首先要在气体均匀分配和能耗最低之间找到一个平衡点。

气体分布器一般需要满足以下要求[6]：

① 均匀分布气体，同时压降又要尽可能小。

② 流化床要有一个良好的起始流化状态，消除流化床中尤其是分布器影响区内的"死区"[7]。

③ 在操作条件下必须有足够的强度，以抵抗变形并能承受静床的载荷。

④ 尽可能减小对颗粒的粉碎，同时应能承受颗粒对分布器的磨损。

⑤ 结构简单，安装维修方便。

⑥ 满足热膨胀的要求，减少长期操作中产生的变形所带来的麻烦。

⑦ 抗事故干扰能力强。

2.1.2 气体分布器的结构形式

分布器的形式比较多样化，常用的有密孔板分布器、直孔式分布器、侧流式分布器、填充式分布器、短管式分布器、旋流式分布器以及多管式分布器[8]。具体而言每种分布器形式又有很多不同的结构。

例如适合机理性试验的密孔板分布器，这种分布器一般多用在实验室和小型装置上，大多由粉末冶金压制或微孔陶瓷烧制而成。但是这种分布器的微孔容易堵塞，堵塞后导致分布器压降大大增加，另外微孔一旦被堵住，修复比较难，因此在工业生产中应用比较少。

直孔式分布器设计结构简单（如图 2.1 所示），制造安装成本低。这种分布器的布气效果往往较差，因为其射流与床层相对，这些气流进入床层后容易形成沟流和偏流[9]；另外停车时直孔式分布器容易漏料，下一次开工时漏下的颗粒又从开孔流出，容易造成开孔的磨损。基于以上因素，直流式分布器在实际工业中应用较少[10]。

图 2.1 直孔式分布器

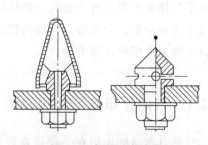

图 2.2 侧流式分布器

为避免分布器漏料和可能形成的沟流，人们提出了侧流式分布器（图 2.2），其结构是在分布板孔出口装有锥形风帽，空气由锥帽四周的侧孔及锥帽底部的侧缝流出。由于侧缝式锥帽气体吹出时紧贴分布器板面，大大减少了板面的流化盲区[11]，从而大大改善了床层的流化质量。

填充式分布器（图 2.3）是在多孔板和金属丝网上间隔地铺上卵石、石英砂，再用金属丝网压紧[12]。其结构简单、制造容易，有较好的流化质量，但是在操作过程中，固体颗粒一旦进入填充层就很难被吹出，而且在生产过程中填充层常有松动，造成移位，这样就破坏了均匀分布流体的作用，因此目前已很少采用。

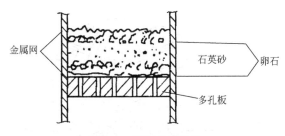

图 2.3　填充式分布器

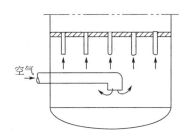

图 2.4　短管式分布器

短管式分布器（图 2.4）是近年来国外采用的一种分布板形式[13]。在整个分布器上，均匀地设置了若干根短管，每根短管下部有一个气体流入的小孔。短管及其下部的小孔起着整流的作用，即防止气体涡流以实现均匀布气，并使流化床操作稳定。需要注意的是短管不应过短，否则起不到应有的整流作用。在这个基础上，人们进一步将短管改为喷嘴，使气体能够更加均匀地分配在床层截面。

需要注意的是，板式分布器都面临着一个重要的问题：停工后床层全部颗粒都堆积在分布板上，其质量达几十吨甚至上百吨，分布板必须要有足够的强度，才能保证在如此大的载荷下不变形。因此，分布板的厚度往往比较大。此外，很多"冷壁"反应器的器壁上都设置有隔热衬里或隔热耐磨衬里，器壁温度远低于床层的温度。由于分布板直接固定在器壁上，高温下分布板的膨胀量大于器壁的膨胀量，就会造成分布板的变形。因此，近年来人们开始将分布板设计成"凸形"或"凹形"，以消除热膨胀造成的变形。

旋流式分布器（图 2.5）在流态化煤气发生炉的工业生产中比较常见。气体向上倾斜 10°喷出，拖起搅动煤粒，中间的偏离径向 20°至 25°[14]，形成的气流旋转向上喷出。

管式分布器是在管上设置多个开孔或喷嘴，气体由开孔或喷嘴流出并均匀分布在床

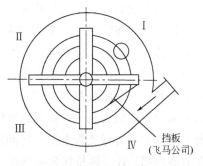

图 2.5　旋流式分布器

内。管式分布器克服了板式分布器的诸多缺点：如固体颗粒的重量并不由分布器来承担，而是由容器底部封头来承担；分布器主管和支管的远端和器壁有一定距离，保证高温膨胀后主管和支管不会接触到器壁。此外，管式分布器结构简单、容易制造，成本也比较低。

工业上使用的管式分布器主要有两种，分别为环管式分布器 [如图 2.6(a)] 和分支式分布器 [如图 2.6(b)]。分支式特别适合用于大型流化床。这是因为它由一个并列多管式组成。它有一个自由端、可以起到支撑固体颗粒的作用，设计时解决了强度问题，在生产装置使用中的热膨胀问题也得到了解决。

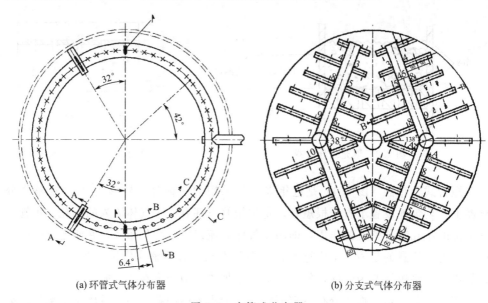

(a) 环管式气体分布器　　　　　　　　　(b) 分支式气体分布器

图 2.6　多管式分布器

2.1.3　树枝状分布器

2.1.3.1　树枝状气体分布器的结构

国内工业装置，尤其是炼油行业工业流化床反应器大多使用树枝状主风分布器。树枝状分布器又可以分为两种形式，如图 2.7 所示。分布器位于流化床的底部，气体由主管引入分布器。A 型的树枝状分布器主管布置在流化床轴线上，主管顶部封闭，侧面连通 4 根支管，每根支管上按一定间距连接有若干根分支管，分支管上每隔一定距离布置有喷嘴。这种分布器无法单独调节进入分支管的气体流量，调节手段较为单一；B 型的树枝状分布器有 2 个主管，主管顶部封闭，侧面联通 2 根支管，每根支管上按一定间距连接有若干根分支管，分支管上每隔一定距离布置有喷嘴。B 型树枝状分布器也可以理解为是两个树枝状分布器组合而成，一般而言，这两个树枝状分布器是对称布置[15]。进入两个主管的气体流量可以单独控制，当床层出现偏流时可以通过调节两个主管的气体流量，在一定程度上缓解床层的偏流现象。另外，在流化床尺寸和气体流量一定的情况下，B 型分布器具有更短的分支管，因而可以有效缓解分支管入口偏流引起的床层偏流现象。

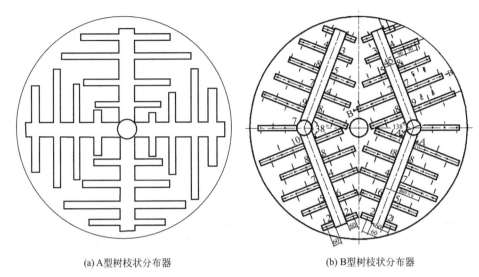

(a) A 型树枝状分布器　　　　　　　　　(b) B 型树枝状分布器

图 2.7　树枝状分布器结构图

常用的喷嘴连接方式有两种，非插入式和插入式，如图 2.8 所示。喷嘴的结构有单径喷嘴和双径喷嘴两种，如图 2.9 所示。双径喷嘴更为常用。其中，小径部分用于控制压降，大径部分用于控制喷出速度通过减小喷入床层的射流速度来减少催化剂的磨损。喷嘴一般冲下布置，当分支管外设置耐磨衬里时，喷嘴出口与衬里齐平，如图 2.10 所示。

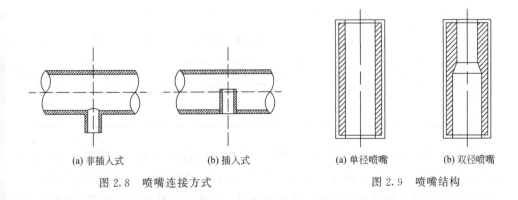

(a) 非插入式　　　　　(b) 插入式　　　　　　(a) 单径喷嘴　　　　(b) 双径喷嘴

图 2.8　喷嘴连接方式　　　　　　　　　　图 2.9　喷嘴结构

2.1.3.2　树枝状气体分布器的主要设计参数

分布器的主要设计参数有压降、气速、开孔面积、射流长度等。

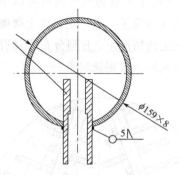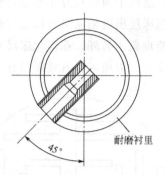

图 2.10 分支管横截面示意图

(1) 分布器压降

分布器的压降主要消耗在喷嘴上，表 2.1 给出了文献中报道的部分喷嘴压降计算公式。

表 2.1 分布器压降的计算公式

书名	公式	阻力系数	推荐设计压降
《催化裂化流态化技术》[1]	$\Delta p_{D} = \xi \dfrac{u_0^2}{2g} \rho_g \times 10^{-4}$		分布管压降工程设计常用 0.002~0.005 MPa
《石油加工工艺学（中册）》[16]	$\Delta p = K \dfrac{u_0^2 \rho}{2g} \times 10^{-4}$	推荐阻力系数 2.2	分布管压降＝（30%~70%）床层压降，推荐设计压降 5.0~7.0kPa
《石油炼制工程（下册）》[17]	$\Delta p = K \dfrac{u_0^2 \rho}{2g} \times 10^{-4}$	1.5~2.5	分布管压降＝（30%~70%）床层压降，推荐设计压降 4.9~9.8kPa
《催化裂化工艺设计》[15]	$\Delta p = \dfrac{K}{2g} u_0^2 \rho_g \times 10^{-4}$	推荐阻力系数 2.2	推荐设计压降 4.9~9.8kPa
《催化裂化工艺与工程》[18]	$F = \dfrac{D_b \Delta p_d}{W_s}$	床层稳定性指数 F 值应在 0.75 以上	分布器压降至少为床层压降的 40%，如床层在 8~10m 之间，则为床层压降的 50%~60%

由上表可以看出，分布器的压降与阻力系数、气相密度及气速有关。如前文所述，分布器既是一个布气构件，又是一个耗能构件，合理设计的分布器是在均匀分布气体和消耗最小能量之间找到合适的平衡点。适宜的气体分布器压降与床层压降密切相关，工业装置一般推荐不小于床层压降的 40%，若床层中存在偏流现象，分布器压降的占比应进一步增加。因此，操作中当流化床藏量大幅度增加时，应密

切注意分布器压降是否符合要求，以免形成偏离。

（2）气速

表 2.2 中给出了分布器中适宜的气体速度的大致范围。

表 2.2　分布器中适宜气体速度的范围

书名	数据
《催化裂化工艺与工程》[18]	主管、支管内的流速必须小于 25m/s
《石油加工工艺学(中册)》[16]	主管、支管、分支管内的流速大体相同，一般为 15~25m/s；喷嘴小端流速为 50~70m/s；缝隙速度 0.6~1.0m/s
《石油炼制工程(下册)》[17]	主管、支管、分支管内流速大体相同，一般为 15~25m/s；喷嘴小端流速 50~70m/s；缝隙速度 0.6~1m/s

（3）开孔面积

表 2.3 给出了开孔面积的计算公式。

表 2.3　开孔面积的计算公式

书名	公式
《石油加工工艺学(中册)》[16]	$A = \dfrac{Q}{u} = 0.00226Q\sqrt{\dfrac{K\rho}{\Delta p}}$ $A = 0.00335Q\sqrt{\dfrac{\rho}{\Delta p}}$
《催化裂化工艺设计》[15]	$A = \dfrac{Q}{u} = 0.00226Q\sqrt{\dfrac{K\rho_g}{\Delta p}}$ $A = 0.00335Q\sqrt{\dfrac{\rho}{\Delta p}}$

（4）射流长度

表 2.4 给出了文献中报道的射流长度的计算公式。

表 2.4　射流长度的计算公式

作者	公式	备注
金涌等[19]（向下射流）	$L_j = 5.53\left(\rho_g \dfrac{\pi}{4}d_0^2 u_0^2\right)^{0.329}\left(\dfrac{\rho_g}{\rho_g}\right)^{-0.412}$ ［CGS 制］	400mm×15mm 二维床和 ϕ140 的三维床；硅胶、活性炭和砂粒
Merry[20]（水平管射流高度）	$\dfrac{L_j}{d_0} = 5.25\left(\dfrac{\rho_g u_0^2}{\rho_p(1-\varepsilon_{mf})gd_p}\right)^{0.4}\left(\dfrac{\rho_g}{\rho_p}\right)^{0.2}\left(\dfrac{d_p}{d_0}\right)^{0.2}$	二维床（300mm×12mm）；FCC 催化剂
Yang 和 Keairns[21]	$\dfrac{L_j}{d_0} = 15\left[\left(\dfrac{\rho_g}{\rho_p-\rho_g}\right)\dfrac{u_0^2}{gd_0}\right]^{0.187}$	$50\,\mu m < d_p < 830\mu m$，$1000kg/m^3 < \rho_p < 2635kg/m^3$；常温常压

注：式中，L_j 为射流平均高度；ρ_p 为颗粒密度；ρ_b 为松装密度；u_0 为过孔气速；d_0 为小孔直径；d_p 为颗粒平均直径。

当然，对于一个工业气体分布器尤其是树枝状气体分布器的设计，仅仅考虑压降、气速、开孔面积、射流长度是远远不够的。如何控制气体在每个分支管的流量、每个喷嘴的流量以及喷嘴的位置，甚至分布器和催化剂抽出口的配合等都至关重要，对此感兴趣的读者可以进一步参考相关文献[15,18]。

2.1.3.3 树枝状分布器的磨损

卢世忠等[22] 通过对大量已损坏的主风分布管进行观察，认为主风分布管的损坏主要是由管内催化剂在气流作用下冲刷磨损造成的，提出了分布管的改进措施：改变材质以提高支管、分支管及喷嘴的硬度及其耐磨性；适当增加分支管管径，使得分支管上的大量压降均匀消耗在喷嘴处；尽量增加喷嘴数量；加强生产操作管理；改进喷嘴结构；优化改进喷嘴在分布管上的焊接。通过以上改进措施延长分布器使用寿命。

针对某催化裂化装置再生器的主风分布管每次停工都会有喷嘴被磨掉或分支管被磨穿的现象，赵喜滋等[23] 分析认为主风分布管是被催化剂磨坏的，催化剂是从分支管里面开始磨损直至将管磨穿，而主风分布管内气体流速高是其损坏的关键。为了提高主风分布器的耐磨性，采取了一系列措施以提高分布管表面硬度但都没有收到满意的效果。由此可知，单靠提高主风分布管表面硬度是不能减小或者避免磨损的。为了降低主风分布管分支管及喷嘴中的流速，又进行了一些改进：增大分支管的直径；增加喷嘴个数以降低主风在喷嘴中的过孔速度；采用广石化已应用并取得较好效果的双径喷嘴；去掉主风管内衬以增加过风空间；将主风分布管的材质由 Cr_5Mo 改为 $1Cr_{18}Ni_9Ti$ 以适应更高的烧焦罐温度。改造后，主风通过分布管的压降降低到接近设计值，很大程度上改善了操作条件。后来的生产实践证明这次改造是成功的。

张韩等[24] 在某流化催化裂化装置第六次大检修及临时停工检查中，均发现再生器一段主风分布管磨损现象严重（图 2.11）。根据对损坏原因的分析，对分布管进行了以下改造：保持主管及支管直径不变，将分支管管径分别改为 16 根 $\phi100mm$，24 根 $\phi150mm$，其余 $\phi80mm$；将支撑管管径扩大为 $\phi150mm$，管上不开孔；增加 76 个喷嘴。改造后的装置在投产一年后的检修中发现，分支管共有 6 根损坏。改造前后磨损位置发生了改变。说明磨损的原因在于外循环催化剂对分布管向下的冲刷。这次改造对于防止分布管内磨损是成功的，而外磨损可以通过在外循环管入口处加挡板和（或）在分布管外表面加耐磨层解决。

万古军等[25] 通过流化催化裂化装置（FCCU）再生器树枝状主风分布器内部流场的数值模拟，分析了树枝状分布器磨损的机理。图 2.12 为模拟的分支管和管嘴内流场矢量图。受到喷嘴出流和主风分布管结构（喷嘴嵌入分支管内）的影响，通过气体轴向速度的比较发现：分支管内上侧的气体速度大于其他部位，特别是下侧。分析发现，分支管下侧的流场比较复杂，在喷嘴附近有绕流现象，形成流动旋涡。

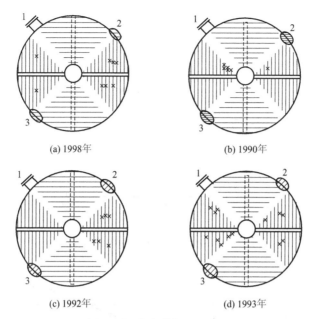

(a) 1998年   (b) 1990年

(c) 1992年   (d) 1993年

图 2.11　分布管损坏示意图

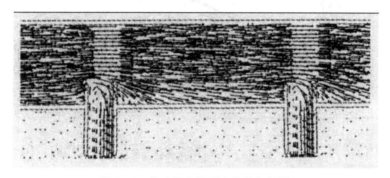

图 2.12　分支管和管嘴内流场矢量图

　　分支管内介质沿途流过时其流量会递减，每个喷嘴的流量分配不一样，见图 2.13。从图中可以看出，从分支管入口处到靠近分支管封闭端，喷嘴的出流流量随着分支管沿程距离的增加而逐渐增大，分支管入口处喷嘴流量最小，在分支管封闭端喷嘴流量最大。

　　图 2.14 是模拟得出的喷嘴压降分布。从分支管入口处到封闭端，顺着气体介质流动方向喷嘴压降逐渐增大，在分支管入口处喷嘴压降最小，在分支管封闭处喷嘴压降最大。处于分支管入口处的喷嘴压降过小，一方面使气体不能稳定从喷嘴喷出，另一方面外面的催化剂颗粒有可能从喷嘴进入分支管。进入分支管内的催化剂颗粒会对分支管和喷嘴造成磨损，这是因为气体夹带催化剂颗粒沿轴向流动，颗粒介质在重力作用下处于分支管下侧，并与分支管下侧管壁摩擦造成磨损，形成磨损的沟槽；另外这些颗粒介质从下游喷嘴流出时也会削磨和撞击喷嘴的内壁，形成局

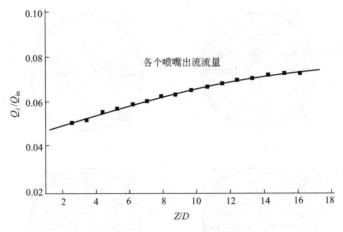

图 2.13 分支管沿程喷嘴出流流量

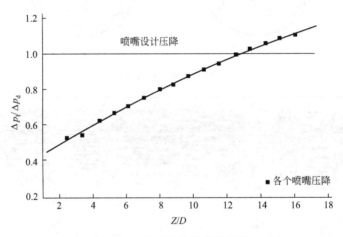

图 2.14 分支管沿程喷嘴压降

部圆弧状磨损。

李晓曼等[26] 对 FCC 装置再生器树枝状分布管喷嘴流场进行了数值模拟,对喷嘴发生磨损的机理进行了分析。首先,喷嘴磨损是催化剂颗粒造成的,属于冲蚀磨损。再者,分支管沿程各喷嘴的出流流量是不均匀的,这与很多人的研究一致,在靠近分支管入口处喷嘴的压降偏低,造成颗粒介质倒流。催化剂颗粒斜向进入喷嘴时,对喷嘴内壁产生冲蚀磨损。

徐俊等[27] 对流化催化裂化装置(FCCU)再生器的管式气体分布器的分支管内流场进行了数值模拟,对布气性能进行了分析,其结果表明沿分支管内气体流动方向,压力和截面流量分布很不均匀;分支管上游入口处还存在着明显的偏流现象,上游喷嘴和下游喷嘴的出口流量一高一低,如图 2.15 所示,造成流化床内非均匀布气。

依据分支管的变质量流动特点,将一般变质量流动的动量方程用于分析分支管

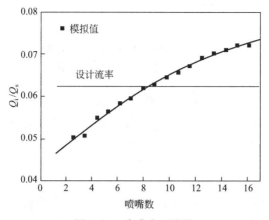

图 2.15　喷嘴出口流量

内的流动过程，表明分支管内的流动过程属于"动量交换控制模型"，具有始端静压低末端静压高、固有压力分布不均匀的特征。这种不均匀的压力分布导致了喷嘴布气不均匀和磨损等系列问题。结合流化床内的压力特点，综合分析气体分布器的分支管压降和喷嘴压降，可以明确喷嘴出口流量与分支管压力分布的关系，如图 2.16 所示。

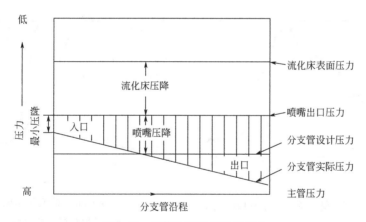

图 2.16　气体分布器的系统压力

　　江茂强等[28] 将基于非结构化网格的计算流体力学方法、离散单元法与有限元方法结合，建立了 CFD-DEM-FEM 耦合方法，并在此基础上提出了基于颗粒与壁面碰撞的冲蚀磨损模型，对埋管流化床内的两相流体流动行为和埋管磨损特性进行了数值模拟。从图 2.17 中可明显地看出腾涌现象的存在，床体表面气栓的破裂使颗粒从高处塌落，冲击埋管上部，对埋管上部造成一定的磨损。

　　换热管道周向时均磨损率的分布曲线呈明显的双峰状，如图 2.18 所示，下部磨损比上部磨损严重。由于数值模拟的时间较短，曲线未显示出较好的对称性。

　　图 2.19 为 Wiman 等[29] 的流化床埋管时均磨损率沿周向分布的实验结果。他们观察到模拟结果中的埋管磨损率比实际大很多，这是因为在模型选取中的 $K = 1$，比

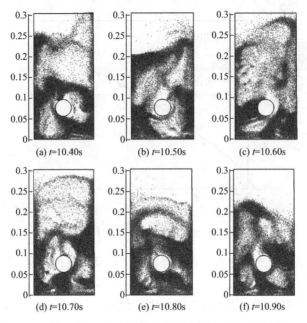

图 2.17 埋管流化床内固含率

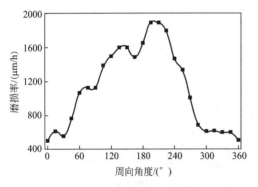

图 2.18 单根埋管沿周向分布时均磨损率

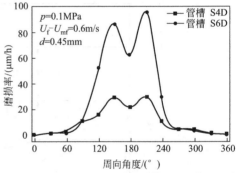

图 2.19 Wiman 等的流化床埋管沿周向
分布时均磨损率的实验结果

实际（K 很小）大很多。但是数值模拟的结果与前人实验结果的变化趋势基本一致。由于颗粒冲蚀造成的累加磨损，使得磨损量随时间呈阶梯形递增，如图 2.20 所示。

He 等[30] 及赵云华等[31] 基于气固双流体模型在贴体坐标系中对鼓泡流化床中埋管磨损率进行了数值模拟，图 2.21 所示为 1.2m/s 气速下四根埋管瞬时颗粒含量变化。

他们模拟计算得到了埋管的瞬时磨损率和时均磨损率，发现数值模拟得到的流化床内构件磨损率略大于 Gustavsson 等[32] 的实验结果，如图 2.22 所示。

通过分析沿埋管环向时均磨损率的变化规律，他们提出当埋管横向相对间距（s/D）为 2.0~3.0 时磨损率达到最大，如图 2.23 所示。

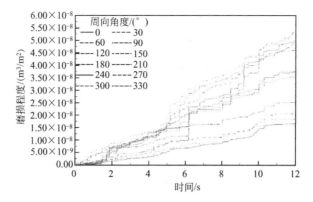

图 2.20　埋管周向磨损量随时间变化

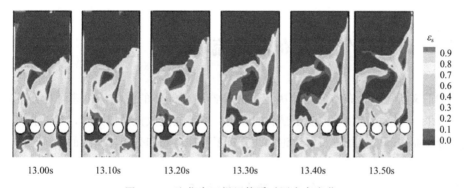

图 2.21　流化床四根埋管瞬时固含率变化

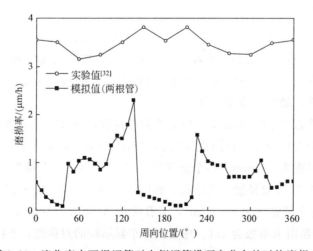

图 2.22　流化床内两根埋管时右侧埋管沿环向分布的时均磨损率

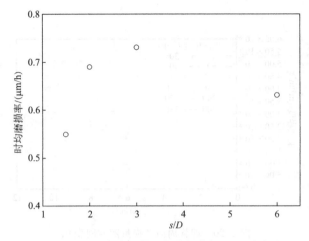

图 2.23　流化床内埋管时均磨损率与 s/D 的关系

2.2　树枝状气体分布器的流场

如前文所述，分布器的结构决定了分布器内部气体的流场，并进而对分布器的布气效果、压降、磨损等产生了显著的影响。本节通过数值模拟方法，对工业树枝状气体分布器内部的流场进行了讨论，并分析了气体流场和分布器磨损的关系[33,34]。

2.2.1　树枝状气体分布器内的气相流场

2.2.1.1　几何结构

为讨论方便，选用国内某 1.2Mt/a 重油催化裂化装置再生器树枝状气体分布器，如图 2.24 所示。分布器位于再生器底部，为树枝状气体分布器。分布器由主管、支管、分支管以及喷嘴四部分组成。气体由主管进入，分流到四根支管，再由支管进入分支管，最后由喷嘴喷出。

分布器主管直径 $\phi1000$mm，4 根支管为变径管，由 $\phi500$mm 变径到 $\phi355$mm。每根支管上两侧对称分布 9 根同直径的 $\phi145$mm 分支管，如图 2.25 所示。相邻两分支管中心线间距为 359mm。各个分支管上间隔 90mm 均布喷嘴，喷嘴为斜向下 45°交替分布，喷嘴为双径插入式结构，如图 2.26 所示。整个分布器的喷嘴总数为 846 个，喷嘴的布置密度为 16 个/m²，开孔面积 A 为 0.2656m³，分布器开孔率为 0.529%，分布器阻力系数为 1.6。考虑到分布器结构的对称性，选择树枝状气体分布器的四分之一作为数值模拟的计算模型。计算模型的网格划分如图 2.27 所示。考虑到树枝状气体分布器结构的复杂性，采用非结构化网格，网格单元数为 1.8×10^6。

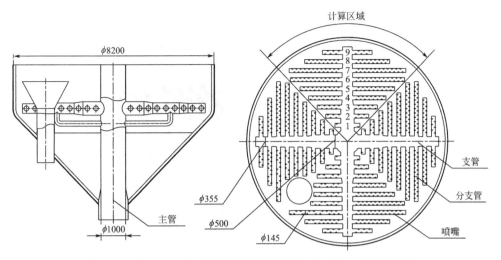

图 2.24 某 1.2Mt/a 重油催化裂化装置再生器主风分布器示意图

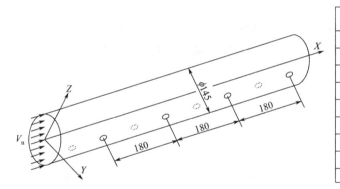

图 2.25 分支管示意图

分支管编号	喷嘴数量
1	1
2	5
3	9（7）
4	14（9）
5	18（9）
6	23（10）
7	23（17）
8	16（14）
9	6

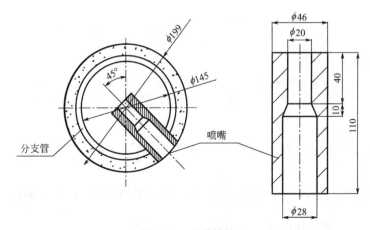

图 2.26 喷嘴结构

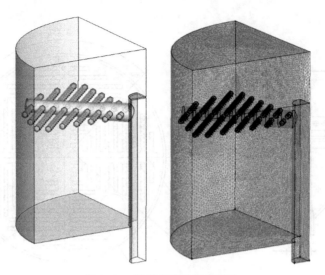

图 2.27 计算模型及网格划分

2.2.1.2 数学模型

本节对分布器区的纯气相流场模拟采用了标准 k-ε 湍流模型。模型的控制方程组包括基于笛卡尔坐标系下的质量、动量守恒基本控制方程及 k-ε 湍流模型。模型方程具体如下：

质量守恒方程

$$\frac{\partial \rho}{\partial t} + \frac{\partial}{\partial x_i}(\rho \boldsymbol{u}_i) = 0 \tag{2.1}$$

动量守恒方程

$$\frac{\partial}{\partial t}(\rho \boldsymbol{u}_i) + \frac{\partial}{\partial x_j}(\rho \boldsymbol{u}_i \boldsymbol{u}_j) = -\frac{\partial p}{\partial x_i} + \frac{\partial}{\partial x_j}\left[\mu\left(\frac{\partial \boldsymbol{u}_i}{\partial x_j} + \frac{\partial \boldsymbol{u}_j}{\partial x_i} - \frac{2}{3}\delta_{ij}\frac{\partial \boldsymbol{u}_i}{\partial x_i} \right) \right] \tag{2.2}$$

湍动能 k 方程

$$\frac{\partial(\rho k)}{\partial t} + \frac{\partial(\rho k \boldsymbol{u}_i)}{\partial x_i} = \frac{\partial}{\partial x_j}\left[\alpha_k \mu_{\text{eff}} \frac{\partial k}{\partial x_j} \right] + \boldsymbol{G}_{\text{k}} - \rho\varepsilon \tag{2.3}$$

湍动耗散率 ε 方程

$$\frac{\partial(\rho\varepsilon)}{\partial t} + \frac{\partial(\rho\varepsilon \boldsymbol{u}_i)}{\partial x_i} = \frac{\partial}{\partial x_j}\left[\alpha_\varepsilon \mu_{\text{eff}} \frac{\partial \varepsilon}{\partial x_j} \right] + \frac{C_{1\varepsilon}^*\varepsilon}{k}\boldsymbol{G}_{\text{k}} - C_{2\varepsilon}\rho\frac{\varepsilon^2}{k} \tag{2.4}$$

其中：

$$\boldsymbol{G}_k = \mu_t \left\{ 2\left[\left(\frac{\partial \boldsymbol{u}}{\partial x}\right)^2 + \left(\frac{\partial \boldsymbol{v}}{\partial y}\right)^2 + \left(\frac{\partial \boldsymbol{w}}{\partial z}\right)^2 \right] + \left(\frac{\partial \boldsymbol{u}}{\partial y} + \frac{\partial \boldsymbol{v}}{\partial x}\right)^2 + \left(\frac{\partial \boldsymbol{u}}{\partial z} + \frac{\partial \boldsymbol{w}}{\partial x}\right)^2 + \left(\frac{\partial \boldsymbol{v}}{\partial z} + \frac{\partial \boldsymbol{w}}{\partial y}\right)^2 \right\};$$

$$\mu_{\text{eff}} = \mu + \mu_t; \quad \mu_t = \rho C_\mu \frac{k^2}{\varepsilon}; \quad C_\mu = 0.0845; \quad \alpha_k = \alpha_\varepsilon = 1.39;$$

$$C_{1\varepsilon}^* = C_{1\varepsilon} - \frac{\eta(1 - \eta/\eta_0)}{1 + \beta\eta^3}; \quad C_{1\varepsilon} = 1.42; \quad C_{2\varepsilon} = 1.68; \quad \boldsymbol{\eta} = (2\boldsymbol{E}_{ij}\boldsymbol{E}_{ij})^{\frac{1}{2}}\frac{k}{\varepsilon};$$

$$E_{ij} = \frac{1}{2}\left(\frac{\partial \boldsymbol{u}_i}{\partial x_j} + \frac{\partial \boldsymbol{u}_j}{\partial x_i}\right); \quad \eta_0 = 4.377; \quad \beta = 0.012$$

计算参数取自 2014 年 6 月某日的现场记录数据，再生器压力为 280kPa，分布器的平均压降为 4.75kPa。空气入口速度为 1606m³/min，温度 125℃，压力 330kPa，该操作状态下的主风量 Q 为 11.83m³/s，空气密度 ρ_g 为 2.93kg/m³，主管入口速度 u_{in} 为 15m/s，理论上喷嘴出口平均喷出速度为 22.7m/s。主管入口为速度入口边界，为均匀进气方式。上截面为气相出口边界，为自由出流。壁面采用无滑移条件及标准壁面函数进行处理。压力-速度耦合式采用 SIMPLE 格式离散。收敛条件为各变量残差为 10^{-7} 时收敛。为了加快计算速度，先在一阶精度格式下计算，然后再转到二阶精度格式下计算。模拟计算的时长为 17.3s。模拟计算结果显示分布器进出口质量流量守恒，分布器压降为 4.64kPa，与现场的操作数据吻合。

2.2.1.3　分布器内部的流场

图 2.28 为树枝状气体分布器 $z=0$m 截面的流场速度云图。由图可见，来自主管的气体进入支管后再沿着支管流动的同时向各个分支管分流。图 2.29 为分支管内气流的轴向平均速度 u_n 分布。由图 2.29 可见，对每一分支管而言，沿轴向各截面上的平均速度均存在很大的变化，气体进入分支管的入口端并沿轴向流向封闭段，截面平均速度逐渐减小，其变化沿管程近似线性分布，并且分支管内的气体介质的流动是典型的变质量流动。图 2.30 为各分支管入口处的流量分布。结合图 2.29 和图 2.30 可知，分支管的长度越长，喷嘴数量越多，进入该分支的气体流量也就越大。因此，分配到各分支管中的气体流量并不同。气体流量的不同会造成气体速度分布不均，进而导致分支管内压力分布不均。图 2.31 为根据各分支管入

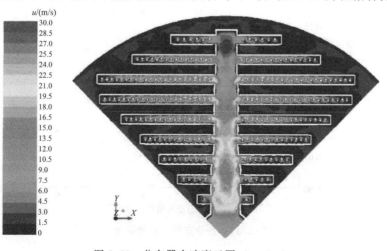

图 2.28　分布器内速度云图（$z=0$m）

口流量得到的喷嘴出口气流平均流量。由图可知，虽然喷嘴数量多的分支管入口气体流量大，但是如果平均到每个喷嘴后，长分支管上喷嘴的气体流量反而变小，导致长短分支管上的喷嘴出口气流速度分布不均匀。因此在设计时有必要使分支管的直径与喷嘴的数量相配合。

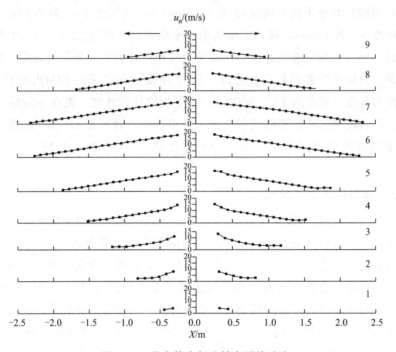

图 2.29 分支管内气流轴向平均速度

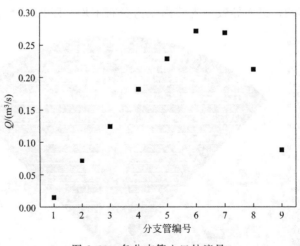

图 2.30 各分支管入口处流量

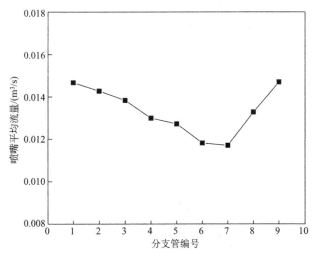

图 2.31　各个分支管上喷嘴平均流量

树枝状气体分布器的分支管内的气体流动实质上是一个分流过程，属于变质量流动，以分支管入口为原点，分支管长度方向为 X 轴，可引用变质量流动的动量方程[27]描述：

$$dP + K\rho du^2 + \frac{\lambda}{D}\frac{\rho u^2}{2}dX = 0 \tag{2.5}$$

式中，K 是动量交换系数；λ 是分支管壁面的摩擦系数。

由于分支管的轴向速度 u 呈线性分布，可假设：

$$u = u_i\left(1 - \frac{X}{L}\right) \tag{2.6}$$

式中，u_i 为分支管入口处速度，X 为分支管上以分支管入口处为原点的坐标，L 为分支管长度，由式(2.5)可得到分支管的沿程压力差。

$$\Delta p_X = \rho u_i^2\left\{K\left[1 - \left(1 - \frac{X}{L}\right)^2\right] - \frac{\lambda L}{6D}\left[1 - \left(\frac{X}{L}\right)^3\right]\right\} \tag{2.7}$$

上式表明分支管的压降由动量交换项和阻力项两部分构成。其中，动量交换项使得静压有上升的趋势，阻力项使静压有下降的趋势。通常，$K \in [0.65, 0.72]$，$\lambda \in [0.015, 0.03]$[35]。

令：$\dfrac{X}{L} = t$，则 $t \in [0, 1]$

取：$\dfrac{L}{D} = 14.76$，$K = 0.685$，$\lambda = 0.0225$，$\rho = 2.8\text{kg/m}^3$，$u_i = 20\text{m/s}$

代入公式可得 6 号分支管的静压差分布图 2.32。可以看出，分支管内的气体随着分流的进行，轴向速度逐渐降低，分支管的静压随之升高，分支管的末端静压高于入口端静压。因此，分支管内气体的流动状态属于"动量交换控制模型"，具有固有压力分布不均匀的特点。

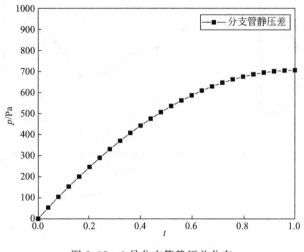

图 2.32　6 号分支管静压差分布

对于分支管而言，一般 $K \geqslant \dfrac{\lambda L}{6D}$，摩擦阻力产生的静压可以忽略。因此，随着分支管的分流作用，沿程速度不断减小，分支管的静压沿程上升，进而使得喷嘴的压降沿程升高，喷嘴的出口气流速度会沿程增大，这与数值模拟得到的结果是一致的。

图 2.33 为各分支管上喷嘴出口气速分布，图 2.34 为各分支管上喷嘴出口气流质量流量。由图 2.33 和图 2.34 可知：分支管上各个喷嘴的出口速度分布有较大的不均匀性；在同一分支管内，沿着气体流动方向喷嘴出口气速有增大的趋势。短分

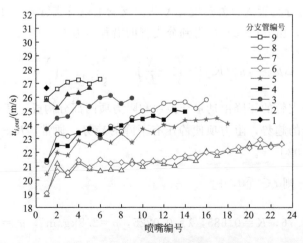

图 2.33　各分支管上喷嘴出口气速

支管上喷嘴出口气速较大，而长分支管上的喷嘴出口气速较小，并且小于理论上喷嘴出口气速 22.7m/s。计算结果表明，长分支管和短分支管上喷嘴出口气速最大相差 8m/s；由于喷嘴出口气速不同，导致分布器的布气不均匀。同时，各个喷嘴的压降也有很大的变化，尤其是压降低的喷嘴操作弹性差。当操作发生波动时，这些喷嘴外部的压力可能大于内部的压力，导致催化剂倒流进入喷嘴，造成分布器的内磨。

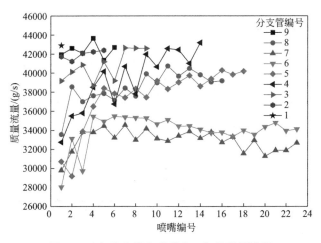

图 2.34　各分支管上喷嘴出口气流质量流量

图 2.35 给出了各分支管上喷嘴的压降分布。各喷嘴的压降沿分支管逐渐增大，且短分支管上的喷嘴压降比长分支管上的喷嘴压降分布更加均匀。喷嘴的压降与喷嘴的出口气流速度息息相关，由于喷嘴出口外部的压力差别不大，因此在进行分布器设计时，需要特别注意喷嘴入口处的压力分布。

为描述分支管上各个喷嘴出口平均速度分布不均匀的特性，采用气体分布不均匀度 M 来表征，定义式为：

$$M = \sqrt{\frac{1}{F_0} \int \left(\frac{u_{i,\text{out}} - u}{\bar{u}} \right)^2 \mathrm{d}F} \tag{2.8}$$

式中　F_0——所有喷嘴出流面积之和，m^2；

　　　$u_{i,\text{out}}$——i 喷嘴的出口速度，m/s；

　　　$\bar{u}$——设计喷嘴的平均出口速度，m/s，或 $\bar{u} = \dfrac{1}{n} \sum\limits_{n-1}^{n} u_{i,\text{out}}$。

M 越小，气体速度分布越均匀。对有限个喷嘴的气体分布不均匀度 M，上式可修改为：

$$M = \left[\frac{1}{n} \sum_{n-1}^{n} \left(\frac{u_{i,\text{out}} - \bar{u}}{\bar{u}} \right)^2 \right]^{0.5} \tag{2.9}$$

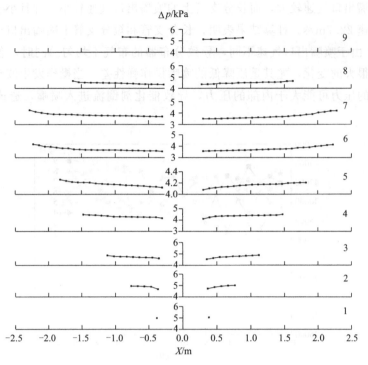

图 2.35　各分支管上喷嘴的压降分布

式中，n 为喷嘴个数。

图 2.36 为各分支管上喷嘴出口速度不均匀度。由图可知分支管喷嘴出口速度的不均匀度有增加的趋势，但长管的不均匀度有所减小。

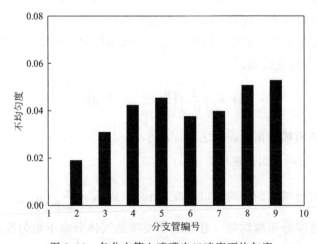

图 2.36　各分支管上喷嘴出口速度不均匀度

喷嘴出口气速的均匀性一方面取决于喷嘴的压降，另一方面取决于管孔截面积比（分支管横截面积与喷嘴出口总截面积之比）。由分布器的结构参数可得到各分支管的管孔截面积比，如表 2.5 所示。由表可知，长分支管的管孔截面积比过小，导致分支管上喷嘴出口平均速度偏小，甚至小于设计速度；而短分支管上的喷嘴出口气速偏大，高于设计速度 22.7m/s，影响布气的均匀性。各分支管上喷嘴平均速度与管孔截面积比分布如图 2.37 所示，分支管上喷嘴平均速度与管孔截面积比的变化趋势比较吻合。因此在进行分支管的尺寸设计时可适当增加长分支管的直径，减小短分支管的直径，使管孔截面积比值在 2.2～2.7 之间。

表 2.5　各分支管的管孔截面积比

分支管编号	管上喷嘴数/个	管孔截面积比
1	1	26.818
2	5	5.363
3	9	2.979
4	14	1.915
5	18	1.489
6	23	1.166
7	23	1.166
8	16	1.676
9	6	4.469

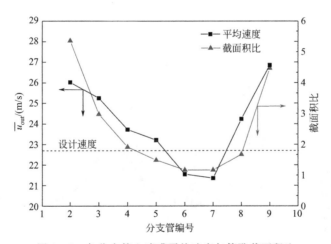

图 2.37　各分支管上喷嘴平均速度与管孔截面积比

图 2.38 为 4、5、6 和 7 号分支管入口处的速度矢量图。由图可知，气流从支管流向分支管时，在分支管的入口处发生转向，也发生偏流。由于长分支管的入口轴向气流速度较大，这种偏流现象会更为明显。分支管迎风侧的气流速度比较高，而分支管的背风侧的气流速度比较低，因此，在分支管的迎风侧会形成低压区，而分支管的背风侧形成回流区。如果喷嘴设置在分支管的低压区，则容易导致喷嘴压降过低，使

催化剂被卷吸进入分支管，造成分支管和喷嘴的磨损。图 2.39 为 6 号分支管入口截面处的速度云图和矢量图，可以明显看到气流在入口处出现偏流现象。

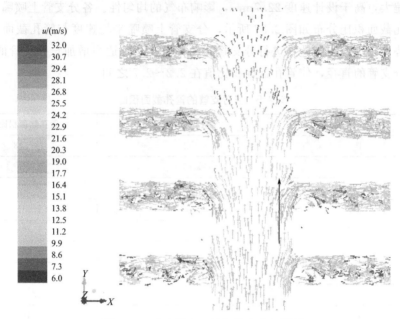

图 2.38　分支管入口处气流速度矢量图

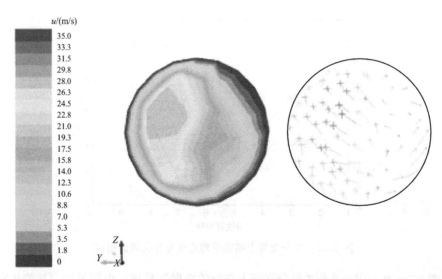

图 2.39　6 号分支管入口截面气流速度云图和矢量图

　　图 2.40 为 6 号分支管上 1、12 和 23 号喷嘴出口气流速度矢量图。由图可知近分支管入口端的喷嘴内部气流出现明显的偏流现象，分支管尾端喷嘴的内部气流则趋于缓和，偏流造成的速度不均会导致喷嘴内压力分布不均。图 2.41 为 1 号喷嘴

内气体压力分布云图，可以看出喷嘴内部一侧出现了低压区。如果树枝状气体分布器的操作状况不稳定，再生器内的颗粒就容易沿着此处的喷嘴进入分支管内部，并随着分支管内的气流从下游喷嘴喷出，对喷嘴的内壁造成磨损。图 2.42 为颗粒对喷嘴内壁的冲蚀磨损作用示意图。颗粒在喷嘴内形成涡流，不断冲刷喷嘴内壁，直至喷嘴发生断裂脱落。

图 2.40　6 号分支管 1、12 和 23 号喷嘴出口气流速度矢量图

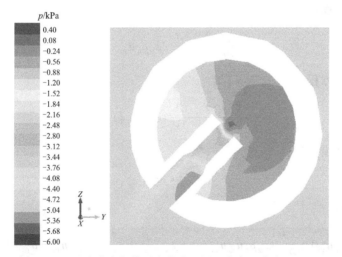

图 2.41　1 号喷嘴内气体压力分布云图（参考压力为 330kPa）

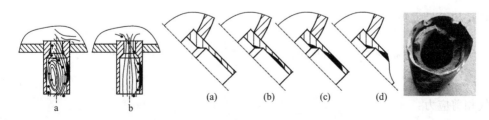

图 2.42　颗粒对喷嘴内壁的冲蚀磨损作用示意图

2.2.2　树枝状气体分布器外的两相流场

由于树枝状气体分布器在实际工业使用中是埋在催化剂颗粒密相床层中的,分布器对气体的布气效果实际上还受到分布器附近区域气固两相流场的影响。考虑到分布器三维气固两相流场数值模拟的复杂性,本节主要对分布器附近区域的二维气固两相流场进行数值模拟研究。

2.2.2.1　数值模拟方法

采用双流体模型并引入颗粒动力学理论来模拟分支管区域的气固流动规律。气固两相的基本控制方程如下:

$$\frac{\partial}{\partial t}\int_V \rho \Phi \,\mathrm{d}V + \oint_A \rho \Phi V \mathrm{d}A = \oint_A \Gamma \nabla \Phi \mathrm{d}A + \int_V S_\Phi \mathrm{d}V \tag{2.10}$$

式中,等式左边分别为非稳态项和对流项;等式右边分别为扩散项和源项;Φ为描述通常输运性质的变量,其值取决于所描述的输运方程。

气固两相的基本控制方程可具体表示如下[36,37]:

气相连续性方程:

$$\frac{\partial(\varepsilon_g \rho_g)}{\partial t} + \frac{\partial}{\partial x_j}(\varepsilon_g \rho_g \boldsymbol{u}_{gi}) = 0 \tag{2.11}$$

颗粒相连续性方程:

$$\frac{\partial(\varepsilon_s \rho_p)}{\partial t} + \frac{\partial}{\partial x_i}(\varepsilon_s \rho_p \boldsymbol{u}_{pi}) = 0 \tag{2.12}$$

相体积分数守恒方程:

$$\varepsilon_g + \varepsilon_s = 1 \tag{2.13}$$

气相动量方程:

$$\frac{\partial}{\partial t}(\varepsilon_g \rho_g \boldsymbol{u}_{gi}) + \frac{\partial}{\partial x_i}(\varepsilon_g \rho_g \boldsymbol{u}_{gi} \boldsymbol{u}_{gi}) = -\varepsilon_g \frac{\partial p}{\partial x_i} + \frac{\partial \boldsymbol{\tau}_{g,ij}}{\partial x_i} - \beta(\boldsymbol{u}_{gi} - \boldsymbol{u}_{pi}) + \rho_g \varepsilon_g \boldsymbol{g}_i \tag{2.14}$$

颗粒相动量方程:

$$\frac{\partial}{\partial t}(\varepsilon_s \rho_p \boldsymbol{u}_{pi}) + \frac{\partial}{\partial x_i}(\varepsilon_s \rho_p \boldsymbol{u}_{pi} \boldsymbol{u}_{pi}) = -\varepsilon_s \frac{\partial p}{\partial x_i} + \frac{\partial \boldsymbol{\tau}_{p,ij}}{\partial x_i} - \beta(\boldsymbol{u}_{pi} - \boldsymbol{u}_{gi}) + \rho_p \varepsilon_s \boldsymbol{g}_i \tag{2.15}$$

气相剪应力:

$$\tau_{g,ij} = \mu_g \left(\frac{\partial \boldsymbol{u}_{gj}}{\partial x_i} + \frac{\partial \boldsymbol{u}_{gi}}{\partial x_j}\right) \tag{2.16}$$

颗粒相剪应力：

$$\boldsymbol{\tau}_{\mathrm{p,ij}}=\mu_{\mathrm{p}}\left(\frac{\partial \boldsymbol{u}_{\mathrm{pj}}}{\partial x_{\mathrm{i}}}+\frac{\partial \boldsymbol{u}_{\mathrm{pi}}}{\partial x_{\mathrm{j}}}\right)+\left(\xi_{\mathrm{p}}-\frac{2}{3}\mu_{\mathrm{p}}\right)\frac{\partial \boldsymbol{u}_{\mathrm{pk}}}{\partial x_{\mathrm{k}}}\delta_{\mathrm{ij}}-p_{\mathrm{p}}\delta_{\mathrm{ij}} \tag{2.17}$$

与颗粒动力学相关的本构关系式为：

径向分布函数：

$$g_0=\left[1-\left(\frac{\varepsilon_{\mathrm{s}}}{\varepsilon_{\mathrm{s,max}}}\right)^{\frac{1}{3}}\right]^{-1} \tag{2.18}$$

颗粒相压力：

$$p_{\mathrm{p}}=\varepsilon_{\mathrm{s}}\rho_{\mathrm{p}}\left[1+2(1+e)\varepsilon_{\mathrm{s}}g_0\right]\Theta \tag{2.19}$$

颗粒相整体黏度：

$$\xi_{\mathrm{p}}=\frac{4}{3}\varepsilon_{\mathrm{s}}^2\rho_{\mathrm{p}}d_{\mathrm{p}}g_0(1+e)\sqrt{\frac{\Theta}{\pi}} \tag{2.20}$$

颗粒相剪切黏度：

$$\mu_{\mathrm{p}}=\frac{2\mu_{\mathrm{p,dil}}}{(1+e)g_0}\left[1+\frac{4}{5}(1+e)g_0\varepsilon_{\mathrm{s}}\right]^2+\frac{4}{5}\varepsilon_{\mathrm{s}}^2\rho_{\mathrm{p}}d_{\mathrm{p}}g_0(1+e)\sqrt{\frac{\Theta}{\pi}} \tag{2.21}$$

$$\mu_{\mathrm{p,dil}}=\frac{5}{96}\rho_{\mathrm{p}}d_{\mathrm{p}}\sqrt{\pi\Theta} \tag{2.22}$$

式中，e 为颗粒碰撞恢复系数：当 $e=1.0$ 时，颗粒为弹性碰撞，无能量耗散；当 $e=0.0$ 时，颗粒为完全非弹性碰撞；当 $0.0<e<1.0$ 时，颗粒以非弹性碰撞形式耗散能量。本文计算中，e 值取为 0.9。

采用分段曳力模型[38] 来进行计算，具体表达式为：

$$\beta=\frac{3}{4}C_{\mathrm{D}}\frac{\varepsilon_{\mathrm{s}}\varepsilon_{\mathrm{g}}\rho_{\mathrm{g}}|\boldsymbol{u}_{\mathrm{s}}-\boldsymbol{u}_{\mathrm{g}}|}{d_{\mathrm{p}}}\qquad 0.99<\varepsilon_{\mathrm{g}}\leqslant 1.0 \tag{2.23}$$

$$\beta=\frac{3}{4}C_{\mathrm{D}}\frac{\varepsilon_{\mathrm{s}}\varepsilon_{\mathrm{g}}\rho_{\mathrm{g}}|\boldsymbol{u}_{\mathrm{s}}-\boldsymbol{u}_{\mathrm{g}}|}{d_{\mathrm{p}}}\varepsilon_{\mathrm{g}}^{-2.65}\qquad 0.933<\varepsilon_{\mathrm{g}}\leqslant 0.99 \tag{2.24}$$

式中，$C_{\mathrm{D}}=\begin{cases}\dfrac{24}{Re_{\mathrm{p}}}(1+0.15Re_{\mathrm{p}}^{0.687}) & (Re_{\mathrm{p}}\leqslant 1000)\\ 0.44 & (Re_{\mathrm{p}}>1000)\end{cases}$

$Re_{\mathrm{p}}=\dfrac{\varepsilon_{\mathrm{g}}\rho_{\mathrm{g}}d_{\mathrm{p}}|\boldsymbol{u}_{\mathrm{g}}-\boldsymbol{u}_{\mathrm{s}}|}{\mu_{\mathrm{g}}}$，$d_{\mathrm{p}}$ 为单颗粒的平均直径，m。

$$\beta=\frac{\frac{3}{4}C_{\mathrm{D}}'\varepsilon_{\mathrm{s}}\varepsilon_{\mathrm{g}}\rho_{\mathrm{g}}|\boldsymbol{u}_{\mathrm{s}}-\boldsymbol{u}_{\mathrm{g}}|}{10.8d_{\mathrm{p,e}}(1-\varepsilon_{\mathrm{g}})^{0.293}}\qquad 0.8<\varepsilon_{\mathrm{g}}\leqslant 0.933 \tag{2.25}$$

其中，$C'_D = \begin{cases} \dfrac{24}{Re_{p,e}}(1+0.15Re_{p,e}^{0.687}) & (Re_{p,e} \leqslant 1000) \\ 0.44 & (Re_{p,e} > 1000) \end{cases}$

$Re_{p,e} = \dfrac{\varepsilon_g \rho_g d_{p,e} |u_g - u_s|}{\mu_g}$，$d_{p,e}$ 为颗粒团的当量直径，m。

$$\beta = 150\frac{\varepsilon_s(1-\varepsilon_g)\mu_g}{\varepsilon_g d_{p,e}^2} + 1.75\frac{\rho_g\varepsilon_s|u_s-u_g|}{d_{p,e}} \qquad \varepsilon_g \leqslant 0.8 \qquad (2.26)$$

式中，C_D 为单颗粒标准曳力系数；C'_D 为颗粒团的曳力系数；Re_p 为颗粒相雷诺数；$Re_{p,e}$ 为颗粒团当量雷诺数；d_p 为颗粒直径，m；$d_{p,e}$ 为颗粒团的当量直径，m。β 为曳力系数，$kg/(m^3 \cdot s)$；ε_g 为空隙率（气相体积分数）；ε_s 为固含率（固相体积分数）；μ_g 为气体黏度，$Pa \cdot s$；μ_p 为颗粒相黏度，$Pa \cdot s$；ρ_g 为气相密度，kg/m^3；ρ_p 为颗粒相密度，kg/m^3；τ_g 为气相剪切应力，Pa；τ_p 为颗粒相剪切应力，Pa；Θ 为颗粒拟温度，m^2/s^2。

针对上一节考察的气体分布器，在 1600mm×1000mm 的矩形计算区域。计算区域中包括两根分支管，其中左侧分支管设有喷嘴，两根分支管的管间距为 359mm，喷嘴尺寸和设置方法与上一节相同。为节省计算资源，将催化剂床层表面距离分支管的距离设为 500mm，保证分支管埋在催化剂床层里。计算模型和网格划分如图 2.43 所示。为提高计算精度，均采用四边形结构化网格。

图 2.43　计算模型和网格划分

模拟计算中的气相介质采用常温常压条件下的空气，固相采用 FCC 催化剂颗粒。其中 d_p 取 $69\mu m$，ρ_p 取 $1500kg/m^3$。计算中将编写好的 UDF 程序导入，使被气流夹带出的颗粒从底部入口边界处返回流化床中，确保整个流化床中的固相介质的藏量不变。边界条件的设置方面，选取喷嘴的入口截面为气相速度入口边界，为均匀进气方式，首先取入口速度为 20m/s；矩形计算区域的下截面为颗粒相的速度入口边界，$u_{p,in} = \dfrac{G_s}{\rho_p \varepsilon_s}$，m/s；矩形计算区域的上截面为气固两相的出口边界，

并设置为自由出流边界条件，ϕ_p 为通用变量，$\dfrac{\partial \phi_p}{\partial r} = 0$（$\phi_p$ 可以为 ρ_p，u_p，v_p，

Θ）；壁面边界取无滑移条件，$u = v = 0$。

2.2.2.2　分支管外部区域两相流场的模拟结果

图 2.44 为二维床在不同时刻下（0～3s）的固含率分布云图。由图可以看出，整个区域内的流体流动过程为非稳态变化过程，也是流化床形成的过程。首先，气流从喷嘴流出后会喷射一定的深度，受到颗粒相的阻碍后气流的动能减小，然后向上运动，将分支管之间区域的颗粒吹开，使分支管之间的固含率下降甚至吹空。被吹起来的颗粒会流向分支管的两边，形成一个颗粒从两根分支管中间区域向两边的循环流动状态，同时也是对分支管中间区域的颗粒进行一定的补充。此外，从喷嘴喷出的气流在喷嘴出口处、分支管壁面处形成稀相区域。此处的颗粒在气流的带动下高速冲击分支管壁面，容易导致这些区域的壁面发生磨损，因此，需要采取措施防止这种情况的发生。

将喷嘴入口端速度设为 50m/s，模拟计算时长为 5s 时，得到固含率分布云图

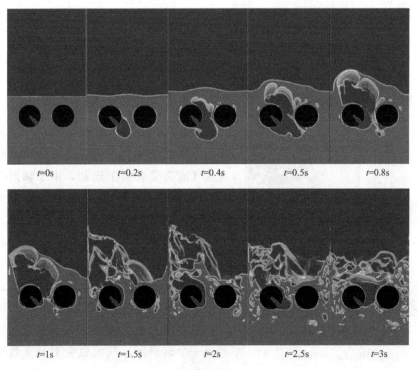

图 2.44　固含率分布云图（$u_0 = 20$m/s）

如图 2.45 所示，可以看到分支管之间区域的固含率明显降低，颗粒被吹空。而床层的底部存在流化死区，气体无法将该处的颗粒相吹起来。因此，在设置分布器时，分布器截面与再生器底部的距离不能太大。

图 2.46 为气固两相的静压分布云图。床层压力从上到下总体上是增加的，在分支管之间的区域出现明显的圆形低压区，这是该处颗粒被吹空、出现明显的稀相区所致。随着流化状态的进行，低压区的大小也会发生变化，因为流化状态是一个非稳态的不断变化的过程。

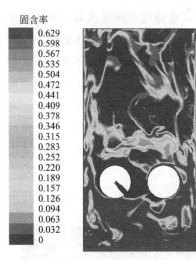

图 2.45　固含率分布云图（$u_0 = 50\text{m/s}$）

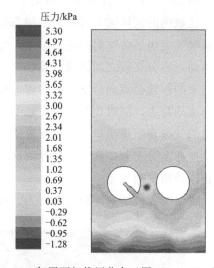

图 2.46　气固两相静压分布云图（$u_0 = 50\text{m/s}$）

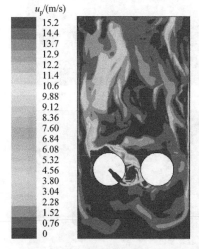

图 2.47　颗粒相的速度

分布云图（$u_0 = 50\text{m/s}$）

图 2.47 为颗粒相的速度分布云图，图 2.48 为颗粒相的速度矢量图。由图可以看出，颗粒相在分支管之间形成一个旋涡，旋涡的中间为稀相区。颗粒会被从喷嘴喷出的高速气流夹带着向上运动，由于临近分支管的阻碍，颗粒会改变运动方向，进而形成一个旋涡，一部分颗粒冲击分支管外壁，一部分颗粒回到喷嘴口上方区域。这个过程中颗粒不断冲击相邻分支管的外壁以及自身分支管的外壁，长时间作用下，会对壁面造成磨损。图 2.49 为气相的速度分布云图，图 2.50 为气相速度矢量图。气流在分支管之间形成一个旋涡区，气流也会对分支管壁面造成冲击。

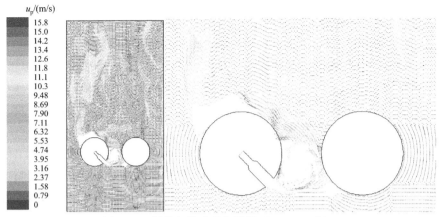

图 2.48　颗粒相的速度矢量图 （$u_0 = 50\text{m/s}$）

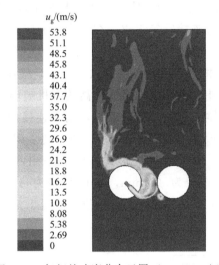

图 2.49　气相的速度分布云图 （$u_0 = 50\text{m/s}$）

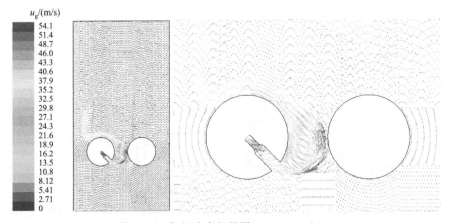

图 2.50　气相速度矢量图 （$u_0 = 50\text{m/s}$）

2.2.2.3　分支管外部区域两相流场的实验研究

前文的研究均是采用数值模拟的方法考察分布器的流场特性，本节进一步从实验的角度考察分布器的流场运动形态和规律。为了与气固两相的数值模拟相对照，本节设计了相对应的实验装置来考察分支管附近的流场运动现象，探讨气速与射流长度之间的关系，并结合模拟与实验结果对造成分布器磨损的原因进行分析，以便为树枝状气体分布器的结构改进提供参考。

（1）实验装置及实验方法

在实际使用中，气体分布器是埋在待生催化剂中的，为了便于观察到喷嘴出流的现象，设计一个矩形二维床，并且采用半个喷嘴结构，主要观察分布器支管（分支管）-喷嘴附近的流动现象。

实验装置如图 2.51 所示，由箱体、两个分支管-喷嘴结构、缓冲罐、风机、压力表、调节阀、流量计和连接管等组成。在二维矩形床内装填一定高度的 FCC 催化剂，两根分支管置于箱体内，分支管上有半个喷嘴，分支管之间的距离为 360mm。气体由风机提供，在风机出口处加稳流段，气体从喷嘴口喷出，从上方排出，进入排风管。其中，箱体由透明度较高的有机玻璃制成，尺寸为 960mm×160mm×1000mm。箱体上前后开圆形窗口，用于连接两个带半圆喷嘴的支管结构。通过旋转支管可以改变喷嘴喷射的角度。为了便于调整圆形窗口上的螺栓和进料放料，箱体采用上下两半可拆卸形式，中间采用法兰连接。分支管内径为 $\phi145$mm，喷嘴的入口直径为 $\phi20$mm，出口直径为 $\phi28$mm，喷嘴伸出长度为 17mm。实验箱体与分支管-喷嘴结构的连接位置如图 2.52 所示，图 2.53 为实验装置实物图。

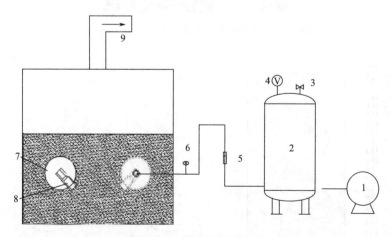

图 2.51　实验装置示意图

1—风机；2—缓冲罐；3—泄压阀；4—压力表；5—流量计；6—蝶阀；7—分支管；8—喷嘴；9—排气管

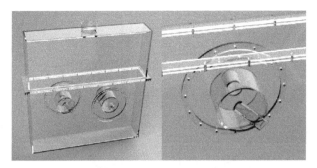

图 2.52　箱体与分支管-喷嘴结构的连接示意图

图 2.53　实验装置实物图

相对于离心风机和中压风机来说，旋涡风机的压力要高很多，往往是离心风机的十几倍以上。因此选择旋涡风机给装置提供空气。风机技术参数见表 2.6，风机出口直径为 60mm。

表 2.6　旋涡风机技术参数

电机功率/kW	电压/V	风量/(m³/h)	最大风机/kPa
3.8	380	400	42

实验所用物料为 FCC 平衡剂，经过 BT-9300S 型激光粒度分布仪分析得到催化剂颗粒的粒度分布和累积率，如图 2.54 和图 2.55 所示。由粒度分布可得到累积粒度分布曲线。本实验所选用的 FCC 催化剂的物性参数见表 2.7 所示。

表 2.7　FCC 平衡催化剂的物性参数

项目	颗粒密度/(kg/m³)	充气密度/(kg/m³)	堆积密度/(kg/m³)	平均粒径/μm
数值	1561	831	941.5	67

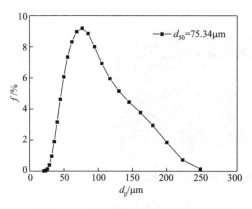

图 2.54 FCC 催化剂颗粒的粒度分布

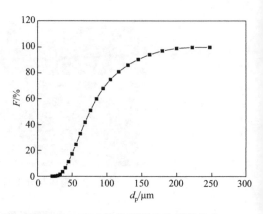

图 2.55 FCC 催化剂颗粒的累积分布

实验中保持一定的床层高度（喷嘴出口处到床层表面的距离），考察喷嘴在不同角度（0°，22.5°，45°，67.5°）、不同喷嘴气速 30～80m/s 时床层的流化现象，并测量喷嘴的射流长度。实验过程中使用佳能 IXUS 170 录制实验现象。显示屏尺寸为 2.7 英寸（1 英寸＝2.54 厘米），有效像素为 2000 万，实验主要拍摄喷嘴射流所在的区域。

（2）不同喷嘴安装角度的实验现象

喷嘴角度为 0°（即垂直向下布置）、床层高度为 230mm 时的实验现象如图 2.56 所示，气体从喷嘴出口向下喷出，形成射流并很快长大，达到一定深度后改变方向。气体变为向上运动并从喷嘴的两侧流出，使颗粒流化。待流化状态稳定后，测得分支管入口速度，然后换算得到喷嘴的气速约为 78m/s，在箱体上测得喷嘴的射流长度约为 200mm。

喷嘴角度为 22.5°、床层高度为 230mm 时的实验现象如图 2.57 所示。实验现象与喷嘴角度为 0°时类似，只是气流向分支管的一侧喷流，并且由于喷嘴角度较小，喷嘴喷出的气流对相邻分支管的冲击不太明显。

喷嘴角度为 45°、床层高度为 400mm 时的流动现象如图 2.58 所示。由皮托管和 U 形压力计（U 形计）测得入口速度约为 12m/s，喷嘴速度约为 78m/s，在工业要求范围之内。风机刚开时，U 形计高度差会很快变大，然后逐渐变小并趋于稳定；关闭风机时，高度差会发生波动，逐渐变小至 0。由流动现象的视频可观察到气体从喷嘴口高速喷出，射流长度逐渐变大，直至 200mm。喷嘴出口区域形成一个稀相空间，颗粒在喷嘴口形成旋涡，且气流会夹带着颗粒冲刷分支管壁面。

两根喷嘴喷出的高速气流将分布管之间的颗粒吹走，分支管之间的固含率下降，形成稀相空间。气体由喷嘴喷出后向上方流动然后发生偏转形成旋涡。大约每隔 1s 形成一次旋转涡流，涡流持续时间较短，很快被气流吹散，1s 后再次形成涡流。从实验现象中可看到涡流位置位于喷嘴出口处以及喷嘴上方靠近分支管壁面处。

图 2.59 给出了模拟得到的流场与实验中流场的对比。其中模拟计算的入口速度为 50m/s，计算时间为 2.5s。由对比图可见，模拟结果与实验结果相一致。

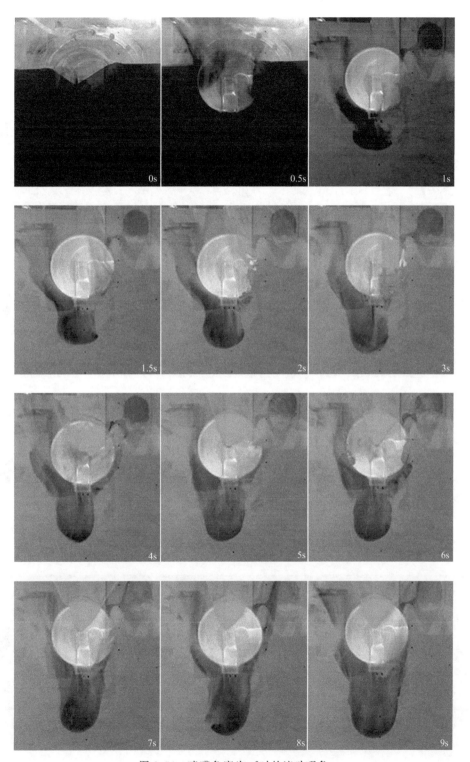

图 2.56　喷嘴角度为 0°时的流动现象

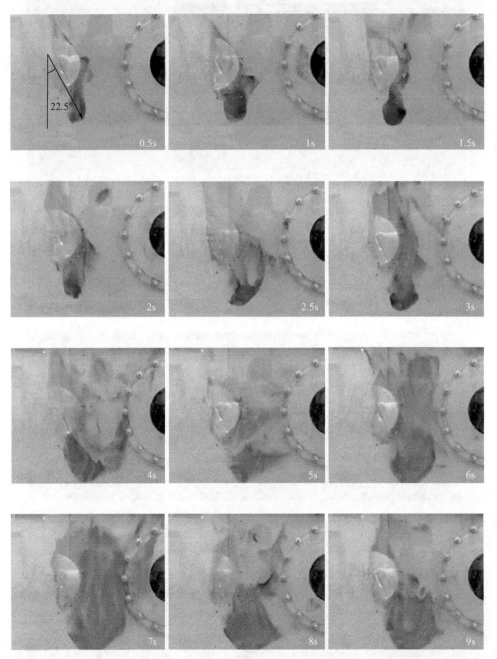

图 2.57　喷嘴角度为 22.5°时的流动现象

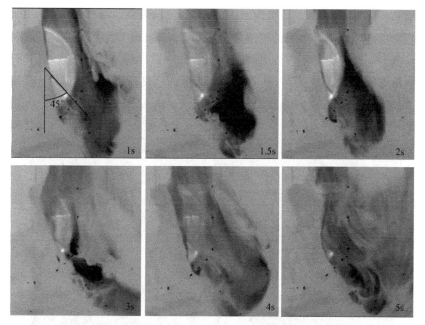

图 2.58　喷嘴角度为 45°时的流动现象

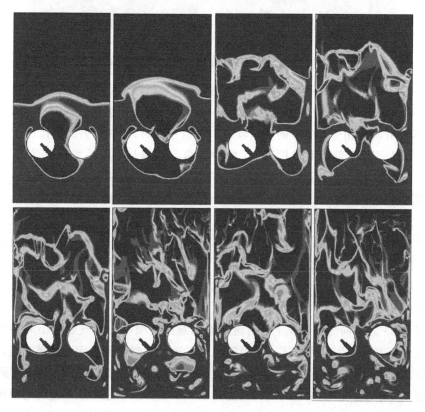

图 2.59　模拟得到的流场与实验中流场对比

喷嘴角度为67.5°、床层高度为200mm时的流动现象如图2.60所示。由图可知，气体从喷嘴口高速喷出，射流长度逐渐变大直至200mm。喷嘴之间的气流夹带着颗粒在支管壁上不断冲刷并向两边飞溅，分支管之间固含率下降，两边床层高度增加。由于喷嘴角度较大，气流直接冲击到了分支管壁面，这样造成的磨损更加严重。

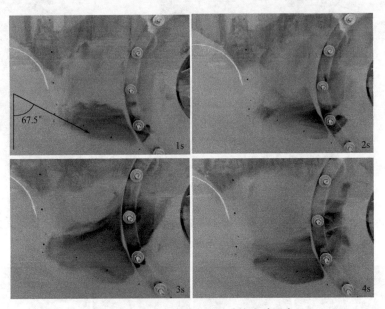

图2.60　喷嘴角度为67.5°时的流动现象

从不同喷嘴的流动现象可知，喷嘴角度为0°（即垂直向下喷）时，气体返回是垂直向上的，对器壁的冲蚀角度最小，对分支管的磨损速率也较小；喷嘴角度为22.5°时，射流对相邻分支管的冲击较弱；喷嘴角度为45°时，射流直接冲击到对面的分支管外部的下部，形成接近30°的冲击角，磨损加剧；喷嘴角度为67.5°时，射流直接冲击到对面的分支管外壁的中部和上面，形成了接近60°的冲击角，磨损较为剧烈。因此，降低喷嘴的安装角有助于减小分支管外壁的冲蚀磨损。

（3）不同入口气速时分支管附近的流动现象

图2.61给出了喷嘴角度为0°、分支管入口端的气速为30~78m/s时的实验现象。可以看出随着气速的增加，喷嘴的射流长度也不断增大。

喷嘴角度为45°、分支管入口端气速为36~76m/s时的实验现象如图2.62所示。可以看出，随着入口气速的增大，射流长度变长，流化现象更明显。

图2.63为不同气速情况下的射流形态示意图。喷嘴出口气速过小时会导致流化不充分，容易发生流化死区；当喷嘴出口气速过大时，会将床层底部吹空，并且分支管之间的过缝速度过大，高速气流直接冲击相邻的分支管壁面，容易导致分支管壁面发生磨损。因此喷嘴的出口气速存在一个临界值，这个临界速度与喷嘴的出口内径、喷嘴的压降有关，而临界速度的确定还需要考虑分支管间距的大小。

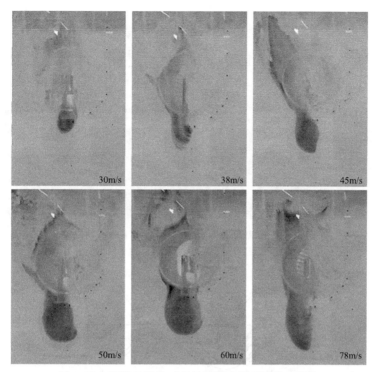

图 2.61　喷嘴角度为 0°时的不同速度下的流动现象

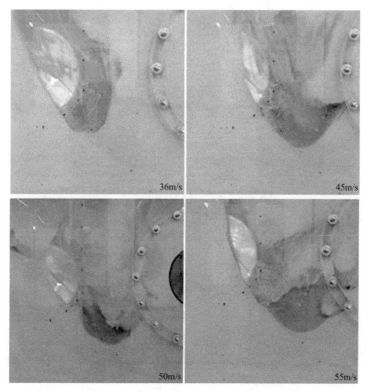

图 2.62

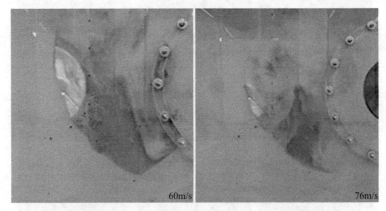

图 2.62 喷嘴角度为 45°时不同速度下的流动现象

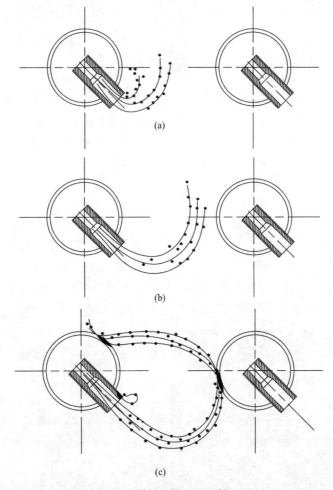

(a)

(b)

(c)

图 2.63 不同气速情况下的射流形态

（4）喷嘴气流的射流长度分析

由前述实验现象可以得到喷嘴角度为 0° 时的气流向下喷射的形状，如图 2.64 所示。当喷嘴角度为 0° 时，气流从喷嘴口向下喷出，将喷嘴口下方的颗粒吹空。随着射流逐渐扩散并与颗粒相摩擦，气流向下的速度逐渐减小，气体向下的动能也相应减小，当气体到达某一位置后，改变方向开始向上运动。气流流经分支管附近时，在分支管两侧会形成稀相区；然后气流继续向上运动，到达床层顶部后气泡破裂，将颗粒抛到稀相空间，之后回落入床层，如此循环下去。

不同喷嘴角度时，射流长度与流速的关系如表 2.8 所示。由表可得到不同喷嘴角度情况下，不同喷嘴出口气速与射流长度的关系图（图 2.65）。

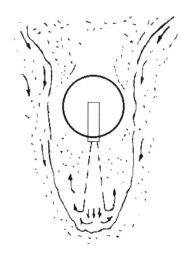

图 2.64　喷嘴气流向下喷射形状

表 2.8　不同喷嘴出口气速下的射流长度

0°		22.5°		45°		67.5°	
出口气速 u_{out}/(m/s)	射流长度 L/mm	出口气速 u_{out}/(m/s)	射流长度 L/mm	出口气速 u_{out}/(m/s)	射流长度 L/mm	出口气速 u_{out}/(m/s)	射流长度 L/mm
32.30	12	28.89	20	30.43	34	33.40	70
36.11	20	33.39	40	36.14	62	37.01	85
41.52	50	37.91	48	40.80	70	42.43	95
43.33	60	41.52	69	45.76	78	46.04	115
50.55	75	44.84	72	50.89	100	49.65	128
54.16	80	48.74	75	53.79	122	52.35	130
57.77	90	52.35	88	56.52	134	54.16	140
61.38	98	57.06	98	60.67	156	59.57	158
65.89	115	62.97	115	65.07	170	62.48	170
67.70	120	64.72	130	70.23	180	65.38	180
70.41	128	68.57	140	74.61	194	69.19	190
76.32	134	73.18	160	78.86	200	76.28	200

实验结果表明，随着喷嘴出口气速的增加，射流长度大体上呈线性增加。同一气速条件下，射流长度随喷嘴角度的增加而增加。这是因为喷嘴角度变大时，气流所受到的阻力更小，动能衰减变缓。

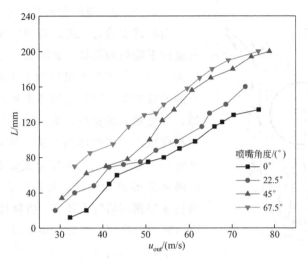

图 2.65　射流长度与喷嘴出口气速间的关系

2.2.2.4　气体分布器的磨损分析

　　分布器磨损是催化剂颗粒对分布器壁面造成的冲蚀磨损，与磨损发生的环境流场密切相关。下面从气固两相流的流场出发，分析分布器区域的气固两相流动特性，探讨造成树枝状气体分布器磨损的原因，对比数值模拟与实验结果并对分布器的磨损形式作初步分析。

　　当喷嘴角度为 45°、床层高度为 600mm 时，气流夹带着颗粒会冲刷相邻的分支管壁面，并在相邻分支管之间形成旋涡，喷嘴射流长度约为 160mm。从实验现象来看，分支管外壁磨损有两种形式，一种是喷嘴出口形成的涡流对分支管的外壁磨损；另一种是喷嘴直接冲击到对面的分支管造成的磨损。如图 2.66 所示，从数值模拟结果和实验结果中都可以看到，气流夹带着颗粒会冲刷相邻的分支管壁面，对分支管壁面造成冲击磨损。图 2.66 还给出了该分布器（如图 2.24）检修时发现的分布器分支管磨损照片，可以看到典型的射流直接冲刷形成的磨损现象。

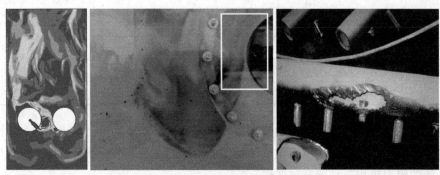

图 2.66　分支管的磨损示意图

图 2.67 为分支管内壁磨损和喷嘴对分支管外壁的冲击磨损示意图，可以看出，从喷嘴喷出的高速气流夹带的颗粒不仅对相邻分支管外壁进行冲击，还会返回，对自身分支管外壁造成冲击。

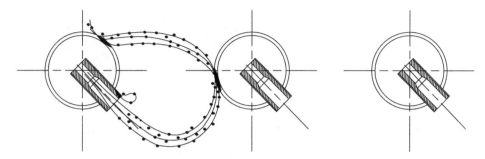

图 2.67　分支管内壁磨损和喷嘴对分支管外壁的冲击磨损示意图

针对以上分支管磨损的成因进行分析，可以提出两点防磨损措施：

① 增加相邻分支管之间的间距，例如可将分支管呈三角形布置，使得喷嘴射流无法冲击相邻的分支管，从而避免相邻分支管发生磨损，如图 2.68 所示；

② 维持喷嘴的安装角度为 $0°\sim30°$。

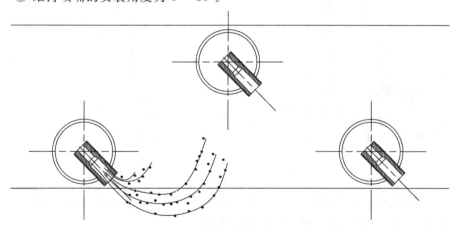

图 2.68　分支管外壁防磨损示意图

当喷嘴和分支管的匹配关系设计不合理时，不仅会对分支管外壁造成磨损，对喷嘴也会造成磨损。从喷嘴口流动现象可以看到，喷嘴出口处会形成旋涡，颗粒会对喷嘴口造成磨损，上升的气流夹带的颗粒也会对分支管壁面造成磨损，磨损示意图见图 2.69，与喷嘴口舐舐磨损和喷嘴外涡流磨损相对应。

喷嘴倒吸入催化剂颗粒是由喷嘴入口压力偏低造成的。如前文所述，分支管入口端存在比较显著的偏流现象，入口端迎风侧气速较大、压力较低，使背风侧存在明显的回流。当分支管入口端迎风侧设置喷嘴时，有可能造成喷嘴的入口压力低于喷嘴外部的压力，这时就会出现颗粒倒吸进入分支管的现象。吸入分支管的颗粒随

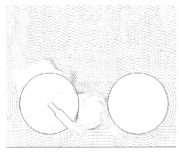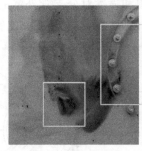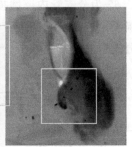

图 2.69　喷嘴的磨损示意图

气流从下游喷嘴流出，并在下游喷嘴出口处造成磨损，如图 2.70 所示。同时，也可能对喷嘴侧壁或分支管侧壁造成磨损，如图 2.71 所示。

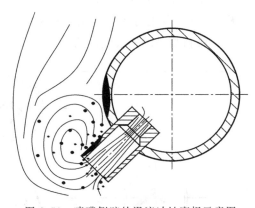

图 2.70　喷嘴出口的涡流冲蚀磨损示意图　　　图 2.71　喷嘴侧壁的涡流冲蚀磨损示意图

　　分布器冲蚀磨损是多种因素共同作用的结果，从得到的分布器冲蚀部位、磨损严重程度分析，可对分布器磨损原因总结如下：

　　① 从分布器的设计参数角度来看，如果喷嘴的布置不适当，来自喷嘴的高速气流会直接冲向分支管，造成分支管冲蚀损坏；分布器布孔不合理、过孔和过缝速度设计不当、主风机运行不正常以及开停工等都会导致催化剂倒流入分布器内，对分布器壁面造成严重的冲蚀磨损。

　　② 从流场角度来看，来自主管的气体是高温高压的。当高温高压气体以高速进入支管时，进入支管中的气体的压力还未均匀分布，支管后部的喷嘴就将气体全部喷出，靠近支管入口处的喷嘴存在低压区，夹带催化剂的气流会在负压差的作用下被卷吸进入分支管。催化剂在气流的作用下，沿着分支管流动，最终从其他喷嘴中喷出。在此过程中，高速运动的催化剂会对分布器的内表面和喷嘴的内表面造成

内冲蚀磨损。

③ 负压导致催化剂被吸入管内并随气流从喷嘴喷出。由于树枝状分布器喷嘴斜向下，气体以反弹形式向上，有可能在喷嘴出口处或喷嘴根部形成涡流，造成分布器的外部冲蚀磨损。

参考文献

[1] 卢春喜,王祝安. 催化裂化流态化技术[M]. 北京:中国石化出版社,2002:64-99.

[2] 杨光福,孙文勇. 重油催化裂化装置再生器主风分布器的磨损及其危害分析[J]. 安全,2010(10):11-14.

[3] KENNETH E P,QUASIM H A,AHMED H,et al. Gas distribution in shallow packed beds[J]. Industrial & Engineering Chemistry Research,1993,32(10):2408-2417.

[4] MÉNDEZ C,IRUSTA R,CASTRO F,et al. Study of the gas velocity field generated by a multi-tuyere fluidization gas distributor in the absence of particles[J]. Powder Technology,1998,98(1):54-60.

[5] RUMEN D,CHAVDAR D. Gas flow distribution in packed column[J]. Chemical Engineering and Processing,2002,41(5):385-393.

[6] 李旭光. 双列叶片式气体分布器的性能研究[D]. 天津:天津大学,2007.

[7] 牛虎,马训强,邢召良,等. 浅谈流化床干燥器布风板的设计[J]. 化工设计,2002(6):5-13.

[8] 化学工程手册编辑委员会. 化学工程手册[M]. 北京:化学工业出版社,1987:12.

[9] 许凯. 沉浸管式流化床的多相流模拟与结构优化[D]. 青岛:青岛科技大学,2009.

[10] 韩莉. 液固流化床换热器分布装置及其分布性能研究[D]. 天津:河北工业大学,2007.

[11] 郝东刚. 苯胺流化床放大改进工业试验[D]. 北京:北京化工大学,2005.

[12] 陈俊. 流态化合成氮化硅的鼓泡床冷模试验与 CFD 模拟研究[D]. 南京:南京工业大学,2004.

[13] 巩国栋. 水平多管液固循环流化床颗粒分布性能的实验研究[D]. 天津:河北工业大学,2004.

[14] 江浩. 新型流化床用于电解铝烟气净化的研究[D]. 武汉:华中科技大学,2008.

[15] 石油工业部第二炼油设计研究院. 催化裂化工艺设计[M]. 北京:石油工业出版社,1983:92-196.

[16] 李淑培. 石油加工工艺学(中册)[M]. 北京:中国石化出版社,2009:91-93.

[17] 林世雄. 石油炼制工程(下册)[M]. 北京:中国石化出版社,2000:75-79.

[18] 陈俊武. 催化裂化工艺与工程[M]. 北京:中国石化出版社,2005.

[19] 金涌,夏光. 流化床管式分布器的研究[J]. 化工冶金,1982(3):61-66.

[20] MERRY J M D. Penetration of a horizontal gas jet into a fluidized bed[J]. Trans. Instn Chem Engrs,1971,49:189.

[21] YANG W C,KEAIRNS D L. Estimating the jet penetration depth of multiple vertical grid jets[J]. Industrial & Engineering Chemistry Fundamentals,1979,18(4):2672-2676.

[22] 卢世忠,曹清浩,卢忠海. 催化裂化装置主风分布管磨损原因及改进措施[J]. 炼油与化工,1999:42-43.

[23] 赵喜滋. 南催化裂化装置主风分布管改造[M]. 中国流化催化裂化 30 年. 中国石化催化裂化协作组情报站,1995:249-252.

[24] 张韩. 流化催化裂化再生器主风分布管的设计改进[J]. 炼油设计,1998,28(5):20-21.

[25] 万古军,魏耀东,时铭显. 催化裂化再生器树枝状主风分布管磨损的气相流场分析[J]. 炼油技

术与工程,2006:21-24.

[26] 李晓曼,万古军,魏耀东. FCC 装置主风分布管喷嘴磨损的气相流场分析[J]. 炼油技术与工程,2006(6):13-16.

[27] 徐俊,秦新潮,李晓曼,等. 流化床管式分布器内流场模拟和布气性能分析[J]. 化工学报,2010,9:2280-2286.

[28] 江茂强,赵永志,郑津洋. 流化床内埋管磨损特性的数值模拟研究[J]. 过程工程学报,2009,S2:214-217.

[29] WIMAN J,MAHPOUR B,ALMSTEDT A E. Erosion of horizontal tubes in a pressurized fluidized bed-influence of pressure,fluidization velocity and tube bank geometry. Chemical Engineering,1995,50(21):3345-3356.

[30] HE Y R,ZHAN W B,ZHAO Y H,et al. Prediction on immersed tubes erosion using two-fluid model in a bubbling fluidized bed[J]. Chemical Engineering Science,2009,64:3072-3082.

[31] 赵云华,何玉荣,陆慧林,等. 流化床内沉浸管磨损特性的理论预测[J]. 中国电机工程学报,2007,2:6-10.

[32] GUSTAVSSON M,ALMSTEDT A E. Two-fluid modeling of cooling-tube erosion in a fluidized bed[J]. Chemical Engineering Science,2000,55(4):867-879.

[33] 杨连,严超宇,魏志刚,等. 催化裂化再生器树枝状气体分布器的气相流场 CFD 模拟[J]. 石油炼制与化工,2016,47(12):64-69.

[34] 杨连. 催化裂化再生器气体分布器流场特性的数值模拟与实验研究[D]. 北京:中国石油大学,2017

[35] 张成芳,朱子彬,徐懋生,等. 多孔管分布器流体均布的设计[J]. 石油炼制与化工,1980(10):19-30.

[36] SINCLAIR J L. JACKSON R. Gas-particle flow in a vertical pipe with particle-particle interactions[J]. Aiche Journal,1989,35(9):1473-1486.

[37] SINCLAIR J L. Multiphase flow and fluidization:Continuum and kinetic theory descriptions[J]. Powder Technology,1995,83(3):207-208.

[38] 曹斌. 大差异多元颗粒气固流化床流动规律的研究[D]. 北京:中国石油大学,2006.

第 **3** 章

工业流化床反应器流动问题的剖析

气固流化床工程放大的过程中往往伴随着流化质量的变差,气体分布器只是其中的一个重要影响因素。装置大型化后颗粒的循环量会急剧增加,颗粒进入流化床的分配方式以及引出流化床的位置都对床层的流化质量产生显著的影响;对于热量过剩的流化床反应器,还涉及从床中引出部分颗粒取热,然后再返回床中的问题,这同样会对流化质量产生影响。这些影响有的会促进床层流化质量的改善,有的则对床层的流化产生不利影响,最终的流化质量是这些影响相互博弈的结果。

在气固流化床反应器的开发过程中,有时需要逐一解决这些问题,有时则不然,根据工艺条件和流化床尺寸的不同,只有一部分问题会成为主要矛盾,剩下的问题则是次要矛盾,甚至变得无关紧要。但无论如何,在对气固流化床进行工程放大时,决不能仅仅聚焦于气体分布器,而是要综合权衡各方面的因素或影响。本章以某石化厂 1.6 Mt/a 重油催化裂化再生器为例,综合分析气体分布器、催化剂抽出口位置、待生裂化催化剂分配器(简称待生剂分配器)、外取热催化剂返回床层分配器对床层流化质量的影响。

3.1 装置介绍

某石化厂 1.6Mt/a 重油催化裂化再生器密相直径 ϕ8550mm(衬后),高度 8000mm(不含底部封头),稀相直径 ϕ11550mm(衬后),高度 15000mm。密相上部设置有待生剂分配器，中部设置有 2 个外取热分配器，底部采用 2 个对称布置的主风分布器，进入两分布器的主风量未单独调节，如图 3.1 所示。再生器主风风量为 2573m³/min，再生器顶压为 270kPa(G)，操作温度为 690℃，催化剂循环量为 1400t/h，两台外取热器的催化剂循环量均为 415t/h。目前，再生器密相床层周向密度差达到 100~200kg/m³，稀相温差达到 40~50℃；北侧主风分布器压降为 11.7kPa，供气量为 1396m³/min；南侧分布器压降为 8.70kPa，供气量为 1203.55m³/min。从这些操作数据来看，再生器中存在明显的偏流现象。典型的操作条件如表 3.1 所示。

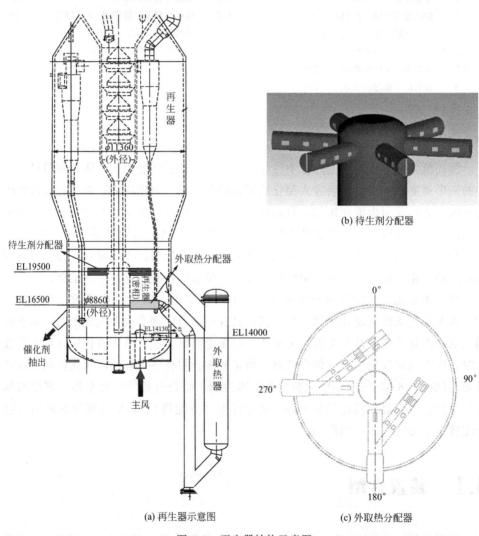

(b) 待生剂分配器

(a) 再生器示意图

(c) 外取热分配器

图 3.1　再生器结构示意图

表 3.1　装置主要操作条件

项目	参数
再生器密相总藏量/t	155
主风总管流量/(m³/min)	2572.99
待生剂分配器催化剂循环量/(t/h)	1400
老外取热催化剂循环量/(t/h)	415
新外取热催化剂循环量/(t/h)	415
密相上部床层密度(北侧)/(kg/m³)	377.21
密相上部床层密度(南侧)/(kg/m³)	293.46
密相中部床层密度(北侧)/(kg/m³)	379.13
密相中部床层密度(南侧)/(kg/m³)	495.28
密相下部床层密度(北侧)/(kg/m³)	416.1
密相下部床层密度(南侧)/(kg/m³)	469.75
主风入再生器前温度/℃	202.48
主风入再生器前压力(表压)/MPa	0.37
主风分布器压降(北侧)/kPa	11.71
主风分布器压降(南侧)/kPa	8.70

　　如图 3.2 所示，主风分布器由主管、支管、分支管以及喷嘴四部分组成。风机将气体送入主管，然后进入支管，再由支管流向分支管，最后从分支管上的喷嘴喷

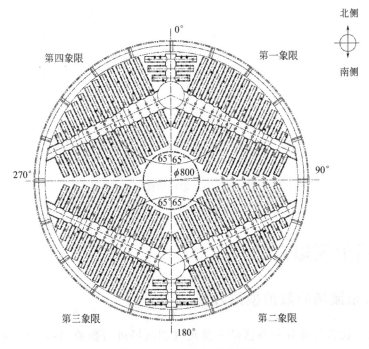

图 3.2　主风分布器布置图

出。分布装置由南北两台分布器组成，南北两侧为对称结构。其中主管直径
ϕ800mm，东西两根支管为变径管，由 ϕ550mm 变径到 ϕ301mm；南北侧支管为
ϕ301mm；主管侧面还布有两根相同的支撑管（ϕ203mm）。每根支管上两侧分别
分布了 12 根或 13 根同径的 ϕ143mm 分支管，相邻两分支管中心线间距为
300mm。如图 3.3 所示，各个分支管上间隔 90mm 均布喷嘴。喷嘴小径 ϕ22mm，
大径 ϕ30mm，斜向下 45°交替分布，为双径插入式结构，如图 3.4 所示；整个分布
器的喷嘴总数为 900 个。喷嘴均匀布置，布置密度为 16.47 个/m²，开孔面积为
0.342m²，分布器开孔率为 0.626%。

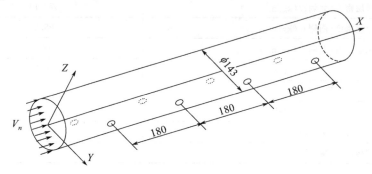

图 3.3　分支管示意图

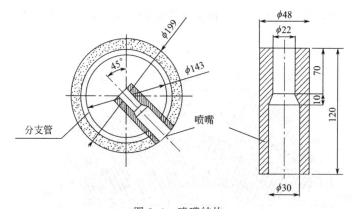

图 3.4　喷嘴结构

3.2　数值模拟方法

3.2.1　气相流场的数值模拟方法

　　首先对树枝状气体分布器区的三维纯气相流场进行数值模拟，模拟采用标准
k-ε 湍流模型。模型的控制方程组包括以下几部分：

质量守恒方程：

$$\frac{\partial \rho}{\partial t} + \frac{\partial}{\partial x_i}(\rho \boldsymbol{u}_i) = 0 \tag{3.1}$$

动量守恒方程：

$$\frac{\partial}{\partial t}(\rho \boldsymbol{u}_i) + \frac{\partial}{\partial x_j}(\rho \boldsymbol{u}_i \boldsymbol{u}_j) = -\frac{\partial p}{\partial x_i} + \frac{\partial}{\partial x_j}\left[\mu\left(\frac{\partial \boldsymbol{u}_i}{\partial x_j} + \frac{\partial \boldsymbol{u}_j}{\partial x_i} - \frac{2}{3}\delta_{ij}\frac{\partial \boldsymbol{u}_i}{\partial x_i}\right)\right] \tag{3.2}$$

湍动能 k 方程：

$$\frac{\partial(\rho k)}{\partial t} + \frac{\partial(\rho k \boldsymbol{u}_i)}{\partial x_i} = \frac{\partial}{\partial x_j}\left[\alpha_k \mu_{\text{eff}}\frac{\partial k}{\partial x_j}\right] + \boldsymbol{G}_k - \rho \varepsilon \tag{3.3}$$

湍动耗散率 ε 方程：

$$\frac{\partial(\rho \varepsilon)}{\partial t} + \frac{\partial(\rho \varepsilon \boldsymbol{u}_i)}{\partial x_i} = \frac{\partial}{\partial x_j}\left[\alpha_\varepsilon \mu_{\text{eff}}\frac{\partial \varepsilon}{\partial x_j}\right] + \frac{C_{1\varepsilon}^* \varepsilon}{k}\boldsymbol{G}_k - C_{2\varepsilon}\rho \frac{\varepsilon^2}{k} \tag{3.4}$$

其中：

$$\boldsymbol{G}_k = \mu_t\left\{2\left[\left(\frac{\partial \boldsymbol{u}}{\partial x}\right)^2 + \left(\frac{\partial \boldsymbol{v}}{\partial y}\right)^2 + \left(\frac{\partial \boldsymbol{w}}{\partial z}\right)^2\right] + \left(\frac{\partial \boldsymbol{u}}{\partial y} + \frac{\partial \boldsymbol{v}}{\partial x}\right)^2 + \left(\frac{\partial \boldsymbol{u}}{\partial z} + \frac{\partial \boldsymbol{w}}{\partial x}\right)^2 + \left(\frac{\partial \boldsymbol{v}}{\partial z} + \frac{\partial \boldsymbol{w}}{\partial y}\right)^2\right\};$$

$$\mu_{\text{eff}} = \mu + \mu_t; \mu_t = \rho C_\mu \frac{k^2}{\varepsilon};$$

$$C_\mu = 0.0845; \alpha_k = \alpha_\varepsilon = 1.39;$$

$$C_{1\varepsilon}^* = C_{1\varepsilon} - \frac{\eta(1 - \eta/\eta_0)}{1 + \beta\eta^3};$$

$$C_{1\varepsilon} = 1.42; C_{2\varepsilon} = 1.68;$$

$$\eta = (2\boldsymbol{E}_{ij}\boldsymbol{E}_{ij})^{\frac{1}{2}}\frac{k}{\varepsilon};$$

$$\boldsymbol{E}_{ij} = \frac{1}{2}\left(\frac{\partial \boldsymbol{u}_i}{\partial x_j} + \frac{\partial \boldsymbol{u}_j}{\partial x_i}\right);$$

$$\eta_0 = 4.377; \beta = 0.012$$

由于主风分布器结构为南北对称，选择树枝状气体分布器的二分之一作为数值模拟的模拟对象。如图 3.5 所示，有效喷嘴的总数目为 453 个，网格单元数为 3.8×10^6。由于结构复杂且网格数较多，计算时容易不收敛，所以采用非结构化网格，并对网格局部加密，总共试算了 8 种网格尺寸，网格数分别为 8.5×10^6、7.2×10^6、5.0×10^6、4.2×10^6、3.8×10^6、2.9×10^6、1.6×10^6、4×10^5。网格数越小，计算时越容易发散，网格数越大，相对收敛性越好。但网格数过多会占用大量计算资源，且计算速度慢，不利于多次模拟计算。通过多次对比，发现选取 3.8×10^6 网格作为计算样本，模拟计算的收敛性良好且运算速度较快。

经车间确认，计算参数取自 2020 年 3 月 9 日的现场记录数据，再生器压力为 370kPa，北面分布器的平均压降为 11.71kPa，南面分布器的平均压降为 8.70kPa。

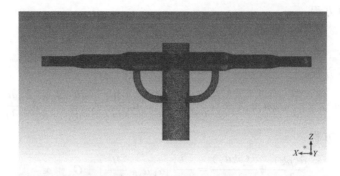

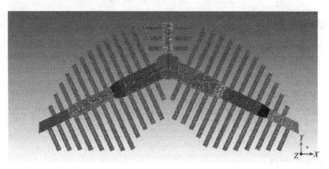

图 3.5　几何模型及网格划分

空气入口速率 Q_N 为 2572.99m³/min，温度 202.48℃，主风管压力 370kPa。

工作状态下的流量与标准状态下的流量换算公式为：

$$Q_f = Q_N \frac{1\mathrm{atm}}{1\mathrm{atm}+P_f} \frac{273.15\mathrm{K}+T_f}{273.15\mathrm{K}} \tag{3.5}$$

其中，Q_f 为工作状态下的流量，m³/min；Q_N 为标准状态下的流量，m³/min；P_f 为工作状态下的压力，atm（1atm＝101.325Pa）；T_f 为工作状态下的温度，℃。通过插值计算，得出在 202.48℃、370kPa 下，空气密度 ρ_g 为 2.74kg/m³。经过换算，该工作状态下的主管内主风量 Q_f 为 963.17m³/min。

主管入口设置为压力入口边界，采用均匀进气方式。喷嘴出口设置为压力出口边界。选择标准 κ-ε 湍流模型，壁面采用无滑移条件，标准壁面函数。收敛条件为各变量残差小于 10^{-7} 时收敛。模拟计算了 6 种粗糙度，发现在压降不变的情况下，粗糙度过小时，模拟流量会大于实际流量；粗糙度过大时，模拟流量会小于实际流量。表 3.2 为不同粗糙度下的模拟流量。

表 3.2　不同粗糙度下的模拟流量

粗糙度/mm	0.15	0.75	2.55	12.55	18.55	20.55
流量/(m³/min)	1365	1208	1124	997	963	955

模拟计算时长为 9.0s 时计算收敛。壁面粗糙度为 0.01855m，粗糙度常数为 0.5。结果显示分布器进出口质量流量守恒，分布器北面进、出口平均速度分别为 17.14m/s、26.9m/s，分布器南面进、出口平均速度分别为 14.77m/s、23.19m/s，总流量为 963m³/min，与现场的操作数据相符。

3.2.2　气固两相流场的数值模型

再生器内的气固两相流动属于典型的湍流床流动，颗粒浓度较大，考虑到模拟精度和计算量，宜选用欧拉双流体模型进行研究。

欧拉双流体模型主要控制方程如下：

气固相连续性方程：

$$\frac{\partial}{\partial t}(\varepsilon_g \rho_g) + \nabla(\varepsilon_g \rho_g \boldsymbol{u}_g) = 0 \tag{3.6}$$

$$\frac{\partial}{\partial t}(\varepsilon_s \rho_s) + \nabla(\varepsilon_s \rho_s \boldsymbol{u}_s) = 0 \tag{3.7}$$

气固相动量守恒方程：

$$\frac{\partial}{\partial t}(\varepsilon_g \rho_g \boldsymbol{u}_g) + \nabla(\varepsilon_g \rho_g \boldsymbol{u}_g \boldsymbol{u}_g) = -\varepsilon_g \nabla p + \nabla \boldsymbol{\tau}_g + \varepsilon_g \rho_g \boldsymbol{g} - \beta(\boldsymbol{u}_g - \boldsymbol{u}_s) \tag{3.8}$$

$$\frac{\partial}{\partial t}(\varepsilon_s \rho_s \boldsymbol{u}_s) + \nabla(\varepsilon_s \rho_s \boldsymbol{u}_s \boldsymbol{u}_s) = -\varepsilon_s \nabla p - \nabla p_s + \nabla \boldsymbol{\tau}_s + \varepsilon_s \rho_s \boldsymbol{g} - \beta(\boldsymbol{u}_g - \boldsymbol{u}_s) \tag{3.9}$$

颗粒温度方程：

$$\frac{3}{2}\left[\frac{\partial}{\partial t}(\varepsilon_s \rho_s \Theta_s) + \nabla(\varepsilon_s \rho_s \Theta_s \boldsymbol{u}_s)\right] = (-p_s \boldsymbol{I} + \boldsymbol{\tau}_s) : \nabla \boldsymbol{u}_s + \nabla(\kappa_s \nabla \Theta_s) - \gamma_s - 3\beta\Theta_s \tag{3.10}$$

气固相应力：

$$\boldsymbol{\tau}_g = \varepsilon_g \mu_g \left[\nabla \boldsymbol{u}_g + (\nabla \boldsymbol{u}_g)^T\right] - \frac{2}{3}\varepsilon_g \mu_g (\nabla \boldsymbol{u}_g) \boldsymbol{I} \tag{3.11}$$

$$\boldsymbol{\tau}_s = \varepsilon_s \mu_s \left[\nabla \boldsymbol{u}_g + (\nabla \boldsymbol{u}_s)^T\right] + \varepsilon_s \left(\lambda_s - \frac{2}{3}\mu_s\right)(\nabla \boldsymbol{u}_k) \boldsymbol{I} \tag{3.12}$$

固相压力：

$$p_s = \varepsilon_s \rho_s \Theta_s \left[1 + 2(1 + e_s)\varepsilon_s g_0\right] \tag{3.13}$$

固相颗粒黏度：

$$\mu_s = \mu_{s,col} + \mu_{s,kin} + \mu_{s,fr} \tag{3.14}$$

其中

$$\mu_{s,col} = \frac{4}{5}\varepsilon_s\rho_s d_p g_0(1+e_s)\sqrt{\Theta_s/\pi} \tag{3.15}$$

$$\mu_{s,col} = \frac{10\rho_s d_p\sqrt{\Theta_s/\pi}}{96(1+e_s)g_0}\left[1+\frac{4}{5}g_0\varepsilon_s(1+e_s)\right]^2 \tag{3.16}$$

$$\mu_{s,fr} = \frac{p_s\sin\phi}{2\sqrt{I_{2D}}} \tag{3.17}$$

固相体积黏度：

$$\lambda_s = \frac{4}{3}\varepsilon_s\rho_s d_p g_0(1+e_s)\sqrt{\Theta_s/\pi} \tag{3.18}$$

径向分布函数：

$$g_0 = \left[1-(\varepsilon_s/\varepsilon_{s,max})^{1/3}\right]^{-1} \tag{3.19}$$

脉动传导率：

$$\kappa_s = \frac{150\rho_s d_p\sqrt{\Theta_s/\pi}}{384(1+e_s)g_0}\left[1+\frac{6}{5}g_0\varepsilon_s(1+e_s)\right]^2 + 2\rho_s\varepsilon_s^2 d_p(1+e_s)g_0\sqrt{\Theta_s/\pi} \tag{3.20}$$

碰撞耗散能：

$$\gamma_s = \frac{12(1-e_s^2)\varepsilon_s^2\rho_s g_0\Theta_s^{3/2}}{d_p\sqrt{\pi}} \tag{3.21}$$

流化床中气固两相之间的相互作用力包括：曳力、虚拟质量力、Basset 力、Saffman 升力、Magnus 升力等。在双流体模拟中，一般认为曳力对气固两相的流动行为影响最大，曳力模型的选择是数值模拟准确的关键。

催化裂化催化剂是典型的 A 类颗粒，A 类颗粒流化床的模拟面临的最大问题是传统曳力模型会过高估计气固两相的曳力，使预测的床层膨胀率高于实际床层膨胀率。主流观点认为该问题出现的主要原因是传统曳力模型仅考虑了颗粒之间的相互碰撞，而并未考虑颗粒之间的凝聚力。凝聚力会导致颗粒的团聚，使有效的颗粒尺寸变大，气固曳力变小，床层膨胀率降低。目前将颗粒团聚效应引入曳力模型最常用的方法之一是将有效团聚物直径替代原有单颗粒直径。曹斌等根据综合实验和模拟计算结果，按气含率将流动区域划分为四段，各段采用不同的曳力表达式并进行适当修正。

对 EL14000mm 到 EL30000mm 的密相部分和稀相部分进行建模，其中构件主要有待生剂套筒，待生剂分配器，旋风分离器料腿，新、老外取热器。采用 Fluent 前处理软件 ICEM 对模拟对象建立模型并划分网格，模型如图 3.6 所示。

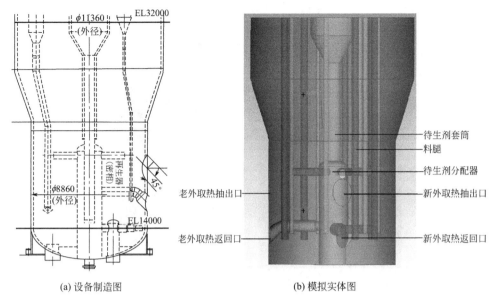

(a) 设备制造图	(b) 模拟实体图

图 3.6　再生器结构图

针对建立的模型，考虑的内构件较多，采用非结构网格对模型进行网格划分（图 3.7），网格数为 8170000 个。

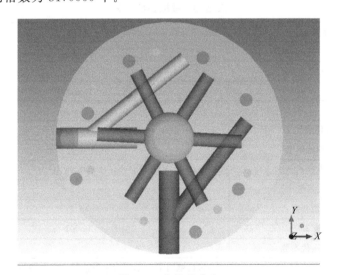

图 3.7　内构件分布

再生器中流动为气固两相流动，颗粒由待生剂分配器、旋风分离器料腿、外取热器返回分布器进入再生器；由外取热器催化剂抽出口、再生剂抽出口、顶部出口离开再生器。气体主要由再生器底部进入，顶部离开，同时在外取热抽出口上部有气体进入再生器（图 3.8）。

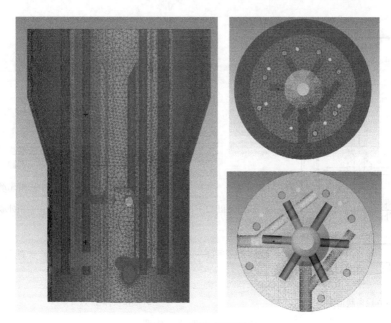

图 3.8　再生器网格

气固两相物性参数及其他模拟设置汇总于表 3.3 中。

表 3.3　模拟参数汇总

参数	数值
颗粒粒径 $d_p/\mu m$	79
颗粒密度 $\rho_p/(kg/m^3)$	1500
气体密度 $\rho_g/(kg/m^3)$	1.3732
气体黏度 $\mu_g/Pa \cdot s$	4.153×10^{-5}
再生器出口气体表压 P_o/kPa	265.325
气固两相流模型	欧拉-欧拉模型
恢复系数 e_s	0.9
镜面反射系数 φ	0.5
最大体积分数	0.6
时间步长 $\Delta t/s$	0.001
每步最大迭代次数	40
松弛因子	动量松弛因子 0.2,固含率松弛因子 0.4,颗粒温度松弛因子 0.2
收敛判据	10^{-3}
压力-速度耦合方法	压力耦合方程组的半隐式方法
梯度离散方法	基于单元体的最小二乘法插值
动量离散方法	二阶迎风格式
体积分数离散方法	二阶迎风插值格式
瞬态方程	一阶隐式格式

采用曹斌提出的曳力模型，模型具体表达式如下：

$$0 \leqslant \varepsilon_g \leqslant 0.8 \quad \beta = 150 \frac{\varepsilon_s(1-\varepsilon_g)\mu_g}{\varepsilon_g(d_p^*)^2} + 1.75 \frac{\rho_g \varepsilon_s |u_g - u_p|}{d_p^*} \tag{3.22}$$

$$0.80 < \varepsilon_g \leqslant 0.93 \quad \beta = \frac{3}{4} C_D \frac{\varepsilon_s \varepsilon_g \rho_g |u_g - u_p|}{10.8 d_p^*} \varepsilon_g^{-0.293} \tag{3.23}$$

$$0.93 < \varepsilon_g \leqslant 0.99 \quad \beta = \frac{3}{4} C_D \frac{\varepsilon_s \varepsilon_g \rho_g |u_p - u_g|}{d_p} \varepsilon_g^{-2.7} \tag{3.24}$$

$$0.99 < \varepsilon_g \leqslant 1.00 \quad \beta = \frac{3}{4} C_D \frac{\varepsilon_s \varepsilon_g}{d_p} \rho_g |u_g - u_p| \tag{3.25}$$

其中

$$C_D = \begin{cases} \dfrac{24}{Re_p}(1+0.15Re_p^{0.687}) & (Re_p \leqslant 1000) \\ 0.44 & (Re_p > 1000) \end{cases} \tag{3.26}$$

$$Re_p = \begin{cases} \dfrac{\varepsilon_g \rho_g d_p^* |u_g - u_p|}{\mu_g} & (\varepsilon_g \leqslant 0.93) \\ \dfrac{\varepsilon_g \rho_g d_p |u_g - u_p|}{\mu_g} & (\varepsilon_g > 0.93) \end{cases} \tag{3.27}$$

利用新的曳力模型，设置不同的有效聚团尺寸进行模拟，模拟结果如表 3.4。根据模拟结果，当有效聚团尺寸为 $200\mu m$ 时，床层密度与工业实测值比较符合，因此选用此曳力模型下，有效聚团尺寸为 $200\mu m$ 进行下面的模拟。

表 3.4　聚团尺寸试算结果

	模拟值				工业实测密度	
聚团尺寸/mm	250.00	225.00	200.00	190.00	密度	密度范围
稀相下部密度(DI1111)/(kg/m³)	2.13	1.31	1.75	0.00	6.72	4.84~7.32
密相上部床层密度(北侧)/(kg/m³)	270.68	281.22	300.88	346.29	377.21	304~438
密相上部床层密度(南侧)/(kg/m³)	264.07	282.79	293.75	328.26	293.46	230~352
密相中部床层密度(北侧)/(kg/m³)	477.42	484.40	437.80	416.14	379.13	320~460
密相中部床层密度(南侧)/(kg/m³)	486.18	456.73	437.45	445.80	495.28	405~500
密相下部床层密度(北侧)/(kg/m³)	484.87	502.26	448.93	405.48	416.1	382~463
密相下部床层密度(南侧)/(kg/m³)	536.49	490.97	434.38	454.42	469.75	390~469

3.3 待生剂分配器的影响

待生剂分配器结构如图 3.1 所示。待生剂分配器中心线标高为 EL19500，共有 6 根支管，内径为 ϕ460mm（衬后），每根支管有 7 个开槽，开孔总面积为 0.78m^2。为描述方便起见，以主风分布器支管中心线为界，将再生器横截面划分为内侧和外侧，正常操作中待生剂分配器在 4 个象限的催化剂分配情况见表 3.5 及图 3.9，总循环量为 1400t/h。

表 3.5　待生剂在不同象限的分配　　　　单位：t/h

项目	循环量				
	第一象限	第二象限	第三象限	第四象限	合计
外侧	33.33	33.33	33.33	33.33	133.33
内侧	300.00	333.33	300.00	333.33	1266.67
小计	333.33	366.67	333.33	366.67	1400.00

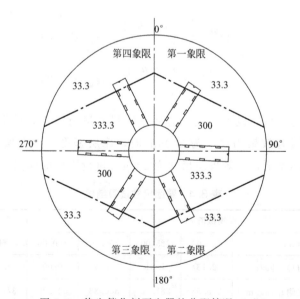

图 3.9　待生催化剂再生器的分配情况（t/h）

由表 3.5 可以看出每个象限外侧催化剂流入量均相等，占总量的 2.38%，整个截面所有外侧流入催化剂之和占总循环量的 9.52%。内侧空间的催化剂分配总量占到了 90.48%，是进入外侧的 9.5 倍，这大大加重了内侧空间流化的负荷。此外，分配到每个象限内侧的催化剂量并不完全一样，其中第二、四象限略多，第一、三象限略少，二者相差最多为 40t/h，总体而言影响并不大。

图 3.10 给出了待生剂分配器截面的固含率云图和静压云图，可以看出固含率相对较高的区域除了集中在套筒边壁附近外，主要出现在分配器两个支臂之间和支臂两侧。全截面的平均床层密度为 370.7kg/m³，第一象限密度相对较大，为 384.2kg/m³，第三象限密度较小，为 362.2kg/m³，象限间的密度差为 22kg/m³，属于可接受的范围。表 3.6 给出了不同循环量时的模拟结果。可以看出，待生剂循环量为 1200t/h 和 1600t/h 时象限间的密度差变化并不大，说明由待生剂分配器出来的颗粒主要是向下流动，水平移动的能力比较弱。前人研究表明，流化床中颗粒沿轴向的扩散系数是径向扩散系数的 10 倍以上，该截面的密度分布和前人研究结果是一致的。由催化剂速度矢量图可以看出催化剂由分配器支臂上的开孔流出，然后逐渐向远处扩散。

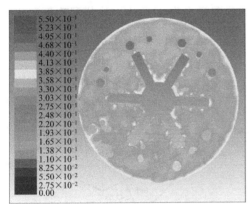

图 3.10　待生剂分配器截面的固含率云图和速度矢量图（$G_s = 1400$t/h）

表 3.6　EL19500 截面不同象限的密度值

待生剂循环量/(t/h)	项目	北侧		南侧		截面平均密度
		第一象限	第四象限	第二象限	第三象限	
$G_s = 1120$	$\rho_{某象限}$	377.75	369.20	365.11	363.73	368.95
	$\rho_{某象限} - \bar{\rho}$	8.80	0.25	−3.84	−5.22	—
$G_s = 1400$	$\rho_{某象限}$	384.21	371.35	365.10	362.18	370.71
	$\rho_{某象限} - \bar{\rho}$	13.50	0.64	−5.61	−8.53	—
$G_s = 1680$	$\rho_{某象限}$	389.33	378.03	368.47	363.02	374.71
	$\rho_{某象限} - \bar{\rho}$	14.62	3.32	−6.24	−11.69	—

3.4　外取热分配器的影响

如图 3.1 所示，再生器采用了 2 台外取热器，每台外取热器抽出和返回口的方位相同，分别为 180°（2 号外取热器）和 270°（1 号外取热器），循环量均为 415t/h。催化剂由上部的抽出口抽出，经外取热器取热后返回再生器，经外取热分配器分配到床层截面。外取热分配器位于 EL16500 高度，距离再生器抽出口较近（EL16000）。如图 3.11（a）所示，两台外取热器结构基本一致，主管和支管钢管内径均为 $\phi740mm$，内衬 20mm 衬里，主管上设有一个 $500mm \times 200mm$ 的开槽，支管上设有 10 个开槽。支管与主管都呈 38°角偏转，分别进入第二象限和第四象限。

外取热循环催化剂量对外取热分配器截面的密度分布有着显著的影响。如图 3.11（b）所示，1 号外取热器催化剂分配量为 415t/h，主要分配到了第四象限，共计 290.5t/h，约占总量的 70%；其次是第一象限（83t/h）和第三象限（41.5t/h）。其中，进入第四象限的催化剂分配到内侧的有 273.9t/h，约占第四象限流入催化剂总量的 94.3%。2 号外取热器催化剂分配量也为 415t/h，其分配比例和 1 号类

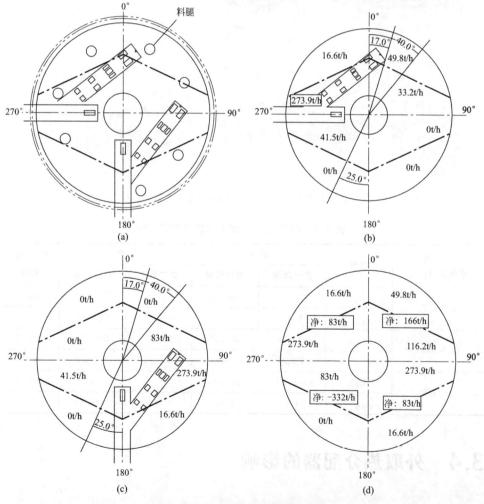

图 3.11　外取热循环催化剂分配图

似。如图 3.11(c) 所示，约 70％的催化剂分配到了第二象限，进入第二象限的催化剂约有 94.3％进入内侧。因此，截面上催化剂分配量极不均匀，造成第二、四象限尤其是象限内侧空间流化困难。

综合考虑 1 号、2 号外取热器催化剂的抽出和分配，四个象限催化剂的分配如图 3.11(d) 和表 3.7：

表 3.7　外取热循环催化剂在再生器不同象限的分配　　　　　单位：t/h

项目	第一象限	第二象限	第三象限	第四象限	合计
外侧	49.8	16.6	0	16.6	83
内侧	116.2	273.9	83	273.9	747
抽出	0	−207.5	−415	−207.5	−830
净分配	166	83	−332	83	0

总体来看，第一象限净流入催化剂 166t/h，居于首位，其次为第二象限和第四象限，第三象限净抽出高达 332t/h。也就是说第三象限上面抽出得多、下面补充得少，缺口达到了 332t/h，这必然引起第三象限料位偏低、分布器背压偏低等一系列问题。

分配到四个象限内侧的催化剂总量高达 747t/h，而分配到外侧的催化剂只有 83t/h，共有 90％的循环催化剂分配到了内侧。再生催化剂的抽出口是位于外侧器壁处（17°）的，这必然引起显著的由内侧至外侧的水平方向上的催化剂流动。由流态化工程知识可知，催化剂沿水平方向流动的能力很弱，只有其在垂直方向上流动能力的 10％左右。这种水平方向流动能力的欠缺，必然引起流化的不均匀。此外，即便是在内侧，四个象限的分配量也是相差极为悬殊的，总共 66％的催化剂分配在了第二、四象限的内侧，这必然导致第二、四象限内侧床层密度增大。

图 3.12 给出了外取热分配器截面上床层固含率分布云图和催化剂速度矢量图。可以看出密度较高的区域主要集中在套筒边壁附近和分配器主管附近。全截面的平均床层密度为 410.3kg/m^3；第三象限密度最大，为 431.4kg/m^3；第一象限密度最小，为 390.9kg/m^3；第二、四象限密度较接近截面平均值。象限间的密度差最大达到 40.5kg/m^3，而且北侧床层密度小于南侧密度。这表明已经开始出现明显的偏流现象。

外取热分配器截面的床层密度同时受到主风分布器布气效果、待生剂分配、外取热循环催化剂分配和再生剂抽出口的多重影响。如前所述，约有 53.7％的气体进入北侧（第一、四象限），46.3％的气体进入南侧（第二、三象限），北侧床层流化效果更好，床层密度明显低于南侧。但是，这一主风量的差别尚不足以在象限间造成如此大的密度差。外取热循环催化剂主要分布在第二、四象限，造成第二、四

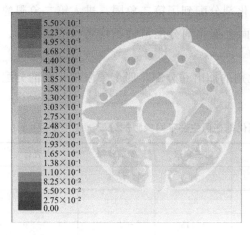

图 3.12　外取热分配器截面的固含率云图和速度矢量图（$G_s = 1400\text{t/h}$）

象限的床层密度进一步增加；此外，再生剂抽出口位于第一象限，其中心距离外取热分配器截面仅 500mm，而第三象限距离第一象限最远，催化剂流出再生器阻力最大，这在一定程度上增加了第三象限的床层密度。最终表现为第二、三、四象限的密度大于第一象限。

不同热负荷时截面上的密度如表 3.8 所示。可以看到当外取热催化剂循环量为 310t/h、415t/h、625t/h 时，各象限间密度差分别为 36.28kg/m^3、41.35kg/m^3、53.2kg/m^3，说明偏流现象随外取热器负荷的增加而逐渐加剧。

表 3.8　EL16500 截面密度分布　　　　　　　　单位：t/h

外取热催化剂循环量	项目	北侧		南侧		截面平均密度
		第一象限	第四象限	第二象限	第三象限	
$G_s = 310$	$\rho_{某象限}$	388.12	395.40	417.85	424.40	406.44
	$\rho_{某象限} - \overline{\rho}$	−18.32	−11.04	11.41	17.96	
$G_s = 415$	$\rho_{某象限}$	390.46	408.78	410.30	431.80	410.33
	$\rho_{某象限} - \overline{\rho}$	−19.88	−1.55	−0.04	21.47	
$G_s = 625$	$\rho_{某象限}$	384.13	396.03	411.81	437.32	407.32
	$\rho_{某象限} - \overline{\rho}$	−23.20	−11.30	4.49	30.00	

综上所述，外取热分配器截面的密度分布总体呈现出内侧密度大于外侧密度、第三象限密度最大、第一象限密度最小的特点，其原因在于：

① 待生剂分配器将约 90% 的催化剂分配在内侧空间，这些颗粒向下运动，造成外取热分配器截面内侧密度大于外侧密度的趋势，该趋势随着待生剂循环量的增加而增加。模拟结果显示，当待生剂循环量为 1200t/h、1400t/h、1600t/h 时，各

象限间密度差分别为 $25.1kg/m^3$、$40.45kg/m^3$、$49.42kg/m^3$。

② 外取热循环催化剂由 $180°$ 和 $270°$ 两个方位抽出，取热后主要被分配到第二象限和第四象限的内侧，造成内侧和外侧床层密度的差异和象限间床层密度的差异，该差异随着外取热循环催化剂量的增加而增加。

③ 再生催化剂抽出口过于接近外取热分配器截面，且位于第一象限外侧壁上，导致远处床层（如第三象限）催化剂难以顺畅流出再生器，并引起大量催化剂水平流动，进一步影响了流化质量，造成了偏流。图 3.13 给出了再生剂抽出口截面的固含率云图和速度矢量图，可以清楚地看到催化剂颗粒的横向流动。

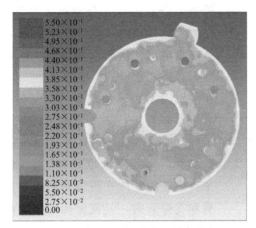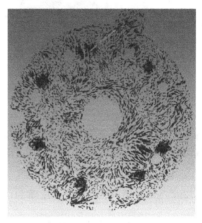

图 3.13　EL16000 截面的固含率云图和速度矢量图（$G_s=1400t/h$）

3.5　主风分布器的影响

表 3.9 为主风量为 $2573m^3/min$ 时南、北侧分布器的风量分配及喷嘴出口平均速度值。可以看出两台分布器的风量分配并不相同，其中北侧分布器风量均比南侧分布器的要多，约为南侧的 1.16 倍。两台分布器分布气体量的不同，必然造成北侧和南侧分布器的喷嘴出口平均速度不同，使分布器北侧和南侧上方区域的床层表观气速存在显著差异，进一步造成床层的流化不均匀，出现床层的偏流现象。

表 3.9　两种主风量工况下南、北侧分布器的风量分配及喷嘴出口平均速度

总风量 /(m^3/min)	工况下总风量/(m^3/min)	北侧分布器流量/(m^3/min)	北侧分布器喷嘴平均速度/(m/s)	压降/kPa	南侧分布器流量/(m^3/min)	南侧分布器喷嘴平均速度/(m/s)	均匀分布时喷嘴出口速度/(m/s)	压降/kPa
2573	1158.31	622.06	32.38	11.71	536.25	27.91	30.15	8.70
3000	1308.74	702.81	36.60	14.18	605.93	31.55	34.08	11.18

对于一个喷嘴均匀布置的分布器而言，如果上部床层四个象限内的料位不同、密度不同，则四个象限主风分布器出口背压不同，主风分布量就会不同。另一方面，主风分布量的差异反过来又会进一步强化上部床层的偏流。因此，一个优秀的分布器设计既要考虑主风分布器喷嘴的合理布置，又要考虑待生剂的分配、外取热循环催化剂的分配，甚至再生剂抽出口的位置。

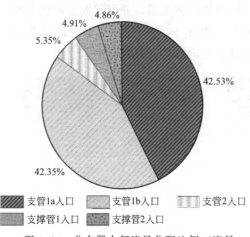

图 3.14 　分布器内部流量分配比例（流量 $2573\mathrm{m}^3/\mathrm{min}$，第一、四象限，压降 11.71kPa）

图 3.14 为主管向三个支管、两个支撑管分配风量的比例。以北侧分布器为例，根据其几何结构，气体从主管进入分布器后，分别进入支管 1a、支管 1b、支管 2、各分支管，最后从各喷嘴流出。从图中的统计结果可以看出，进入支管 1a、支管 1b 的气体流量分别占 42.35％ 和 42.54％ 左右，两者流量较接近；进入支撑管 1、支撑管 2 的气体流量分别占 4.9％ 和 4.86％，两者流量也较接近。因此，来自主管的气体在进入对称布置的支管和支撑管时，其流量能均匀分配到支管和支撑管内。可以认为从主管流出的气体能均匀分配到分布器内部。

以北侧分布器结构为分析对象，由于其在第一、二象限的两根支管均是三段变径，所以选取支管轴向上的多个截面统计气体流量，截面位置如图 3.15 所示，其中图中的数字表示截面编号。

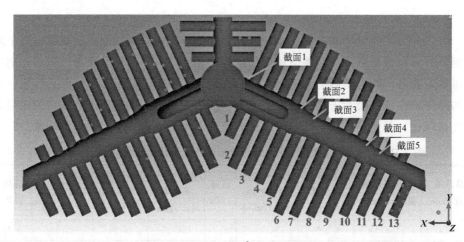

图 3.15　支管流场的分析截面（流量 $2573\mathrm{m}^3/\mathrm{min}$，第一、四象限，压降 11.71kPa）

图 3.16 为北侧分布器的左右两支管（1a、1b）内沿程流量分布。可以看出第一象限支管的气体流量由入口处的 4.7 m³/s 逐渐减小，支管尽头处仅有 0.6 m³/s，总体呈非线性减小。这是因为气体从支管大径端向小径端流动时，逐渐由连接在支管上的分支管排出，因此气体流量在支管内沿程逐渐减小。但是由于支撑弯管将一部分气体补充到支管的截面 2 上游（如图 3.15 所示），使截面 2 至截面 3 的气体流量降低幅度减小，这有利于气体在支管内部的分布。其次，由于支管直径不断变小，且位于第 6～9 号的较长分支管进气量较多，所以截面 3 到截面 4 的流量呈锐减趋势。第四象限支管的流量基本与第一象限支管呈对称分布，气体流量也沿轴向呈非线性减小。

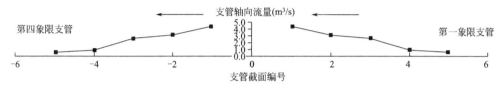

图 3.16　分布器左右两支管内沿程流量分布（流量 2573m³/min，第一、四象限，压降 11.71kPa）

图 3.17 为分布器 $z=0$m 截面上的流场速度云图。总体上气体速度沿支管长度方向逐渐减小，沿着分支管长度方向也是逐渐减小。可以看出气体在左右两个支管（支管 1a 和 1b）入口段的速度值均较大。高气速区域还出现在分支管入口。尽管分支管直径是一样的，但是进入每根分支管的流量却不一样。分支管越长、喷嘴越多，分支管内压力越低，进入分支管的气体流量也越大。因此，当气体经过第 6 根分支管（即象限中最长的分支管）时，气速突然增大，最靠近主管的 4 根短分支管反而流量很低。此外，分支管中气流存在明显的偏流，这是因为支管中气体速度达到了 15m/s 以上，在惯性的作用下，气体拐弯进入分支管时必然偏向迎风侧，这和第 2 章的研究结果是一致的。

图 3.18 给出了分布器内的压力分布。可以看出各个分支管内部的压力是不同的，越是长的分支管，管内压力越低，尤其是第 5、6 根分支管。这是因为长的分支管上布置的喷嘴也多，进入分支管的气体很快由喷嘴流出，不会在分支管内形成较高压力。

图 3.19 为北侧分布器各分支管内沿程流量分布。由图可以看出，气体在分支管内的沿程流量分布规律为：在分支管入口端流量较大，达到了 6～12m³/min，随着气体流向分支管末端（终止端），气体流量逐渐减小，接近于 0。分支管 4、5、49、50 为长分支管，其长度范围为 1330～1625mm，喷嘴数为 8～13 个，进入这些分支管的气体流量较大；而分支管 1、20、21 为短分支管，其长度范围为 327～617mm，喷嘴数为 1～4 个，进入这些分支管的气体流量较小。图 3.20 给出了分支管入口流量的对比，在距离支管终止端较近的分支管内的气体流量较小，这说明了流向支管终止端的气量偏少。

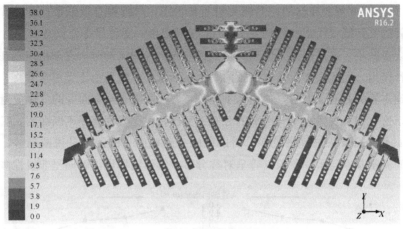

(a) 北侧分布器内的速度流场

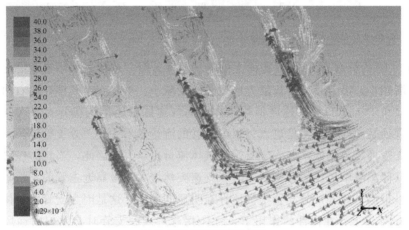

(b) 分支管入口处的速度矢量图

图 3.17　分布器内的速度分布云图（流量 2573m³/min，第一、四象限，压降 11.71kPa）

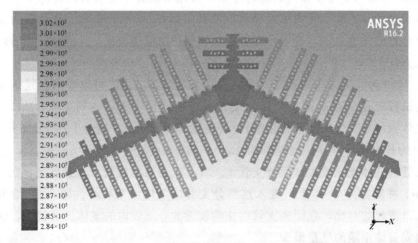

图 3.18　分布器内静压云图（流量 2573m³/min，第一、四象限，压降 11.71kPa）

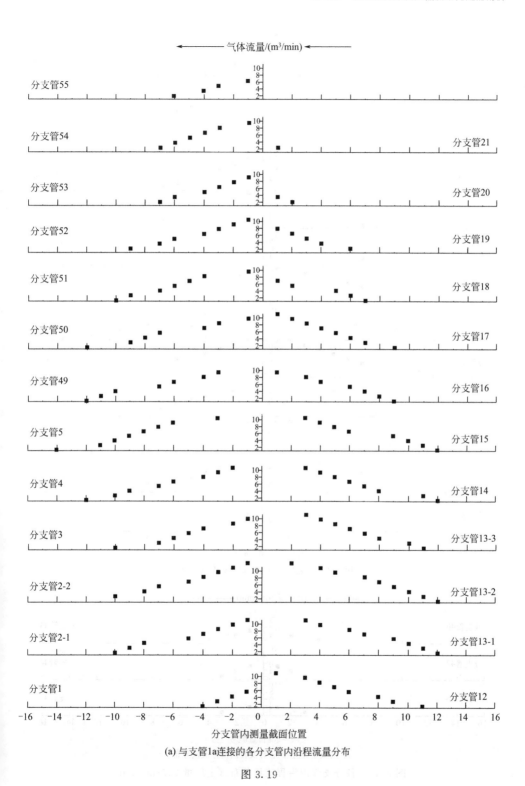

(a) 与支管1a连接的各分支管内沿程流量分布

图 3.19

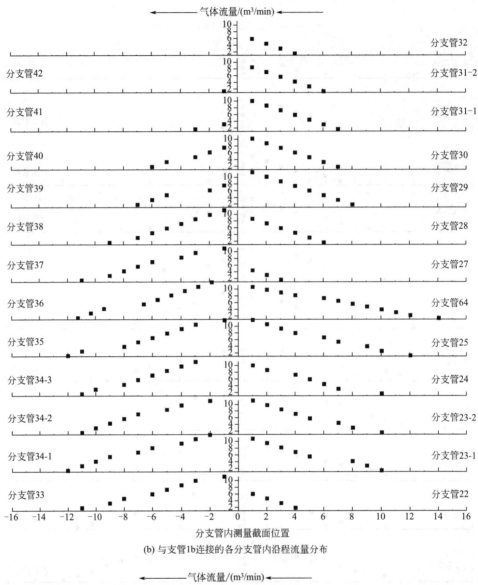

(b) 与支管1b连接的各分支管内沿程流量分布

(c) 与支管2连接的各分支管内沿程流量分布

图 3.19 各分支管内沿程流量分布（主风量 $2573m^3/min$，
北侧分布器第一象限，压降 11.71kPa 工况）

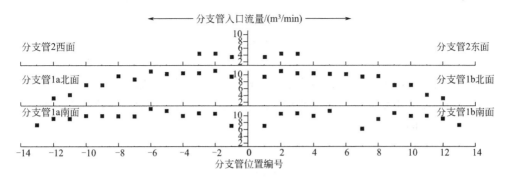

图 3.20　各分支管入口处流量（主风量 2573m³/min，
北侧分布器第一、四象限，压降 11.71kPa 工况）

图 3.21 为第一、四象限各分支管上喷嘴的出口气速分布。可以看出第一、四象限分支管上各个喷嘴的出口气速并不均匀，在 28～35m/s 之间变化。沿着气体流动方向，喷嘴出口气速缓慢增大，即在靠近分支管入口处的喷嘴的出口气速较低，在分支管封闭端（远端）附近喷嘴的出口气速偏大。而且分支管长度越长，布置在其上的各喷嘴的出口气速越不均匀。而支管 2 上各分支管上喷嘴的出口速度分布较为均匀，这与分支管的长度较短，分支管内沿程的气体量较均匀有关。图 3.21(d) 还给出了布置在左右两支管（1a、1b，第一、四象限）上的各喷嘴的出口气速分布。左右两支管上各个喷嘴的出口速度分布相对较均匀，但是位于支管最大段向次大段的过渡段上的喷嘴气速有所降低，进入次大段后，喷嘴出口气速值又逐渐恢复变大。这是因为支管最大段内的气量较大，当经过变径段时流通截面变小，气体速度突然增大，使得变径段内的压力减小，因此位于该变径段的喷嘴出口气量会降低，导致该位置的喷嘴出口气速减小。

图 3.22 给出了主风分布器的过缝速度分布。主风从分布器进入床层要经过两次分配，通过喷嘴是首次分配，由喷嘴流出后经支管、分支管之间的缝隙流出，形成了主风的二次分配。主风过缝的空间可以分为三部分：分支管之间的缝隙，南北侧分布器之间的缝隙（图中区域 1、2），以及分布器挡圈下部即分支管远端和再生器器壁间的空间（图中区域 3）。再生器有效横截面积为 54.63m²，其中分布器占据面积 32.01m²，总开缝面积为 22.62m²，占总面积的 41.4%，若所有开缝均匀布气的话，截面平均过缝速度为 1.5m/s，具体分布如下。

（1）分支管之间缝隙的过缝速度及流量

分支管间的缝隙总面积为 9.91m²，占总开缝面积的 43.8%。从图 3.21 可以看出越靠近支管入口，过缝速度越大，可以达到 4m/s 以上；越靠近支管尽头，过缝速度越小，在支管尽头倒数第 1 条或第 2 条缝，由于喷嘴数量很少，甚至存在一定的反窜，过缝速度为负值。总体而言，大部分过缝速度都在 3～4.4m/s 之间变化，平均过缝速度为 2.85m/s，通过分支管缝隙的气体总量为 1694.77m^3/min，占气体总量的 83.08%。换言之，有 16.92% 的气体是从支管、分支管和套筒、再生器壁之间的缝隙流出的。由于热态时钢构件都有一定的膨胀，所以支管、分支管封闭端和套筒、再生器壁之间都留有一定的缝隙。显然，目前的缝隙留得过大，造成了一定程度的窜气。

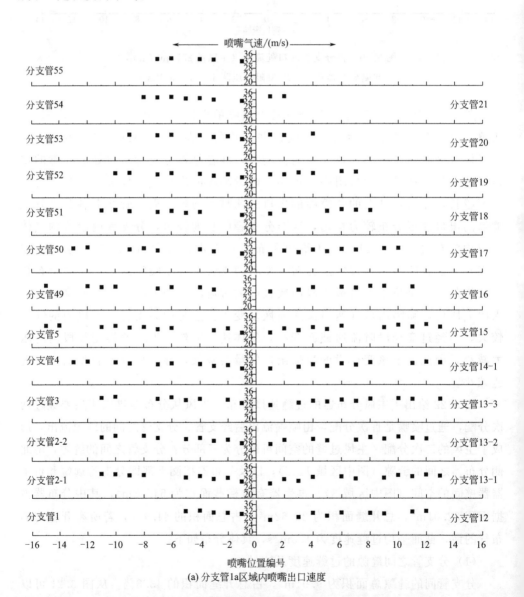

(a) 分支管 1a 区域内喷嘴出口速度

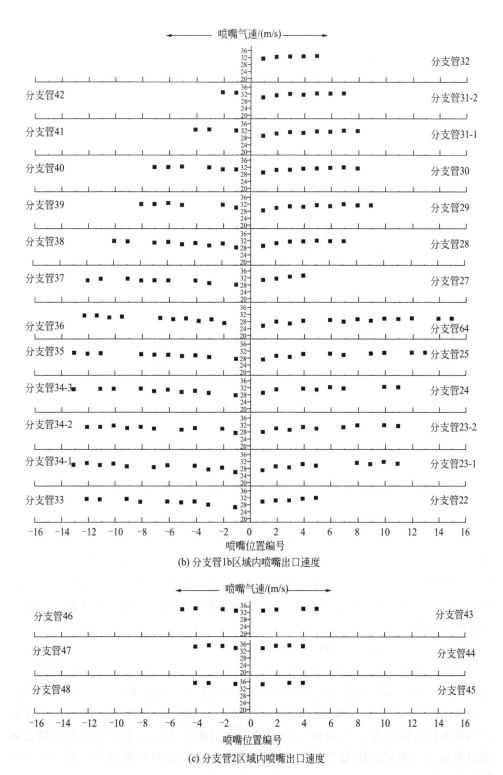

(b) 分支管1b区域内喷嘴出口速度

(c) 分支管2区域内喷嘴出口速度

图 3.21

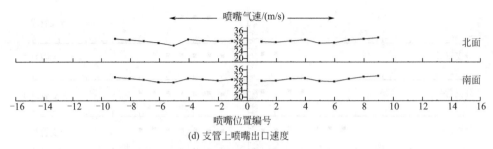

(d) 支管上喷嘴出口速度

图 3.21　北侧分布器喷嘴出口速度（第一、四象限，2573m^3/min，分布器压降 11.71kPa）

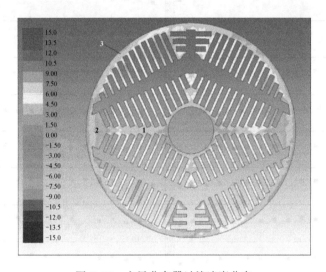

图 3.22　主风分布器过缝速度分布

（2）分布器挡圈下部的过缝速度及流量

分布器挡圈宽度 200mm，位于分布器中心线以上 250mm，支管、分支管和器壁之间缝隙的面积为 5.244m^2，占总开缝面积的 23.18%。模拟结果显示有部分气体经挡圈下部分支管与器壁间的缝隙流出，该区域表观气速为 0.474m/s，气体量为 149m^3/min，占总气量的 7.31%。说明分布器挡圈未起到应有的作用，造成了一定程度的窜气。

（3）支管、分支管之间的过缝速度及流量

支管、分支管之间的缝隙包括图 3.22 中的区域 1、2 以及部分不规则的空隙，如待生剂套筒周围的多齿状区域等。其中区域 1 的面积为 1.72m^2，区域 2 面积为 1.77m^2，其余区域的总面积为 3.98m^2，占总开缝面积的 33%。这部分区域流出的气体量为 195.98m^3/min，占总气量的 9.61%，其中南北分布器之间的缝隙通过气体量占比为 2.91%。说明两台分布器之间缝隙过大，造成了一定程度的窜气。

　　根据上文所述的主风分布器每个喷嘴的出口气速可以统计出主风在再生器床层截面上的分配情况。图3.23为气体分布器位置的床层区域划分示意图。将圆形床层截面划分为四个象限，每个象限又以南侧、北侧两台主风分布器的左右两支管（1a、1b）及支管2的中心线所在位置为分界线，将圆形床层截面的四个象限划分为内侧和外侧。表3.10为主风分布器每个象限区域喷嘴个数的统计。

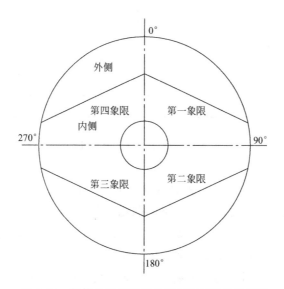

图3.23　气体分布器位置的床层区域划分示意图

表3.10　有效喷嘴数　　　　　　　　　　　　　　单位：个

床层区域	内侧	外侧
第一象限	111	114
第二象限	111	114
第三象限	112	113
第四象限	112	113
合计	446	454

　　表3.11为床层各象限内外侧区域的气体分布情况。从南、北两侧床层总体布气量或床层表观气速来看，南侧的布气量（或床层表观气速）比北侧要低，会造成床层周向的密度分布不均匀，南侧区域比北侧区域的密度要高，这和现场监测的数据是一致的。此外，每个象限床层的内侧区域的布风量均小于其外侧区域的布风量，但由于内侧区域面积为6.57m^2，外侧面积为7.09m^2，实际计算下来，各象限内侧床层的表观气速略大于外侧床层的表观气速。

表 3.11　床层各区域的主风分布情况（2573m³/min）

分布器	床层区域	喷嘴出口风量 /(m³/min)	工况下的实际风量 /(m³/min)	床层表观气速 /(m/s)
北侧分布器(压降 11.71kPa,风量 621.04m³/min)	第一象限内侧	151.625	314.20	0.797
	第一象限外侧	157.795	326.99	0.769
	第四象限内侧	153.865	318.85	0.809
	第四象限外侧	157.755	326.91	0.768
南侧分布器(压降 8.7kPa,风量 535.53m³/min)	第二象限内侧	131.17	271.82	0.690
	第二象限外侧	135.99	281.80	0.662
	第三象限内侧	132.46	274.49	0.696
	第三象限外侧	135.91	281.64	0.662

此外,气体通过喷嘴斜向下喷入床层(除支管上布置的斜向上喷嘴外),气体首先进入分布器以下的催化剂中,再折转向上并通过分支管之间的间隙进入催化剂床层中。由于南侧的风量低于北侧的风量,南侧分布器的过缝气速低于北侧分布器,南侧分布器的分支管之间缝隙漏下的催化剂也比北侧要多。因此,南侧分布器下部的颗粒温度会比北侧要高。根据厂家现场监测的数据来看,的确存在南侧分布器下部温度比北侧分布器下部温度要高的现象。

综上所述,来自主风机的总风量不能均匀分配到南、北侧的分布器内,是造成再生器床层内发生偏流的一个重要原因。

3.6　优化方案及性能预测

3.6.1　优化方案的确定

由前述分析可知,造成再生器流化质量变差、床层出现偏流的主要原因有三方面:① 待生催化剂和外取热循环催化剂在内侧和外侧空间以及各个象限的分配很不均匀;② 主风分布器结构存在问题,抗偏流能力差;③ 再生剂抽出口位置不合理,造成大量催化剂沿水平方向流动,导致流化质量变差。为改善床层的流化质量,未来的改造也应该从以上三方面入手,现分析如下。

(1) 待生剂分配器

将待生剂支管适当延长可以输送更多的催化剂进入外侧空间,但待生剂分配器每根分配管内气体流速为 1.3m/s,长度 1800mm,输送距离已经不短了。考虑到分配管内气速较低,又会从沿程开槽不断流出,最远端开槽处气体量已经很少了,进一步延长分配管很容易导致催化剂在分配管内失流化堆积,而分配管采用水平布置，堆积催化剂会很快堵塞分配管，使其失去分配作用。因此，待生剂分配器不做改动。

（2）外取热分配器

1 号外取热分配器支管长度为 4720mm，2 号外取热分配器支管长度为 4400mm，分配器内气体速度为 4.33m/s。无论怎样调整分配器支管在再生器内的布置位置，催化剂都无法均匀地分配在四个象限。因此，外取热分配器不做改动。

（3）主风分布器

若两台分布器均匀分配气体的话，其流量应该均为 578.29m³/min。但从车间运行数据可知，两台主风分布器的压降不同，模拟结果表明两台分布器主管的气体流量分别为 621.04m³/min 和 535.53m³/min，和设计值存在较大的偏差。

从布孔方式来看，两台分布器总体遵循均匀布孔的原则，但是分布器的设计不但需要考虑自身喷嘴的均匀布置，还要和床层的特性进行匹配。如果上部床层四个象限内的料位不同、密度不同，则四个象限主风分布器出口背压不同。当分布器压降较大时，床层背压对主风量的分布影响较小，也就是说分布器可以克服床层偏流的影响。根据现场数据，北侧分布器压降为 11.7kPa，南侧为 8.7kPa，综合下来平均约为 10kPa 左右，仅为床层压降 30kPa 的 33% 左右，无法克服床层对其的影响。因此，要保证主风的均匀分布，分布器压降应进一步增加，达到床层压降的 45% 以上较为适宜。

根据常规分布器压降计算公式可知，适宜的分布器压降应为：

$$\Delta p_D \geqslant \frac{0.75W}{D_B} = \frac{0.75 \times 155}{8.55} = 13.6(kPa) \tag{3.28}$$

根据再生器藏量可知，床层压降理论值为 26.47kPa，但是由于再生器内有待生剂分配器、外取热管分配器、各级料腿和内取热管多个内构件，大大增加了床层的压降。根据模拟结果，实际床层压降约为 30kPa，按此计算，分布器压降占床层实际压降的比例应在 45% 以上才是适宜范围。因此，应降低分布器开孔率至 0.591%。此外，支管、分支管封闭端应增设盲管，以减小各处的缝隙。

（4）再生剂抽出口

为方便各象限的催化剂流出再生器，再生剂应改为由底部抽出。与此同时，为保证两个外取热器分配器的催化剂能均匀流出再生器，抽出口最好位于两个外取热催化剂分配器之间。

3.6.2　方案一性能预测

改造方案一将再生剂抽出口改为底部抽出，位于两个外取热催化剂分配器之间，即 45°方位，如图 3.24 所示，其中分布器开孔率改为 0.591%。

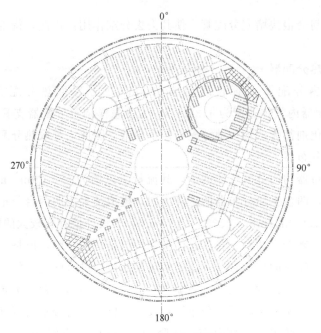

图 3.24　改造方案图

图 3.25 给出了采用改造方案一后再生器不同高度处的固含率分布和静压分布。由图 3.25 可以看出采用改造方案后床层密度分布有了显著改善，密度分布更加均匀，基本消除了偏流现象。图 3.26 给出了主风分布器的过缝速度分布，可以看到在分布器截面各个分支管之间的缝隙颜色都比较均匀，固含率在 0.17 左右，说明气体分布得比较均匀。在 90°和 270°方位的开孔挡板附近，固含率很高，说明基本没有气体经挡板流过，挡板的封堵作用较好。在南北分布器之间固含率也比较大，说明流经气体量很小，盲管的封堵作用也比较好。总体而言，过缝速度较为均匀，表明主风得到了很好的分布。

3.6.3　方案二性能预测

由于现场条件受限，无法按照方案一布置再生剂抽出口，方案二将再生剂抽出口移至第一、二象限之间，如图 3.27、图 3.28 所示。该分布器由主管、支管、分支管以及喷嘴四部分组成。风机将气体送入主管，然后进入支管，再由支管流向分支管，最后从分支管上的喷嘴喷出。分布器南北两侧为对称结构。主管直径 $\phi800mm$，东西两根支管为变径管，由 $\phi550mm$ 变径到 $\phi301mm$；南北侧支管为 $\phi301mm$；主管侧面还布有两根相同内径（$\phi203mm$）的支撑管。每根支管上两侧分别分布了 12 根或 13 根同直径的 $\phi143mm$ 分支管，相邻两分支管中心线间距为 300mm。喷嘴在分支管腹部斜向下 45°交替分布；喷嘴为双径插入式结构，如图 3.4 所示。再生器内分布器的喷嘴总数为 1030 个，喷嘴的布置密度为 17.9 个/m²，开孔面积 A 为 $0.3235m^2$，分布器开孔率为 0.5635%。

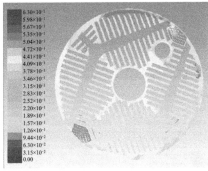

(a) EL14000截面固含率分布

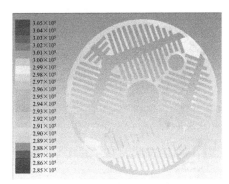

(b) EL14000截面静压分布

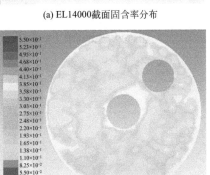

(c) EL15000截面固含率分布

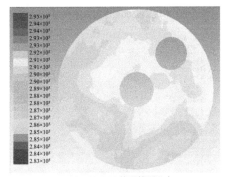

(d) EL15000截面静压分布

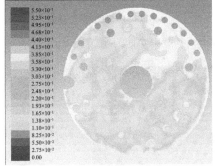

(e) EL16000截面固含率分布

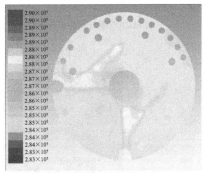

(f) EL16000截面静压分布

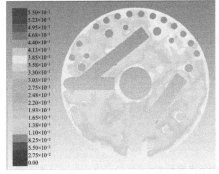

(g) EL165000截面固含率分布

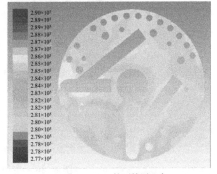

(h) EL16500截面静压分布

图 3.25

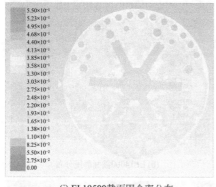

(i) EL19500截面固含率分布

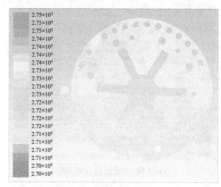

(j) EL19500截面静压分布

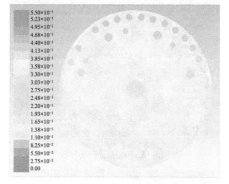

(k) EL21000截面固含率分布

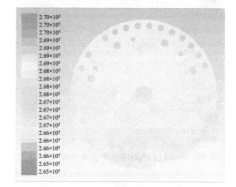

(l) EL21000截面静压分布

图 3.25　再生器床层固含率分布和静压分布

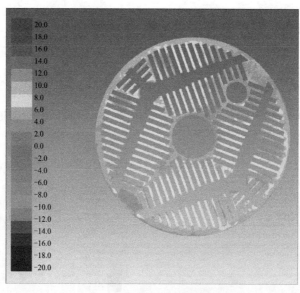

图 3.26　主风分布器过缝速度分布

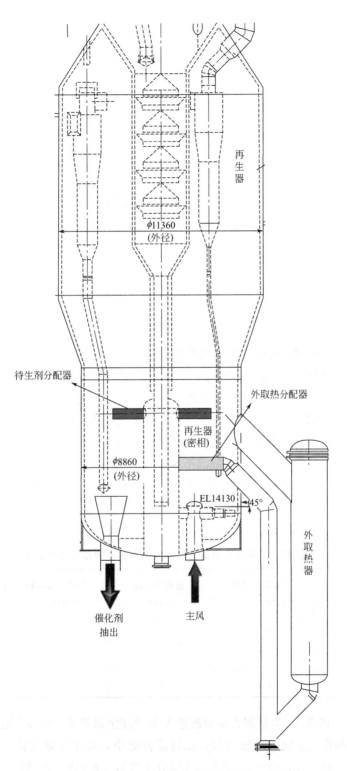

图 3.27　再生剂抽出口布置图

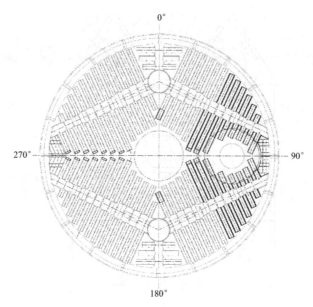

图 3.28　主风分布器布置图

（1）气体分布器的运行状况模拟及分析

表 3.12 为模拟计算得到的不同工况风量下气体分布器的压降、喷嘴出口面平均气速的数据。由表可知，当主风量从 3000m³/min 变化至 3600m³/min 时，分布器的压降从 14.9kPa 上升至 22.8kPa，压降值变化较大，3600m³/min 工况下分布器的压降偏高，装置能耗较高。从喷嘴入口端（小直径段）、出口端（大直径段）的气速来看，入口端平均气速为 55.6m/s 至 68.9m/s，出口端平均气速为 24.7m/s 至 30.6m/s，3600m³/min 工况下的喷嘴气速偏高。装置实际操作时，在保证再生器平稳运行、流化正常的前提下，分布器的风量控制在 3000nm³/min 至 3300m³/min 范围较适宜。

表 3.12　不同工况风量下气体分布器的主要布气性能参数

标况风量 /(m³/min)	实际工况风量 /(m³/min)	分布器压降 /(kPa)	喷嘴入口平均 气速/(m/s)	喷嘴出口平均 气速/(m/s)
3000	1123	14.9	55.6	24.7
3300	1235	18.7	62.3	27.7
3600	1348	22.8	68.9	30.6

图 3.29、图 3.30 为目前方案和改造方案二在主风量为 3000m³/min 工况条件下分布器内部流场空间的静压分布。在目前方案中，对于短分支管（如第 1、20、21、29～32、39～42、43～48、53～55 号分支管），分支管内各处的压力与主管和

支管内的压力接近；当分支管长度较长时（如第 5、12~15、25、33~36、64 号分支管），分支管内的压力值低于支管和主管内压力。这是因为长的分支管上布置的喷嘴数量相对较多，进入分支管的气体很快由喷嘴流出，不会在分支管内形成较高压力，即各个分支管内部的压力是不同的，越是长的分支管，管内压力相对越低。对于改造方案二，由于开孔率有了显著降低、分布器压降增加，分布器内部静压分布得到了明显改善，仅有 5 号、49 号分支管的静压相对较低。

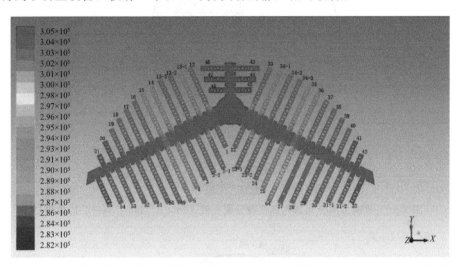

图 3.29　分布器内静压云图（目前方案，3000m³/min，压降 12.99kPa，第一、四象限）

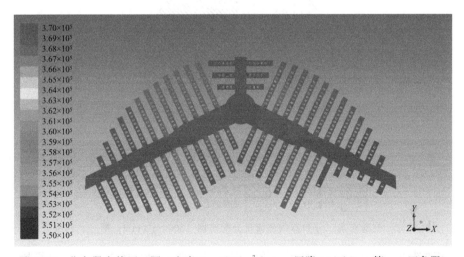

图 3.30　分布器内静压云图（方案二，3000m³/min，压降 14.9kPa，第一、四象限）

图 3.31、图 3.32 分别为目前方案和改造方案二在主风量为 3000m³/min 工况条件下，主管向三个支管、两个支撑管分配风量的比例。从图 3.31 中可发现：在主风量条件一定时，进入两根支管的风量占总管风量的 84.89% 左右，进入两支

撑管的风量约占 9.76%，这是因为目前方案中主风分布器喷嘴是左右对称布置的，布风量也相对接近。

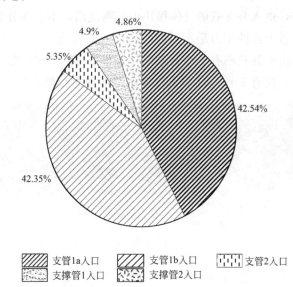

图 3.31　目前方案分布器内部流量分配比例（3000m³/min，第一、四象限）

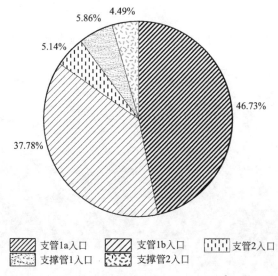

图 3.32　改造方案二分布器内部流量分配比例（3000m³/min，第一、四象限）

在改造方案二中，进入西侧支管（即第三、四象限）的主风量占总管风量的 46.73%，进入东侧支管（即第一、二象限）的主风量约占 37.78%，二者相差约 8.95%，折合约 100.5m³/min 的主风。这是因为方案二将再生剂抽出口由侧面移到了底部 90°方位，导致第一、二象限的开孔面积为第三、四象限的 85.5%，当然布气量也不相等。计算得到第一、二象限表观气速为 0.8m/s（不计抽出口面积），第三、四象限表观气速为 0.87m/s，二者相差不大。此外，从增加催化剂循环的角度而言，在不影响流化的前提下，第一、二象限布风量适当减小有利于增加催化剂循环的推动力。

图 3.33、图 3.34 分别为目前方案和改造方案二的气体速度云图。可以看出改造方案二中气体在左右两个支管（支管 1a 和 1b）内沿程的分布不够均匀，尤其在左右两个支管入口段的速度值均较大，其中支管 1b 内的流速小于左侧支管。根据流量分配比例可知，由于再生器催化剂抽出口位置发生改变，进入左侧支撑管 1a 的风量比进入右侧支撑管 1b 的略大。但总体来看，左右两侧支管内的气量相差不大，从工程实施的角度来看，不会造成第一、四象限两区域的流化质量悬殊的问题。

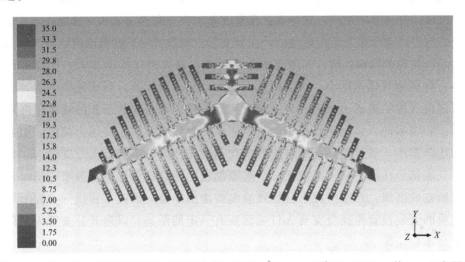

图 3.33　分布器内气体速度云图（目前方案，3000m³/min，压降 12.99kPa，第一、四象限）

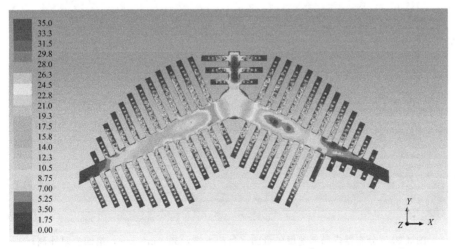

图 3.34　分布器内气体速度云图（改造方案二，3000m³/min，第一、四象限）

从图 3.33、图 3.34 还可以看出，高气速区域主要分布在主管出口、支管中部以及喷嘴部分。总体上气体流量沿支管长度方向和分支管长度方向逐渐减小。尽管分支管直径是一样的，但是进入每根分支管的流量却不一样，分支管越长、喷嘴越多，分支管内压力越低，进入分支管的气体流量也越大。沿同一分支管的气体流量基本呈均匀分布，低气速区域主要分布在管体端部，整体气体流动规律符合实际情况。

图 3.35 至图 3.38 分别给出了两种方案分布器内部的局部速度矢量图。以第四象限外侧和第四象限内侧分布器内部流场的速度矢量图为例进行分析。由于支管内气体流速本身比较高，当高速气流从支管进入分支管时，由于转向发生改变，气流在分支管入口处易发生偏流，在分支管的入口区域附近会出现流动涡旋。此后，随着气流流向分支管的末端，这种涡流现象逐渐消失。高速气流从支管流入分支管入口段的这种涡流现象是不可避免的。在分支管入口段一定长度范围内，分支管入口段的迎风侧和背风侧区域，气体流动存在涡流：迎风侧气体速度大，气流的压力较小；背风侧气体速度小，气流的压力较大，且出现回流，形成流动涡旋，在该涡流区内气体的流动不稳定。分支管内流动不稳定会对安装于此的喷嘴压降产生影响。若喷嘴的入口面正好位于此迎风侧，会导致喷嘴的入口压力偏低，引起喷嘴的压降偏小，易导致外部床层中的催化剂颗粒从该喷嘴倒吸入分支管内，然后又在气流携带作用下从下游的某一个喷嘴喷出，使这些催化剂从喷嘴喷出时对喷嘴壁面造成磨损，严重情况下会导致喷嘴被磨损断裂。因此，建议分支管上第一个喷嘴的安装位置距离分支管入口端面要有一定的距离，以避开分支管入口附近的流动不稳定区。

图 3.35　分布器内局部速度矢量图（目前方案，3000m³/min，第四象限外侧）

图 3.36　分布器内局部速度矢量图（改造方案二，$3000\text{m}^3/\text{min}$，第四象限内侧）

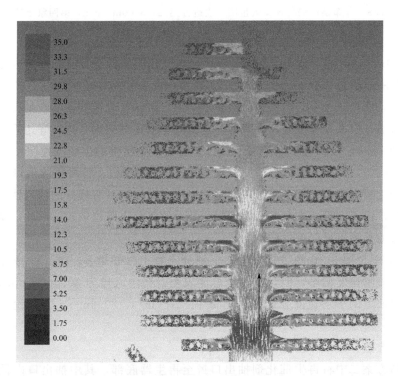

图 3.37　分布器内局部速度矢量图（目前方案，$3000\text{m}^3/\text{min}$，第四象限内侧）

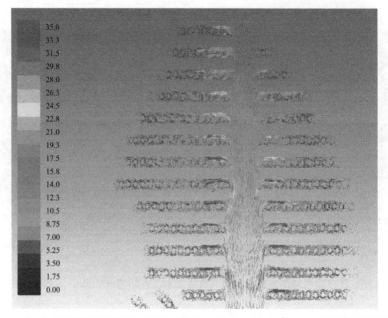

图 3.38　分布器内局部速度矢量图（改造方案二，$3000m^3/min$，第四象限外侧）

图 3.39 至图 3.44 分别为两种方案喷嘴出口速度的对比。由图可见，当主风量均为 $3000m^3/min$ 时，改造方案二的喷嘴出口气速明显低于目前方案，这是因为改造方案二的喷嘴总数增加到了 1030 个，喷嘴小孔直径减小，但大孔直径未变，相当于小孔总面积减小了，但大孔总面积增加了。因此，改造方案二中小孔过孔速度有明显增加，但大孔速度会显著降低，这对减少催化剂磨损是很有好处的。总体来看，支管 1a、支管 2a 上长分支管和短分支管上各个喷嘴的出口气速除个别喷嘴外基本较为均匀；从分支管入口端向分支管末端（封闭端），各喷嘴的出口速度基本相当，变化较小，分支管上沿程各喷嘴的出口气速分布具有较好的均匀性。对于支管 2 来讲，由于支管 2 本身的长度较短，其上的各分支管也较短，因此，支管 2 上各分支管的喷嘴出口气速也较均匀。

图 3.39 至图 3.40 的数据表明，个别分支管上（如第 5、16、50 号分支管），有个别的喷嘴速度偏小，但计算结果总体表明，在主风量为 $3000m^3/min$ 条件下，喷嘴出口面上的平均速度分别为 24.7m/s、27.7m/s、30.6m/s，与理论上的设计值接近。

（2）改造方案二再生器流动性能分析

改造方案二中将再生催化剂抽出口挪至再生器底部，其中抽出口内径为 2m，标高为 EL15300mm，目前方案和改造方案二再生器结构如图 3.45 和图 3.46 所示。

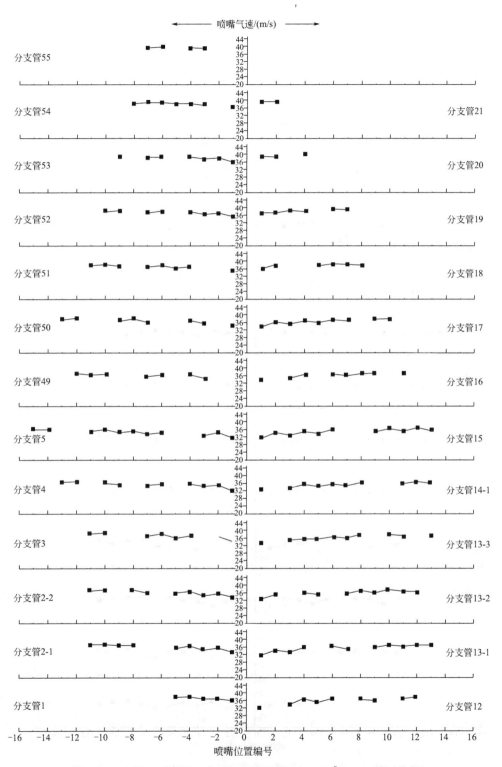

图 3.39   支管 1a 喷嘴出口气速（目前方案，3000m³/min，第四象限）

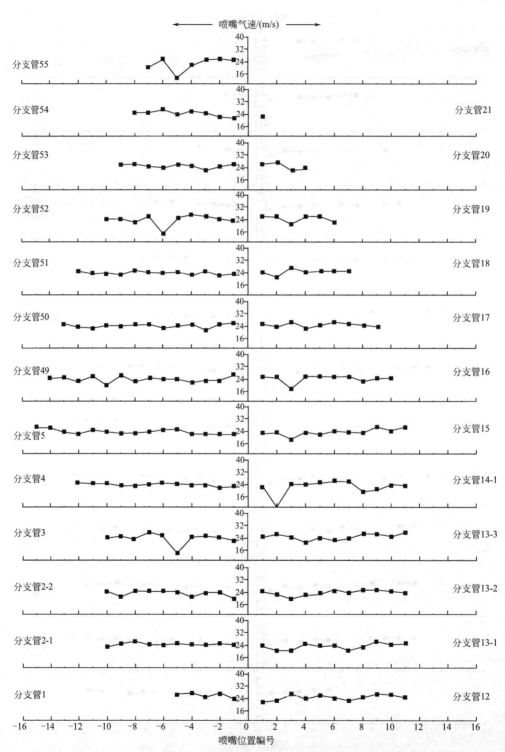

图 3.40　支管 1a 喷嘴出口气速（改造方案二，3000m³/min，第四象限）

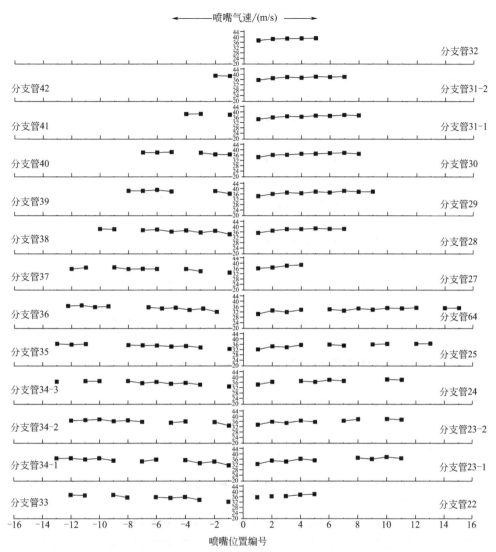

图 3.41　支管 1b 喷嘴出口气速（目前方案，3000m³/min，第四象限）

表 3.13 和表 3.14 给出了目前方案以及改造方案二的密度的总体分布情况。从密度的总体分布来看，改造方案二催化剂偏流的程度比目前方案催化剂偏流程度小。首先，改造方案二的床层密度偏差小于目前方案，由于目前方案主风分布器南北侧压降不一致，南北侧通入的主风量也不同。对于截面平均密度，目前方案的 EL21000 截面处，第一象限密度与平均密度的偏差能达到 $38.9 kg/m^3$。而改造方案二 EL21000 截面和 EL19000 截面处各象限密度与截面平均密度的最大偏差分别为 $24.8 kg/m^3$（第三象限）和 $13kg/m^3$（第一象限），均小于目前方案的最大密度偏差。由于改造方案二中主风分布器南北两侧压降一致，且喷嘴数量更多，因此能够有效缓解再生器内部的偏流现象，其余截面上的密度偏差也明显小于目前方案。为更好地反映几个特征截面的催化剂流动状况，对这几个截面分别进行对比。

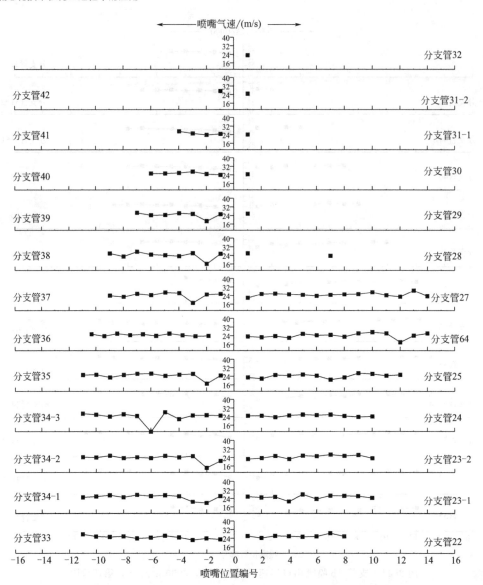

图 3.42　支管 1b 喷嘴出口气速（改造方案二，3000m³/min，第四象限）

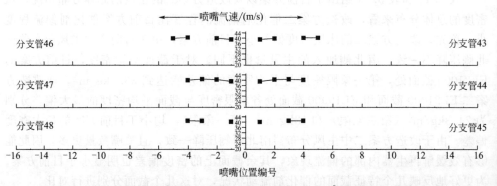

图 3.43　分支管 2 喷嘴出口气速（目前方案，3000m³/min，第四象限）

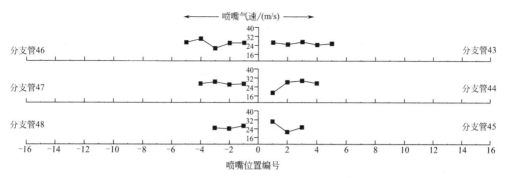

图 3.44　分支管 2 喷嘴出口气速（改造方案二，3000m³/min，第四象限）

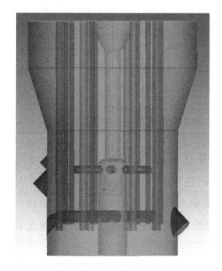

图 3.45　目前方案再生器布置图

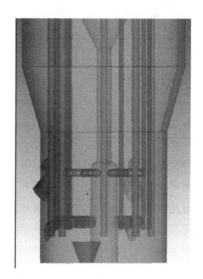

图 3.46　改造方案二再生器布置图

表 3.13　目前方案截面密度模拟结果

截面	密度/(kg/m³)				
	第一象限	第二象限	第三象限	第四象限	截面平均
EL14000	410.3	286.4	288.0	265.1	312.5
EL15000	431.6	429.3	462.2	449.9	443.2
EL16000	432.8	429.0	419.6	396.9	417.4
EL16500	421.4	451.9	434.3	420.2	430.6
EL17400	407.7	453.6	422.7	427.2	428.0
EL18720	414.7	428.6	440.5	402.1	419.4
EL19000	414.8	422.6	441.9	393.9	416.7
EL19500	417.8	416.7	423.9	419.5	417.3
EL21000	235.0	184.4	195.3	170.6	196.1

表 3.14　各截面密度模拟结果（改造方案二，　3000m³/min）

截面	密度/（kg/m³）				
	第一象限	第二象限	第三象限	第四象限	截面平均
EL14000	295.3	301.8	343.7	363.8	326.1
EL15000	428.4	418.7	436.4	430.2	428.6
EL15300	435.4	411.9	431.1	433.9	442.1
EL16000	424.3	407.3	401.4	381.6	403.7
EL16500	412.3	426.3	435.9	423.3	424.3
EL17400	412.2	452.0	444.8	433.6	436.0
EL18720	421.7	416.8	418.8	413.4	415.4
EL19000	424.6	408.5	412.7	410.7	411.6
EL19500	424.0	409.2	407.7	419.3	412.3
EL21000	320.1	316.5	344.0	294.6	319.2

待生剂分配器中心位于 EL19500 截面，催化剂经 6 根长 1800mm 的支管分配到再生器里。根据前面分析结果可知，待生剂在四个象限分配的催化剂总量差不多，但是在每个象限的内、外侧分配的催化剂量差别较大。改造方案二中待生剂分配情况并未做改动，由图 3.47～图 3.50 可以看出在边壁和待生剂分配器支管附近催化剂浓度相对较大。

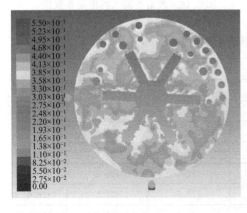
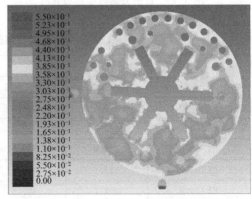

(a) 目前方案 (3000m³/min)　　　　　　　(b) 改造方案二 (3000m³/min)

图 3.47　EL19500 截面密度云图对比

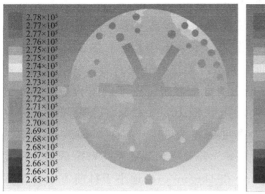
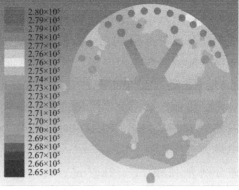

(a) 目前方案 (3000m³/min)　　　　　　　　(b) 改造方案二 (3000m³/min)

图 3.48　EL19500 截面静压云图对比

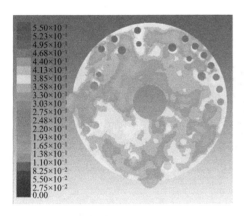
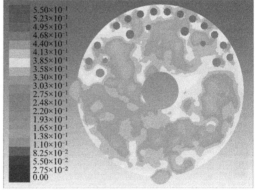

(a) 目前方案 (3000m³/min)　　　　　　　　(b) 改造方案二 (3000m³/min)

图 3.49　EL19000 截面密度云图对比

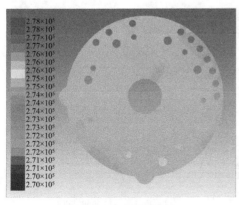
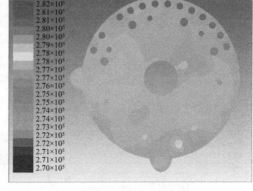

(a) 目前方案 (3000m³/min)　　　　　　　　(b) 改造方案二 (3000m³/min)

图 3.50　EL19000 截面静压云图对比

外取热器有两组催化剂分配器，都在 EL16500 高度截面上，其中老外取热催化剂分配器主管方位是 270°，新外取热催化剂分配器主管方位是 180°。两组催化剂分配量都是 415t/h。根据前期工作的结果分析，老外取热催化剂分配器主要分配到第四象限内侧，新外取热催化剂分配器主要分配到第二象限内侧。图 3.51～图 3.54 给出了两种方案外取热催化剂分配器附近密度云图和静压云图的对比。目前方案四个象限密度差别很大，其中 EL16500 截面各象限间最大密度偏差为 31.7kg/m³，EL16000 截面最大密度偏差为 35.9kg/m³。而改造方案二中最大密度差为 23.6kg/m³，小于目前方案。各象限和截面平均密度的最大密度差分别为 12kg/m³、2kg/m³、11.6kg/m³ 和 1kg/m³，也远小于目前方案各象限和截面平均密度的最大密度差 21.3kg/m³ 见表 3.15。说明偏流现象得到了显著改善。

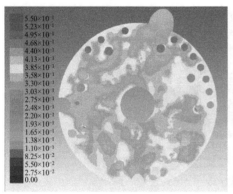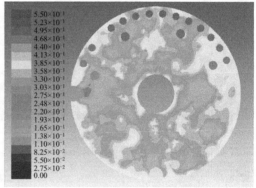

(a) 目前方案 (3000m³/min)　　　　　　　(b) 改造方案二 (3000m³/min)

图 3.51　EL16000 截面密度云图对比

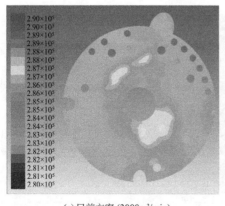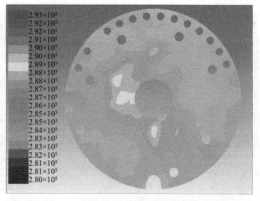

(a) 目前方案 (3000m³/min)　　　　　　　(b) 改造方案二 (3000m³/min)

图 3.52　EL16000 截面静压云图对比

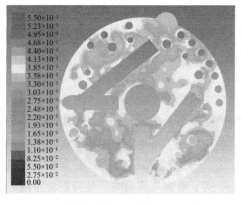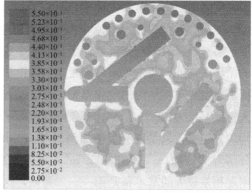

(a) 目前方案 (3000m³/min)　　　　　　　　　(b) 改造方案二 (3000m³/min)

图 3.53　EL16500 截面密度云图对比

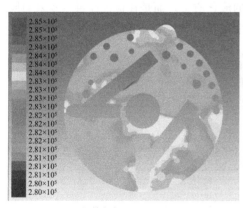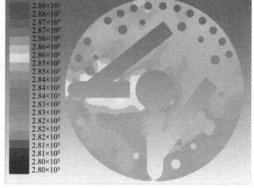

(a) 目前方案 (3000m³/min)　　　　　　　　　(b) 改造方案二 (3000m³/min)

图 3.54　EL16500 截面静压云图对比

表 3.15　外取热催化剂分配器截面密度数据（3000m³/min）

方案	截面	密度/(kg/m³)				
		第一象限	第二象限	第三象限	第四象限	截面平均
目前方案	EL16500	421.4	451.9	434.3	420.2	432
改造方案二	EL16500	412.3	426.3	435.9	423.3	423.2

　　目前方案再生催化剂抽出口正好位于密相下密度上下测压点之间，且靠近测压点。由于再生剂抽出量高达 1400t/h，不可避免地要对周围床层造成影响，甚至会影响到测压点附近床层密度。改造方案二中再生剂抽出口位于再生器底部，标高为 EL15300mm，位于第一、二象限中间，再生剂抽出量为 1400t/h。

　　图 3.55～图 3.57 给出了两种方案抽出口截面上密度云图和静压云图的对比。表 3.16 给出了再生剂抽出口截面各个象限的平均密度。目前方案抽出口在第一象限侧面 17°方位，第二、三、四象限的催化剂都会向第一象限运动。从抽出口的速度矢量图可以明显看到催化剂的运动，这种现象导致第一象限的密度高于其他三个象限密

度，象限之间密度差最大值为 $35.9\mathrm{kg/m^3}$。改造方案二抽出口在底部，催化剂通过淹流斗抽出会进行脱气，淹流斗内床层密度较大，受其影响附近床层的密度也有所增加，第一、二象限的密度略高于其他两个象限。但这是一个正常现象，有利于催化剂的循环。此外，第一象限内设置了 7 根换热管，密度略高于第二象限。总体而言，截面上密度分布不均匀的现象得到了显著改善。当主风量为 $3000\mathrm{m^3/min}$ 时，象限间最大密度差仅为 $19.9\mathrm{kg/m^3}$，各象限和截面平均密度差小于 $12.4\mathrm{kg/m^3}$，密度分布十分均匀。随着主风量进一步增加到 $3300\mathrm{m^3/min}$ 和 $3600\mathrm{m^3/min}$，各象限间最大密度差分别为 $17.7\mathrm{kg/m^3}$ 和 $15.1\mathrm{kg/m^3}$。总体而言，这一密度差都远小于目前方案。而且密度相差较大的基本都是第一、二象限，这是受到了淹流斗的影响。维持淹流斗附近相对较高的密度有利于催化剂的循环。此外，随着主风量的增加，截面平均密度明显降低，由 $430\mathrm{kg/m^3}$ 左右降低到 $380\mathrm{kg/m^3}$ 左右，表明床层流化质量有了进一步改善。当然，现场操作的最终目的并不是追求最佳的流化质量，而是在保证高再生效果的同时维持相对较低的主风量，这样才有利于节能降耗。

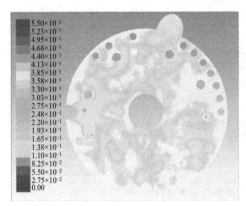
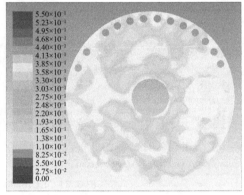

(a) 目前方案 (EL16000)　　　　　　　　(b) 改造方案二 (3000m³/min)

图 3.55　抽出口截面密度云图的对比（EL15300）

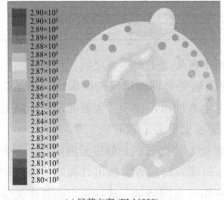

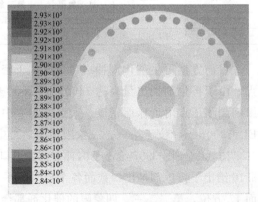

(a) 目前方案 (EL16000)　　　　　　　　(b) 改造方案二 (3000m³/min)

图 3.56　抽出口截面静压云图的对比（EL15300）

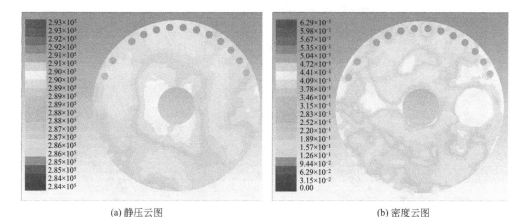

(a) 静压云图　　　　　　　　　　　　　　　　　(b) 密度云图

图 3.57　改造方案二 EL15500 截面静压云图和密度云图

表 3.16　再生剂抽出口截面密度数据

方案	截面高度/mm	密度/(kg/m³)				
		第一象限	第二象限	第三象限	第四象限	截面平均
目前方案 2573m³/min	EL16000	432.8	429.0	419.6	396.9	419.5
设计院方案 3000m³/min	EL15300	437.4* 443.6	417.5* 424.0	431.4	433.2	429.9* 433.8
设计院方案 3300m³/min	EL15300	418.2* 422.8	403.4* 409.1	400.5	412.9	408.8* 416
设计院方案 3600m³/min	EL15300	390.1* 396.8	385.3* 391.4	380.9	375.0	382.8* 391.4

注：表中带 * 数字为不考虑淹流斗区域的床层密度。

目前方案再生剂抽出口截面上催化剂速度矢量图如图 3.58(a)，由图中箭头指示的催化剂移动轨迹可以看出：由于大量再生剂的抽出，附近床层催化剂都向着抽出口方向流动，甚至第二象限内侧和第四象限内侧的催化剂都在向抽出口附近流动。由于流化床内催化剂沿径向的流动非常困难，如此大范围沿径向的流动必然造成床层的偏流。改造方案二再生剂抽出口附近的速度矢量图如图 5.58(b) 和 (c)，可以看出催化剂沿径向大范围的流动消失了，在靠近抽出口附近催化剂主要向下运动，催化剂流动更为顺畅，催化剂更易从底部抽出口抽出。

（3）分布器改造后再生器内的温度分布

根据方案二的研究结果，某石化催化裂化车间对主风分布器进行了改造，本节给出了主风分布器改造前后再生器内温度分布的对比。改造前 DCS 系统再生器温度分布图如图 3.59 所示。

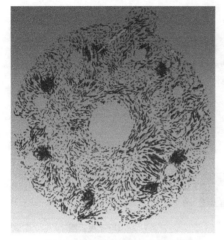

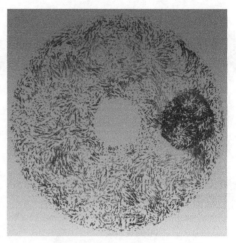

(a) 目前方案抽出口截面速度矢量图 　　　　　　　(b) 改造方案二抽出口截图速度矢量图1

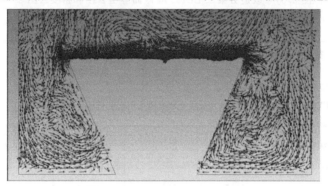

(c) 改造方案二抽出口截面速度矢量图2

图 3.58　抽出口截面催化剂速度矢量图

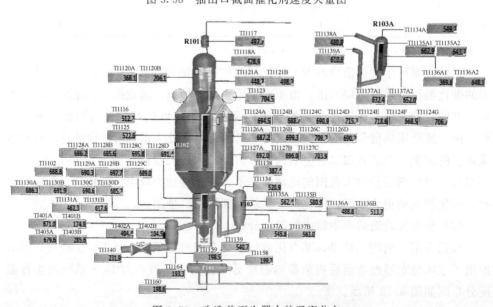

图 3.59　改造前再生器内的温度分布

可以看出旋分入口稀相温差较大，最大为 718.6℃（TI1124E），最小为 668.5℃（TI1124F），温差高达 50.1℃，其他热电偶之间的温差也大多达到 25℃以上；上密相温度测点（TI1128A～TI1128D）最高温度为 695.8℃，最低温度为 685.6℃，温差达 10.2℃；中密相温度（TI1102、TI1129A～TI1129C）最高温度为 697.7℃，最低温度为 688.8℃，温差达 8.9℃；下密相温度（TI1130A～TI1130D）最高温度为 691.9℃，最低温度为 685.2℃，温差达 6.7℃；南北分布器以下的 2 个热电偶（TI1131A、TI1131B）分别为 462.3℃ 和 617.6℃，温差达到 155℃ 左右。从运行台账来看，再生器温度波动也比较大。

改造后再生器温度分布见表 3.17。

表 3.17　改造后 DCS 系统显示的再生器温度分布　　　　　单位：℃

热电偶位置	温度							最大温差	
								改造后	改造前
旋分入口	682.1	678.1	670.2	683.5	692.7	684.7	687.9	22.5	50.1
稀相中	672.5	687.3	685.9	668.8				18.5	22.0
稀相下	678.0	680.6	685.9					7.9	11.9
密相上	672.2	669.8	675.5	679.3				9.5	10.2
密相中	676.3	675.3	677.3	676.5				2.0	8.9
密相下	676.9	671.2	675.9	673.2				5.7	6.7
分布器下	478.8	444						34.8	155.3

由表 3.17 可以看出，旋分入口最大温差由改造前的 50.1℃ 降为 22.5℃，上密相温差由 10.2℃ 降至 9.5℃，中密相温差由 8.9℃ 降至 2.0℃，下密相温差由 6.7℃ 降至 5.7℃，分布器以下温差由 155.3℃ 降至 34.8℃，说明再生器偏流现象得到了显著改善，流化质量显著提高。

在第 2 章和本章中，我们讨论了工业气体分布器的流场，以及如何根据流化床反应器内的具体布置和流化特点，通过将主风分布器和内构件相互耦合来调控流化床内的流化质量。在这些知识的基础上，我们就可以着手开发一些新兴化工过程的气固流化床反应器了。

第**4**章

吡啶碱合成过程简介

4.1　吡啶碱合成工艺简介

吡啶又称为氮苯，可以看成是苯分子中的 CH 基团被 N 基团取代所形成的化合物，它在常温下是无色或微黄色的液体，具有恶臭气味，世界卫生组织将其列为 2B 类致癌物。另一方面，吡啶和 3-甲基吡啶具有较高的化学和生物反应活性，被广泛用作合成医药和农药的中间体，可以用来合成添加剂、医药和农药。据统计，约有 70％的医药、农药、兽药及有机化工产品需要使用到吡啶，故被称为化工中间体的"芯片"。

4.1.1　吡啶碱的生产工艺

20 世纪以前，吡啶碱主要通过分离法从煤高温干馏时产生的挥发性副产物中获得。分离法的主要工艺过程如图 4.1 所示。煤高温干馏产生的挥发性副产物煤焦

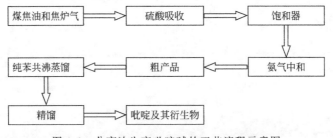

图 4.1　分离法生产吡啶碱的工艺流程示意图

油和焦炉气被硫酸吸收，生成硫酸铵并使吡啶及其衍生物成盐，接着在饱和器内进行吡啶及其衍生物的回收，该过程称为饱和过程。然后用 10%～12% 氨气中和，使吡啶及其衍生物分离出来，进一步冷凝后得到粗产品。最后用纯苯共沸蒸馏脱水、精馏，截取 110～160℃ 馏分便得到吡啶及其衍生物[1]。

20 世纪初，市场对吡啶碱的需求快速增加并带动了吡啶碱合成技术的发展。合成法属于化学合成法，工业上常用的合成原料有氨气、醛类和酮类化合物。目前，工业上主要通过 Chichibabin[2] 缩合技术批量生产吡啶碱。根据原料的不同合成法可以分为以下几类。

（1）以羰基化合物和氨为原料的合成工艺

该工艺采用羰基化合物如醛、酮和氨气作为原料，金属改性的 γ-Al_2O_3 或沸石分子筛，如五元环型沸石 ZSM-5[3,4]、ZSM-11、ZSM-35、H-Y、H-β 和 SAP-11 作为催化剂，在固定床或流化床反应器中合成吡啶及其衍生物。该工艺为目前世界上应用最广泛的合成路线。在合成过程中，可以通过调节原料组成来实现产品的多样化[5,6]。

（2）以醇和氨为原料的合成工艺

该类工艺采用 C_1～C_4 的醇为原料，通过与氨气的反应来合成吡啶及其衍生物[7]。该合成反应过程包括氧化、脱水环化和脱氢等步骤。虽然该反应也采用经改性的 ZSM-5 作催化剂，但因为醇类需要首先氧化成醛，然后再与氨作用合成吡啶，所以该类工艺的反应转化率较低。

（3）以烯烃为原料的合成工艺

该工艺采用烯烃和氨气为原料来合成吡啶及其衍生物[8]。根据催化剂的差异，其反应历程可以分为两类。第一种途径是烯烃先在多相催化剂上高选择性地转化为丙烯醛，然后再生成吡啶及其衍生物；另一途径是采用硅铝酸盐为催化剂，烯烃直接通过氨气氧化，一步合成吡啶及其衍生物，但产率较低。

（4）以炔烃为原料的合成工艺

该工艺采用炔烃为原料，采用氧化铝或氧化硅（氧化铝掺杂二价或三价金属的氧化物、卤化物或磷酸盐）作催化剂来合成吡啶碱。虽然该工艺已实现工业化，但因产品分离困难、成本较高、环境污染严重而停产。

（5）以芳胺和氨为原料的合成工艺

该工艺采用芳胺（诸如苯胺或甲基苯胺等）和氨气为原料，以沸石分子筛作为催化剂来合成吡啶碱[9]。

目前工业一般采用第一类方法来合成吡啶，其中以甲醛、乙醛和氨气为原料的合成方法应用最广，该方法也简称为醛氨法。

4.1.2　醛氨法生产吡啶碱

4.1.2.1　醛氨法合成吡啶碱的反应机理

醛氨法合成吡啶碱的主要反应如下，包括缩合、环化和氢转移等过程[10,11]。

$$2CH_3CHO + HCHO + NH_3 \longrightarrow C_5H_5N + 3H_2O + H_2 \tag{4.1}$$

$$2CH_3CHO + 2HCHO + NH_3 \longrightarrow C_6H_7N + 4H_2O \tag{4.2}$$

张玹等人[12] 在总结吡啶碱合成机理过程中指出，吡啶碱的合成可能存在三个途径：

① 先由醛分子间反应生成烯二醛，再与氨反应经由亚胺中间体得到吡啶碱；

② 先由醛与氨反应生成亚胺，再由亚胺分子间反应生成吡啶碱；

③ 先由醛分子间反应生成烯醛，与氨反应生成亚胺，再由烯醛与亚胺反应生成吡啶碱。

上述三个途径的正确性目前尚未有定论。本书所涉及的工艺采用 ZSM-5 催化剂，在 ZSM-5 催化剂上吡啶碱的合成机理主要有亚胺中间态机理和丙烯过渡态机理两种。

（1）亚胺中间态机理

亚胺中间态反应机理见图 4.2 和图 4.3。由图 4.2 可以看出，该过程可以描述为：吸附态的氨气与吸附态的碳正离子发生亲核反应生成中间产物，接着中间产物脱水形成亚胺。亚胺的环化步骤所包含的反应是比较复杂的。图 4.4 和图 4.5 是 Calvin[11] 等人通过同位素示踪技术给出的亚胺中间态机理的描述。

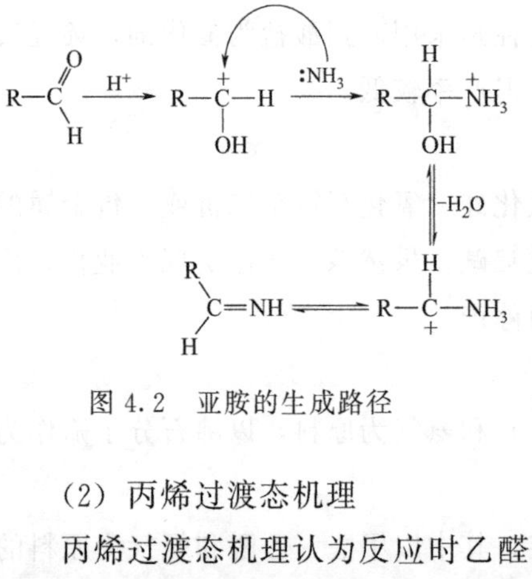

图 4.2　亚胺的生成路径

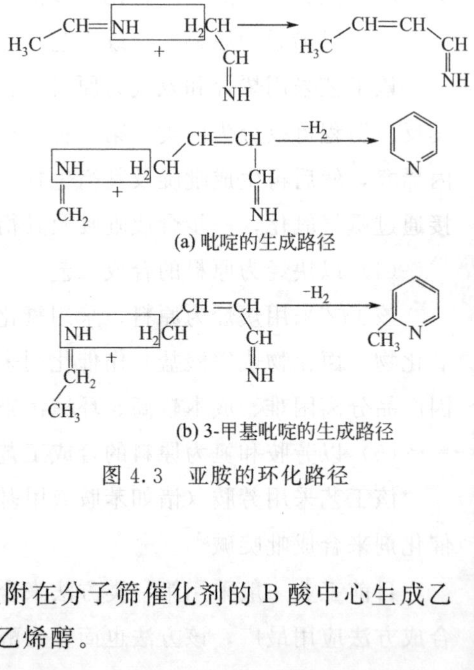

图 4.3　亚胺的环化路径

（2）丙烯过渡态机理

丙烯过渡态机理认为反应时乙醛首先吸附在分子筛催化剂的 B 酸中心生成乙醛正碳离子，接着乙醛正碳离子脱氢生成了乙烯醇。

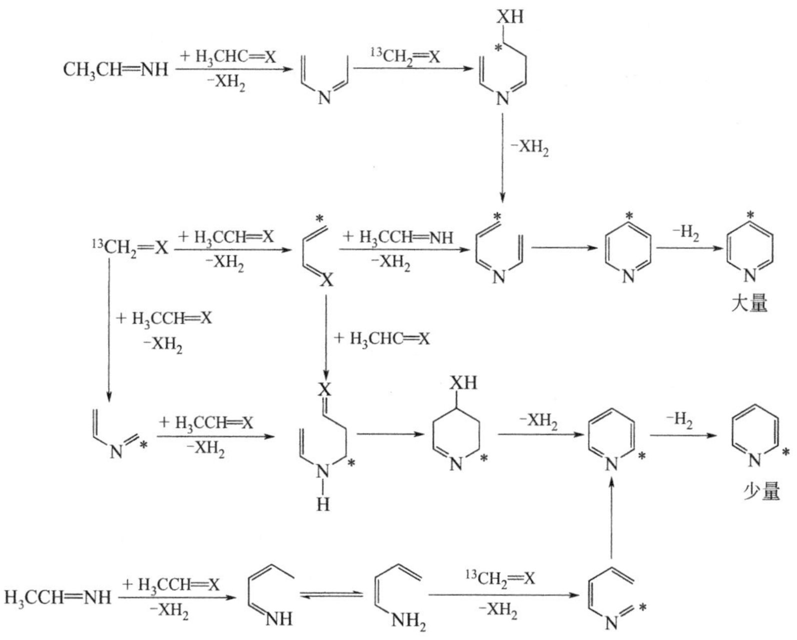

图 4.4　吡啶生成的亚胺中间态机理（X＝O，NH）

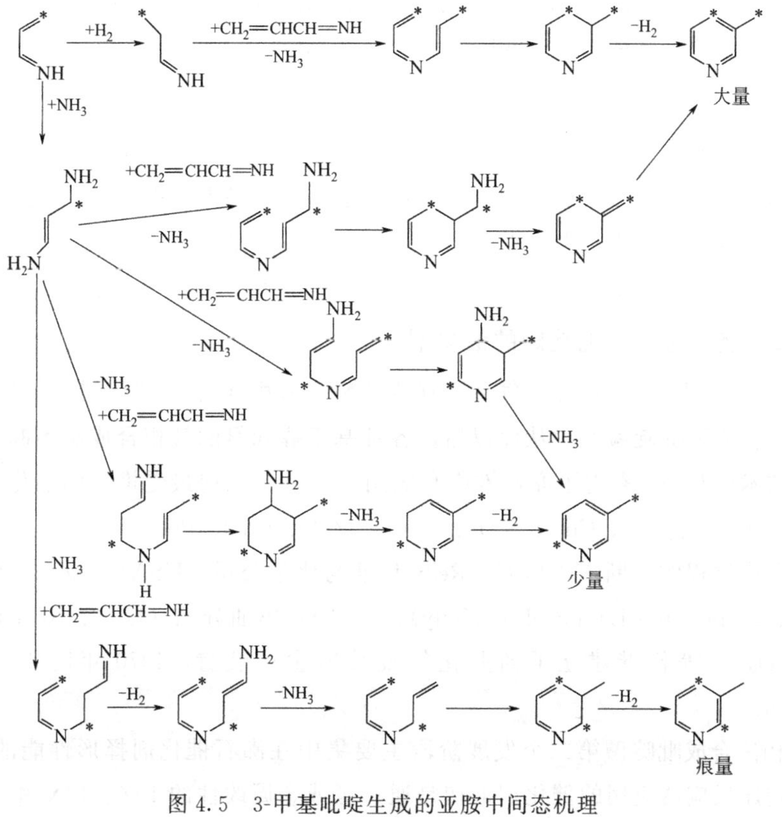

图 4.5　3-甲基吡啶生成的亚胺中间态机理

$$CH_3CHO \underset{H^+}{\rightleftharpoons} CH_3\overset{+}{C}H\text{—}OH \longleftrightarrow CH_3CH\text{—}\overset{+}{O}H \xrightarrow{-H^+} CH_2\text{=}CHOH$$

同时，甲醛吸附在 B 酸中心形成了甲醛正碳离子后，与乙烯醇反应生成过渡态产物丙烯醛和丙烯醛正碳离子。

$$\overset{+}{C}H_2\text{=}OH \rightleftharpoons CH_2\overset{+}{O}H \longleftrightarrow \overset{+}{C}H_2OH$$

$$\overset{+}{C}H_2OH + CH_2\text{=}CHOH \longrightarrow \underset{\underset{OH}{|}}{CH_2}\text{—}CH_2\text{—}\overset{+}{C}HOH$$

$$\xrightarrow[-H^+]{-H_2O} CH_2\text{=}CHCHO$$

$$CH_2\text{=}CHCHO \xrightarrow{H^+} \overset{+}{C}H_2CH_2CHO$$

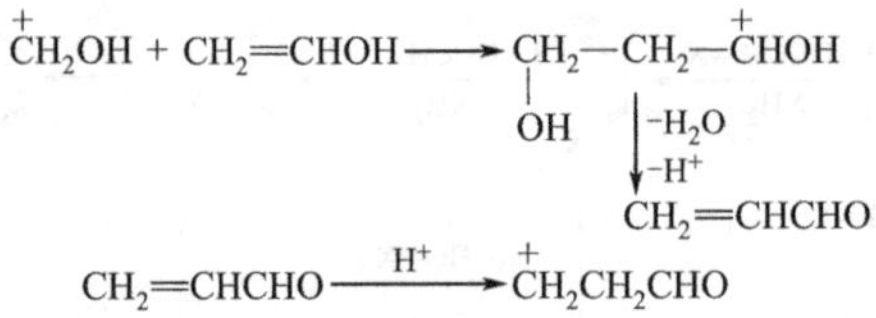

环化生成吡啶和 3-甲基吡啶的历程见图 4.6。

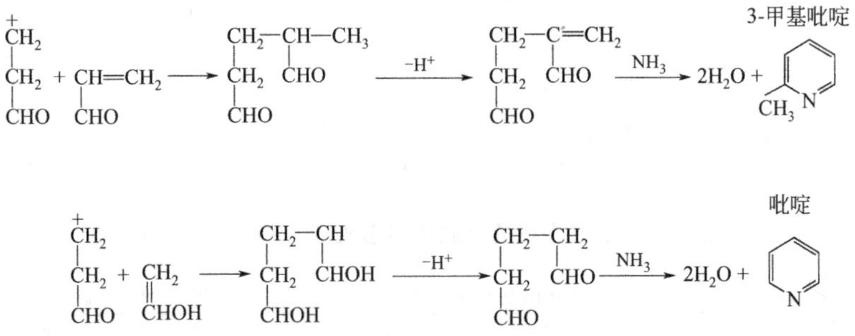

图 4.6　丙烯过渡态机理的环化反应

如图 4.6 所示，3-甲基吡啶是由丙烯醛正碳离子与丙烯醛生成过渡态产物后，再与 L 酸吸附的氨环合脱氢后得到的，而吡啶是由丙烯醛正碳离子和乙烯醇生成戊二醛后再与氨环合得到的。这两种反应机理均与催化剂的酸性有关，反应以哪种机理为主主要取决于 B 酸和 L 酸的比值，不同的反应机理对应不同的产物选择性[13]。

4.1.2.2　醛氨法合成吡啶碱的催化剂

1924 年，Chichibabin 用氨气和醛作为原料，采用硅-铝型催化剂，在 370℃ 的反应温度下合成了吡啶碱[2]。从此以后，各种基于醛和氨的气相合成法不断出现，这些合成技术中有一些获得了商业推广和应用。1970 年以前最受推崇的催化剂有负载在硅-铝载体上的 PbO、CuO、SiO_2、ThO_2、ZnO、CdO、PbF_3 和 CoO_3 等。基于对吡啶碱合成过程的不断深入研究，Reily 焦油与化学公司（USA）、Nepora 化学公司（USA）、Montecatini-Edison SPA（Italy）、Midland 焦油分馏（UK）、Koei 化学公司和日本 Daicel 等相继建立了商业化的吡啶碱生产装置，1970 年时年产量达到了 12700t。

气相法合成吡啶碱第二个发展阶段主要集中在沸石催化剂择形性能的改进上。连续固定床反应器应用的催化剂最初是通过氢或金属改性的 10X、13X 和 Y 型分子筛。研究表明分子筛催化剂表面的酸性和氧空位对提高吡啶碱的收率有着重要的影响。接着，通过金属离子 Ti(I)、Pb(II)、Co(II)、Zn(II)、Ag(I)、Cu(II)、Ni(II) 和 Cd(III) 改性的 HZSM-5 和硅类催化剂进入研究应用领域。由于这些催化剂具有孔径和结构的优势，其参与反应后产物收率较高且吡啶的选择性也提高了，这些催化剂中的硅铝比也对吡啶的收率有着重要的影响。Sato 等人[14] 用离子交换获得的五元环分子筛作为催化剂来合成吡啶碱，结果表明该催化剂具有较好的反应转化率和吡啶选择性。Ramachandra 等人[15] 考察了 ZSM-5 和硅类催化剂对吡啶合成的影响，结果发现 ZSM-5 催化剂能够有效降低产物中分子量较大组分所占的比例。Higasio 等人[16] 对比了基于 Al$_2$O$_3$、CdF$_2$、CdCl$_2$、MnF$_2$ 取代的 SiO$_2$-Al$_2$O$_3$、ZSM-5、Ti-ZSM-5 等催化剂气相法和液相法合成吡啶的路径，发现通过碱处理可以提高催化剂的稳定性，使沸石获取额外的孔以降低沸石微孔对扩散的阻力。通过在 ZSM-5 催化剂中引入三价正离子可以改变其酸度，从而改善焦炭和焦炭前驱物等对孔覆盖的影响。

4.1.2.3　醛氨法合成吡啶碱的反应动力学

关于醛氨法合成吡啶碱过程反应动力学的报道很少，主要是由于缺少该过程所涉及的反应机理。Reddy 等人[17] 认为醛氨法合成吡啶碱过程中涉及的反应机理可以由图 4.7 来表述。如图 4.7 所示，乙醛首先与甲醛、氨气反应，并以不同的速率同时生成吡啶和 3-甲基吡啶中间产物，接着吡啶和 3-甲基吡啶中间产物以不同的速率同时生成焦炭。该反应过程属于典型的串、并联反应。

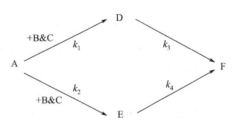

图 4.7　醛氨法合成吡啶碱反应机理
A—乙醛；B—氨气；C—甲醛；D—吡啶；
E—3-甲基吡啶中间产物；F—焦炭

基于图 4.7 的反应机理，Reddy 等人[17] 测量了在固定床反应器中醛氨法合成吡啶碱的性能，采用的催化剂为氢改性的 ZSM-5 分子筛。通过分析实验结果，Reddy 等人得出了如式(4.3) 到式(4.5) 所示的反应速率表达式。

$$-r_A = (k_1 + k_2)c_A^2 a \tag{4.3}$$

$$r_D = (k_1 c_A^2 - k_3 c_D)a \tag{4.4}$$

$$r_E = (k_2 c_A^2 - k_4 c_E)a \tag{4.5}$$

实验过程中催化剂装填量为 4 g，属于微型反应器，其获取的反应动力学并未考虑气、固两相间传质、传热及动量传递的影响。另一方面，Reddy 等人实验过程中采用的反应温度为 300℃ 到 400℃，而目前工业装置常用操作温度 450℃。因此，Reddy 等人的实验结果还不能直接用于工业反应器的设计或预测。

4.1.2.4 反应器形式

醛氨法合成吡啶碱的反应器主要有固定床反应器和流化床反应器[18]。固定床反应器的优点有：结构相对简单、反应物以活塞流形式通过、气相返混低、产品选择性高。Ramachandra 等人[15] 考察了固定床反应器在吡啶碱合成中的表现，以甲醇、醛和氨气为原料、采用 W-ZSM-5 催化剂合成吡啶碱，吡啶质量收率为 61.5%，3-甲基吡啶的质量收率为 16.8%。Reddy 等人[17] 以醛和氨气为原料、以 HZSM-5 分子筛作为催化剂，在固定床反应器内合成了吡啶碱，对应的吡啶摩尔收率为 49.5%，3-甲基吡啶的摩尔收率为 12.3%。研究结果表明，固定床反应器用来合成吡啶碱主要存在以下问题：①吡啶碱合成反应属于放热反应，需要快速地将反应热移出反应体系来维持合理的反应温度，而受限于传热面积和传热系数，固定床反应器的传热速率较低，这使得固定床反应器内的温度分布很不均匀；②吡啶碱合成过程中伴随着生焦反应，焦炭会附着在催化剂内孔并堵塞内孔，造成催化剂活性降低，为了保持反应体系较高的反应速率，需要定期对催化剂进行再生。固定床反应器采用间歇操作模式，再生时需要通过中断反应更换催化剂或原位再生，生产效率相对较低。

为了解决这些问题，很多人采用流化床反应器来合成吡啶碱。Franci 等人[19] 以醛、甲醇和氨气为原料、硅铝型催化剂为催化剂，在流化床反应器内合成了吡啶碱，发现吡啶质量收率为 35%，3-甲基吡啶质量收率为 27%。Goe 等人[18] 采用分子筛催化剂在流化床反应器内合成了吡啶碱，实验产品中吡啶质量收率为 34%，3-甲基吡啶的质量收率为 16%。Feitler 等人[20] 在一个直径 5.08cm 的流化床内对比了固定床反应器和流化床反应器的收率，反应器内催化剂藏量为 1080g，反应温度为 450℃，原料为乙醛（42.3%，质量分数）和 50% 的甲醛水溶液混合物，总进料量为 2491 g，两种反应器内合成吡啶碱的收率如表 4.1 所示。可以看出，采用同样的催化剂、同样的进料量和反应温度时，流化床反应器内的收率明显大于固定床，二者的差异达到 11%～13%，当反应温度由 450℃增加到 500℃时，产品收率下降了 3.8%，说明该反应不适宜在较高的温度下进行。

表 4.1　固定床反应器与流化床反应器合成吡啶碱的收率

床型	催化剂		反应温度/℃	收率/%	甲醛/乙醛
流化床	A	40%催化剂Ⅰ,60% 高岭土/氧化铝	450	83.3	1.98
			500	79.5	1.98
	B	50%SiO$_2$,50%催化剂Ⅱ	450	87.4	2.0
	C	40%催化剂Ⅵ, 60%高岭土/氧化铝	450	88.4	2.14
固定床	A	40%催化剂Ⅰ,60%高岭土/氧化铝	500	63.4	1.76
	B	50%SiO$_2$,50%催化剂Ⅱ	436	71.4	1.93
	C	40%催化剂Ⅵ,60%高岭土/氧化铝	450	77.0	1.99

在醛氨法合成吡啶碱过程中，流化床反应器之所以优于固定床，是因为其具有较大的优势。首先，流化床反应器内气固两相的湍动剧烈，催化剂颗粒表面气体的更新速率很高，因而流化床内气固间的接触效率也远高于固定床。其次，流化床反应器内催化剂颗粒的返混非常剧烈，气固、固固间的传热能力均远大于同尺寸的固定床反应器，这也是工业流化床反应器直径达数米，但径向温差或周向温差却很小（一般不超过 10℃）的原因。此外，流化床内气固两相的流动与流体接近，能够通过管线输送，反应器和再生器都可以实现连续操作。得益于流化床反应器的诸多优点，目前工业上均采用流化床反应器来合成吡啶碱。

4.2　工业吡啶碱合成装置目前存在的问题及解决方案

我国某生物化工有限公司 2.5 万 t/a 醛氨法合成吡啶碱生产装置采用流化床反应器和再生器，如图 4.8 所示，反应器和再生器均为床层反应，采用高低并列式排布。甲醛溶液和乙醛经气化后由底部进入反应器，氨气经另一个分布器进入反应器，与催化剂接触并反应，反应温度控制在 450℃左右。反应过程中会产生一定量的焦炭，焦炭附着在催化剂上会导致催化剂短暂性失活。将失活的催化剂经待生斜管循环至再生器，再生温度控制在 550~600℃，再生器底部通入主风，将催化剂表面附着的焦炭烧掉，然后恢复活性的再生剂经待生斜管返回反应器。

装置在运行过程中长期存在反应器分布器频繁结焦并导致停工的问题，平均开工时间仅为 3 个月左右，严重影响了装置的稳定运行和长周期运转。

4.2.1　分布器结焦现象的分析

工业醛氨法合成吡啶碱反应器一般采用板式或者树枝状管式气体分布器（醛分布器）。原料乙醛和甲醛溶液混合物首先被气化，加热到约 120℃，然后通入反应器底部封头（图 4.9）或直接进入支管和分支管（图 4.10），然后经分布板或分支管上的喷嘴进入流化床层。原料氨气由另一个管式分布器引入床层，其喷嘴与醛分布器喷嘴一一对应。

醛分布器的作用是将原料甲醛溶液和乙醛均匀分布在流化床反应器内。在长期生产过程中发现醛分布器内部存在严重的结焦现象。当采用板式气体分布器时，分布板下部的空间被焦堵塞，当采用管式气体分布器时，支管和分支管内被焦堵塞。而且结焦的速度非常快，一般开工后不久就会出现分布器压降增加的现象，约 3 个月左右分布器就被完全堵塞。由于气体通过分布器喷嘴的速度高达 25m/s 左右，反应器流化床层和稀相空间也未发现任何焦块，因此，可以认为分布器内部的焦并非来自床层和稀相空间。

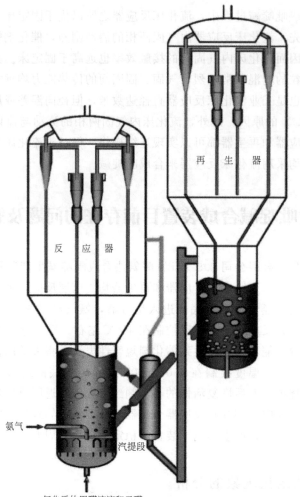

图 4.8　醛氨法合成吡啶碱反再系统简图

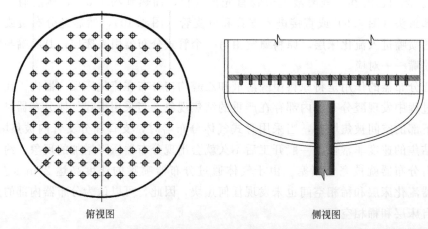

俯视图　　　　　　　　　　　　侧视图

图 4.9　醛氨法合成吡啶碱反应器板式分布器示意图

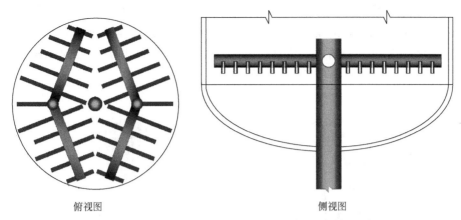

俯视图　　　　　　　　　　　　　　　　　侧视图

图 4.10　醛氨法合成吡啶碱反应器树枝状管式气体分布器

气体分布器内部的结焦主要有两种可能。

（1）甲醛聚合结焦

甲醛在常温下为无色、有特殊刺激性气味的气体，沸点为－21℃。从结构上看与羰基相连的两个 H 原子在性质上没有区别；受羰基的影响，两个 H 原子都非常活泼，因此甲醛容易氧化，极易聚合，其浓溶液（60％左右）在室温下长期放置就能形成三聚甲醛沉淀。多聚甲醛的分子式为（CH_2O）$_n$，聚合度 n 一般在 3～100，加热到 180～200℃时，部分重新分解出甲醛，但大部分还是多聚甲醛[21-23]。甲醛生成的多聚甲醛在高温下会发生解聚（热解），在解聚的同时按照"甲聚糖"反应机理生成多羟基糖类（俗称结焦）。研究表明，在 167℃、氮气环境下热解时，有 14.2％的多聚甲醛转变成焦炭[21]，高温下这一趋势将会更加明显。

（2）甲醛与乙醛生成丙烯醛并聚合结焦

在 300～320 ℃反应温度下甲醛溶液和乙醛催化作用生成丙烯醛[24]，在 400～440℃温度下，丙烯醛进一步催化生成吡啶和甲基吡啶[25-27]。该过程的副反应为丙烯醛的聚合反应，聚合反应的产物为焦炭。Luo 等人[28]发现是丙烯醛的聚合结焦导致的反应器堵塞的现象。因此，他们提出采用丙烯醛二乙缩醛代替丙烯醛来进行吡啶碱的合成，从而解决反应器内部结焦堵塞问题。

由以上分析可以看出，无论是哪种途径，导致反应器气体分布器结焦的主要原因都是高温。因此，避免分布器结焦的关键在于降低进料温度。

4.2.2　新型耦合流化床反应器

根据以上分析及工业吡啶碱合成反应器长期运行中出现的其他一些问题，笔者提出了一种新型耦合流化床反应器[29,30]，如图 4.11 所示。耦合反应器由预提升段、提升管段和床层段串联耦合而成。甲醛溶液和乙醛由原料喷嘴进入预提升段，氨气由底部流化风环和预提升分布器进入预提升段，两股气体与来自循环管线的再生催化剂快速混合并开始向上流动，依次经过预提升段、提升管段和顶部的床层段，与此同时发生吡啶合成反应。这种结构的特点为：

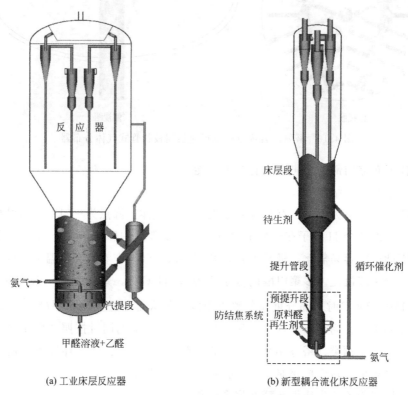

(a) 工业床层反应器 (b) 新型耦合流化床反应器

图 4.11　耦合流化床反应器示意图

　　（1）与工业床层反应器不同，耦合反应器采用预提升段、提升管和湍流床耦合的反应器形式，无论在提升管中还是湍流床中，气体和催化剂颗粒的接触面积、气固两相的接触效果均明显占优。因此，采用耦合反应器的形式有利于获得更高的产品收率。

　　（2）耦合反应器中主要反应场所在提升管部分，提升管反应器内气固两相的返混程度远低于床层反应器，近似于活塞流反应器，有利于提高产品的选择性。

　　（3）耦合反应器在提升管出口串联湍流床反应器（以下简称二反），有利于进一步增加反应时间，保证产品收率。

　　（4）耦合反应器将进料位置设置在提升管底部预提升段，一方面保证了喷嘴射流附近有较高的催化剂浓度，另一方面可以采用喷嘴进料的方式，由于喷嘴中原料的温度远低于反应器内温度，而且原料的运动速度快、停留时间短，所以能够从根本上解决进料系统结焦的问题。

目前文献中关于提升管-床层耦合反应器的研究主要集中于单一形式的反应器，如提升管或湍流床内的流动、传递或反应等对于耦合反应器内的研究，而将耦合反应器应用于醛氨法合成吡啶碱过程的研究尚未见到报道。在后续章节中，本书将陆续介绍实验室耦合反应器中流动、传递和反应的研究结果，工业侧线的研究结果和2.5 万 t/a 醛氨法合成吡啶碱生产装置上工业化运行的结果。

参考文献

[1]　蒋劼,卢冠忠,毛东森,等. 吡啶碱类化合物合成进展[J]. 精细石油化工进展,2002,3(12):25-29.

[2]　TSCHITSCHIBABIN A E,OPARINA M P. Über die synthese des pyridins aus aldehyden und ammoniak [J]. Journal fur Praktische Chemie,1924,107(5/8):154-158.

[3]　纪纲. 吡啶碱合成工艺研究[D]. 南京:南京理工大学,2005.

[4]　周勇. 吡啶碱合成的催化剂和工艺研究[D]. 南京:南京理工大学,2008.

[5]　IWAMOTO K,SHOJI T,NAKAISHI Y . Method for producing pyridine bases:US6281362 B1[P]. 2001-08-28.

[6]　ANGEVINE P J,CHU T W,POTTER T C. Synthesis of pyridine and 3-alkylpyridine:US5395940 A [P]. 1995-03-07.

[7]　严文瑶,全易. 吡啶碱化合物合成研究[J]. 精细化工中间体,2001,31(6),13-15.

[8]　KUSUNOKI Y,OKAZAKI H. ChemInform abstract:A novel synthesis of alkylpyridines from olefins and ammonia[J]. Chemischer Informationsdienst,1980,11(10),266.

[9]　肖国民,钱杰生. 三甲基吡啶的开发和应用[J],化工时刊,1997,11(2),3-5.

[10]　SURESH K R K,SRINIVASAKANNAN C,RAGHAVAN K V. Catalytic vapor phase pyridine synthesis:A process review [J]. Catalysis Surveys from Asia,2012,16(1):28-35.

[11]　CALVIN J R,DAVIS R D,MCATEER C H. Mechanistic investigation of the catalyzed vapor-phase formation of pyridine and quinoline bases using^{13}CH$_2$O,^{13}CH$_3$OH, and deuterium-labeled aldehydes [J]. Applied Catalysis A:General,2005,285(1/2):1-23.

[12]　张弦,罗才武,黄登高,等. 醛、氨反应合成吡啶碱机理[J]. 化工学报,2013,64(8):2875-2882.

[13]　蒋德超. 改性 ZSM-5 吡啶合成催化剂的研究[D]. 上海:华东理工大学,2011:87-97.

[14]　SATO H,SHIMIZU S,ABE N,et al. Synthesis of pyridine bases over ion-exchanged pentasil zeolite [J]. Chemistry Letters,1994,23(1):59-62.

[15]　RAMACHANDRA R R,KULKARNI S J,SUBRAMANYAM M,et al. Synthesis of pyridine and picolines over modified silica-alumina and ZSM-5 catalysts [J]. Reaction Kinetics and Catalysis Letters,1995,56(2):301-309.

[16]　HIGASIO Y S,SHOJI T. Heterocyclic compounds such as pyrroles,pyridines,pyrollidins,piperdines,indoles,imidazol and pyrazins [J]. Appllied Catalysis A:General,2001,221(1/2):197-207.

[17]　SURESH K R K,SREEDHAR I,RAGHAVAN K V. Kinetic studies on vapor phase pyridine synthesis and catalyst regeneration studies [J]. The Canadian Journal of Chemical Engineering,2011,89:855-863.

[18]　GOE G I,DAVIS R D. Pyridine base synthesis process and catalyst for same:US5218122 [P]. 1993-

06-08.

[19] FRANCIS E C,WILLIAM R W. Synthesis of pyridine and 3-picoline:US2807618[P]. 1957-09-24.

[20] FEITLER D,WOLFGANG S,HENRY W. Process for the production of pyridine or alkyl substituted pyridines:US4675410[P]. 1987-06-23.

[21] 浙江省化工研究所. 三聚甲醛连续合成实验(初报)[J]. 浙江化工,1975(1):12-25.

[22] 殷留义. 三聚甲醛聚合反应催化剂的开发及基础研究[D]. 北京:中国石油大学(北京),2016:2.

[23] Walker J F. Formaldehyde. 2th ed[M]. Huntington:R E Krieger,1964.

[24] 景志刚,刘肖飞,葛汉青,等. 丙烯醛合成催化剂及工艺技术[J]. 现代化工,2009,9,30-32.

[25] BESCHKE H,SCHAEFER H,SCHREYER G,et al. Catalyst for the production of pyridine and 3-methylpyridine:US3960766[P]. 1976-06-01.

[26] BESCHKE H,FRIEDRICH H. Process for the production of pyridine and 3-methylpyridine:US4147874 [P]. 1979-04-03.

[27] BESCHKE H,FRIEDRICH H. Process for the production of 3-methylpyridine:US4163854[P]. 1979-10-16.

[28] LUO C,LI A,AN J,et al. The synthesis of pyridine and 3-picoline from gas-phase acroleim diethyl acetal with ammonia over ZnO/HZSM-5[J]. Chemical Engineering Journal,2015,273,7-18.

[29] 刘梦溪,卢春喜,周帅帅. 气固流化床反应装置:CN201810455805. 3[P]2018-09-18.

[30] 刘梦溪,卢春喜,周帅帅. 一种气固流化床催化剂混合装置:CN201810462204. 5[P]2018-05-15.

第 5 章

吡啶碱合成耦合反应器内的多相流动

耦合反应器采用预提升段、提升管和床层串联耦合的方式，从流态化的角度而言，是将鼓泡床、快速床、输送床和湍流床串联在一起［图 5.1（a）］。在化工行业尤其是石油化工行业，也会采用耦合流化床反应器的形式，但大多是某两种床型的结合，例如：重油催化裂化反应器大多采用预提升段（快速床）和提升管（输送床）的耦合，MIP（maximizing iso-paraffins）反应器采用了提升管（输送床）和

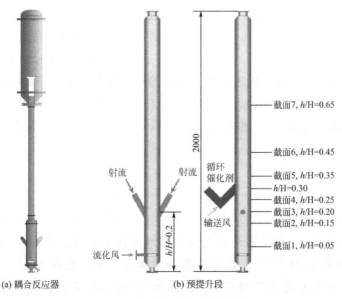

图 5.1　大型冷态实验装置图

第二反应器（快速床）的耦合方式[1]，有的重油催化裂化装置采用烧焦罐和二密床（湍流床）的连接方式，其中烧焦罐顶部接有稀相管，稀相管出口串联二密床。可以看出，快速床和输送床的耦合、输送床和湍流床的耦合在工业中都有应用，其内部的流动状态也有相关的研究结果可借鉴。

在吡啶碱合成耦合反应器中，预提升段内的气固流动尤为复杂，属于典型的多股受限射流-三维多相混合流场，在射流影响区以下处于鼓泡床的操作范畴，在射流影响区以上为快速床的操作范畴。两种床型如何转变，多股射流对催化剂颗粒浓度分布、原料气体浓度分布的影响，催化剂浓度和原料气体浓度是否匹配，气固两相的接触效果等问题都未见到有研究报道，这极大阻碍了耦合反应器的工业化放大和优化设计。本章介绍了大型冷态耦合反应器实验装置中预提升段内气固两相流动行为的研究结果，其中耦合反应器预提升段的结构如图 5.1（b）所示。

5.1 气固两相在预提升进料段内的流动特性

5.1.1 轴向流动特性

图 5.1（b）给出了预提升进料段内颗粒浓度沿轴向的分布。为了方便后续描述，此处将 $h/H=0.05$ 截面称为截面 1，$h/H=0.15$ 截面称为截面 2，$h/H=0.20$ 截面称为截面 3，$h/H=0.25$ 截面称为截面 4，$h/H=0.35$ 截面称为截面 5，$h/H=0.45$ 截面称为截面 6，$h/H=0.65$ 截面称为截面 7。

如图 5.2（a）所示，随着轴向高度的增加，颗粒浓度先是急剧降低，从 620kg/m^3 减少到 280kg/m^3（曲线 1），然后随着轴向高度的增加缓慢降低。其他操作条件下的颗粒浓度也表现出类似的趋势。实验中预提升进料段底部环管分布器仅通入少量气体，维持表观气速为 0.2m/s，对于空气-FCC 气固体系而言属于典型的鼓泡床流动[2-4]。根据 Babu[5] 等人的关联式可求出鼓泡床的平均床层密度：

$$\frac{\varepsilon_b}{\varepsilon_{mf}}=1+14.311\frac{(u_g-u_{mf})^{0.738}d_p^{1.006}\rho_p^{0.376}}{u_{mf}^{0.937}\rho_g^{0.126}} \tag{5.1}$$

上式使用范围为 $d_p=0.05\sim2.87\text{mm}$，$\rho_p=257\sim3928\text{kg/m}^3$，$P=1\sim70\text{atm}$（$1\text{atm}=101325\text{Pa}$）。由计算可知实验中鼓泡流化床平均密度为 675kg/m^3。由图 5.2 可知，截面 $h/H=0.05$ 处于鼓泡床的操作区域。截面 $h/H=0.15$ 和截面 $h/H=0.20$ 的颗粒浓度明显低于 675kg/m^3，而且越靠近射流引入点（$h/H=0.20$），颗粒浓度越低。由图 5.1 可知耦合流化床的喷嘴是斜向下布置的，喷嘴下

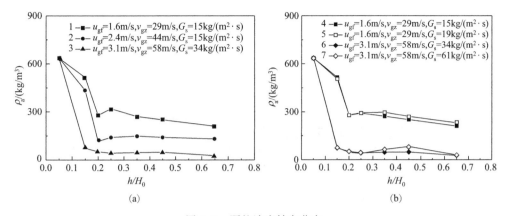

图 5.2 颗粒浓度轴向分布

方的部分区域会受到喷嘴射流的影响。其中截面 3 ($h/H = 0.20$) 尤为明显，这是因为喷嘴正好位于该截面上，全部射流气体都要经过该截面，对应的表观气速达到了 1.6m/s（曲线 1），对于空气-FCC 气固体系而言已经进入了快速床的流域。此外，随着射流速度的增加，截面 1 ($h/H = 0.05$) 的颗粒浓度始终保持不变，说明在实验条件下喷嘴射流没有影响到该截面。随着射流速度的增加，颗粒浓度的最低点从截面 3（曲线 1、2）下移至截面 2（曲线 3），说明射流变长，其影响范围也在变大。

图 5.2（b）是预提升进料段内颗粒浓度随着催化剂循环强度变化的趋势图。可以看出，由于循环催化剂入口 ($h/H = 0.30$) 位于射流引入点 ($h/H = 0.20$) 以上，催化剂循环强度的变化对底部密相区和喷嘴射流影响区颗粒浓度的影响较小，而对上部快速流动区域的颗粒浓度有一定影响。

图 5.3 给出了预提升进料段内颗粒速度沿轴向的分布。由图 5.3（a）可以看出，当喷嘴射流较小时 ($v_{gz} \leqslant 44m/s$)，截面 $h/H = 0.05$、$h/H = 0.15$ 的颗粒速度随着高度的增加略有减小，且最小颗粒速度接近于 0。这说明射流的主流尚未到达截面 2($h/H = 0.15$)，只是射流边缘气体的扩散导致该截面颗粒速度略有下降，在射流引入截面 3($h/H = 0.20$) 颗粒速度快速增加到 1m/s 以上，并基本不随着轴向高度的增加而增加；当喷嘴射流较大时 ($v_{gz} = 58m/s$)，颗粒分布的最低点出现在截面 2 且颗粒速度向下，表明此时射流主流已经到达该截面，由于射流方向是斜向下的，气体带动射流附近的颗粒向下流动。从截面 2 到截面 3，向下的颗粒速度快速减小然后改变方向，并最终达到 2m/s 左右，在截面 3 以上，颗粒速度基本不随着高度的增加而变化。此外，截面 1 的颗粒速度基本不随着射流速度的增加而变化，这说明喷嘴射流未对该截面产生影响，这与前面颗粒浓度的结果一致。

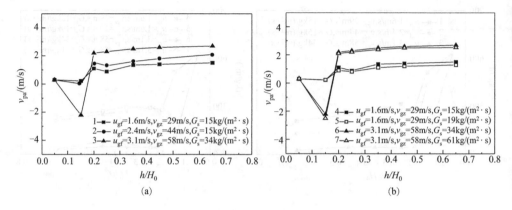

图 5.3　轴向平均颗粒速度分布

图 5.3（b）是催化剂循环强度对颗粒速度分布的影响。可以看出催化剂循环强度的变化对底部密相区和喷嘴射流影响区颗粒速度的影响较小，而对上部快速流动区域颗粒速度有一定影响。

以上分析可以看出，预提升进料段的流动较为复杂。沿着轴向可以分为底部鼓泡床流动区域（dense phase region，DPR，$h/H \leqslant 0.05$）、喷嘴射流控制区域（nozzle jet control region，NJCR，$0.05 < h/H < 0.20$）和快速床区域（free acceleration region，FAR，$0.20 < h/H < 1$）。

5.1.2　典型截面的流体力学特性

5.1.2.1　截面 $h/H=0.15$ 上的流体力学特性

图 5.4 给出了截面 $2(h/H=0.15)$ 上颗粒浓度沿径向的分布，其中实心图例 • 的曲线为无喷嘴射流、无催化剂循环（即按照鼓泡床模式操作）时该截面上的密度分布。由图 5.4（a）可以看出，引入射流后床层密度快速下降，表明喷嘴射流对该区域有着显著的影响，当射流速度较大（$v_{gz}=58\text{m/s}$）时，径向区域 $r/R=-0.57\sim0.57$ 范围内颗粒密度接近于 0，说明此时射流主流已经到达该截面，两股射流在床层中心交汇。图 5.4（b）给出了催化剂循环量对密度分布的影响。由于催化剂循环强度变化不大，催化剂循环量的变化对截面上颗粒浓度的径向分布影响较小。

图 5.5 给出了 $h/H=0.15$ 上颗粒速度沿径向的分布。可以看出颗粒速度沿轴线的对称性比较好。当射流速度为 $v_{gz}=29\text{m/s}$ 时催化剂速度基本为 0m/s；当射流速度为 $v_{gz}=44\text{m/s}$ 时催化剂运动速度小于 0，此时开始受到射流的影响，由于速

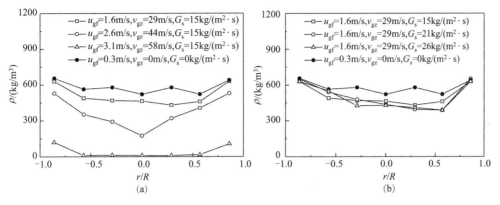

图 5.4　截面 $h/H=0.15$ 上颗粒浓度沿径向分布

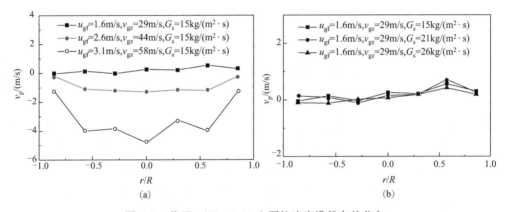

图 5.5　截面 $h/H=0.15$ 上颗粒速度沿径向的分布

度值并不大，可以认为此时只是受到射流边缘气体扩散的影响；当射流速度为 $v_{gz}=58m/s$ 时，催化剂快速向下运动，在径向区域 $r/R=-0.57\sim0.57$ 范围内达到了 $-4m/s$，这与密度值的变化是一致的。如图 5.6 所示，来自截面 $h/H=0.05$ 的催化剂颗粒具有向上的速度 v_z，其径向分布呈现中间高、边壁低的趋势，而喷嘴射流会使颗粒速度呈现出边壁低中心高的趋势[6-9]。两种趋势的博弈会导致两种不同的速度分布：当喷嘴流量较大时（$v_{gz}=58m/s$），颗粒速度 v_p 为负值，且中心处速度绝对值最大；而当喷嘴流量较小（$v_{gz}=29m/s$）时，混合后的颗粒速度 v_m 接近于 0，且沿着径向均匀分布。

5.1.2.2　截面 $h/H=0.20$ 上的流体力学特性

图 5.7 给出了截面 $h/H=0.20$ 上催化剂浓度沿径向的分布。由图 5.7（a）可以看出当喷嘴气速大于 $44m/s$ 后，大部分径向位置处的床层密度都降低到了 50kg/

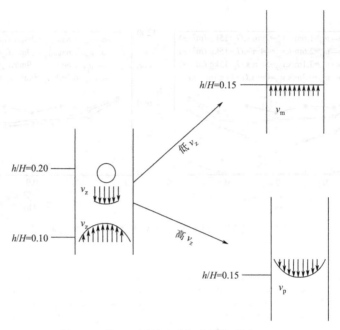

图 5.6　截面 2 颗粒速度径向分布形成机理

m³ 以下。这一方面是由于此时床层已进入快速床操作范畴，另一方面，预提升段的循环催化剂入口在喷嘴以上位置，循环催化剂无法到达截面 $h/H=0.20$，也会导致床层密度偏低。此外，催化剂浓度沿径向的分布并不对称，$-1 \leqslant r/R < 0$ 一侧的床层密度明显低于 $0 \leqslant r/R < 1$ 一侧，这主要是受到了进料催化剂的影响。如图 5.8 所示，进入预提升段的循环催化剂流具有横向动量（transverse momentum）和纵向动量（vertical momentum）。由于循环催化剂管设置有输送风［图 5.1(b)］，催化剂进入预提升段的绝对速度达到了 0.5m/s 甚至更高，催化剂具有的横向动量较大，因此进入预提升段后催化剂不会立刻落入入口一侧（$-1 \leqslant r/R < 0$），

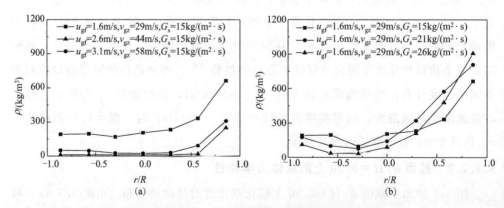

图 5.7　截面 $h/H=0.20$ 处催化剂浓度沿径向的分布图

而是在惯性的作用下进入对面一侧（$0 \leqslant r/R < 1$），形成了明显的偏流。由图 5.7（b）可以看出，由于实验中催化剂循环量变化范围不大，催化剂循环量对颗粒浓度沿径向分布的影响比较小。

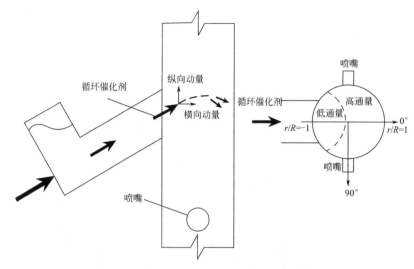

图 5.8　再生斜管对催化剂浓度分布的影响

　　图 5.9 给出了截面 $h/H = 0.20$ 上催化剂速度沿径向的分布。由图 5.9（a）可以看出，随着喷嘴气速的增加，催化剂运动速度也快速增加，$0 \leqslant r/R < 1$ 一侧的催化剂速度，尤其是 $0.57 \leqslant r/R < 1$ 范围内的催化剂速度明显偏低，在边壁处催化剂甚至改为向下运动，这与前述催化剂浓度分布的规律一致，是循环催化剂的流落造成的。此外，相对截面 $h/H = 0.15$，截面 $h/H = 0.20$ 的颗粒速度明显增加，这主要是由于喷嘴射流由最开始的斜向下流动转化成了向上流动。如图 5.10 所示，两股喷嘴射流在截面 $h/H = 0.15$ 和截面 $h/H = 0.20$ 之间汇合，汇合后射流内部气体开始向压力较低的射流外部扩散，因此使得喷嘴射流内的气体有了向外的速度

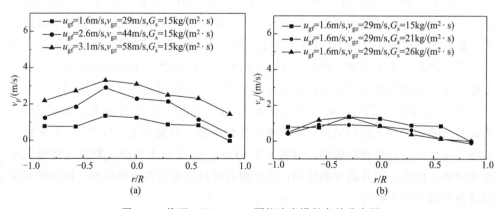

图 5.9　截面 $h/H = 0.20$ 颗粒速度沿径向的分布图

$(v_{\rm j})$，$v_{\rm j}$ 分为向上的速度 $v_{\rm ju}$ 和向下的速度 $v_{\rm jd}$。在两股喷嘴射流汇合处（$r/R=0$）有更多的动能转化为静压，因此该汇合处的静压最大，气体快速向上部和下部扩散，形成了相对较大的 $v_{\rm ju}$ 和 $v_{\rm jd}$。由于射流上方的压力低于射流下方的压力，喷嘴内部的气体大部分流向喷嘴射流上方，剩下一部分气体向射流下方流动并与预提升风汇合，速度逐渐降为 0 后又重新向上流动。

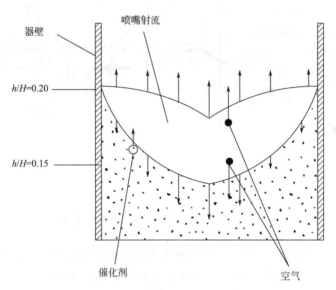

图 5.10　喷嘴射流影响区示意图

5.1.2.3　截面 $h/H=0.25\sim0.65$ 的流体力学特性

图 5.11 给出了不同表观气速下截面 $h/H=0.25\sim0.65$ 上床层密度的分布。从 $h/H=0.25$ 截面可以看出，随着径向位置从 $r/R=-0.87$ 变化到 $r/R=0$，颗粒浓度从 $250{\rm kg/m^3}$ 降低到 $73{\rm kg/m^3}$，当径向位置进一步变化到 $r/R=0.87$，颗粒浓度从 $73{\rm kg/m^3}$ 增加到 $527{\rm kg/m^3}$。和截面 $h/H=0.20$ 类似，该截面的催化剂更倾向于分布于一侧，只不过密度的变化相对较小，这同样是由于催化剂循环管线非对称布置所造成的。截面 $h/H=0.35\sim0.65$ 上床层密度的对称性明显改善，说明催化剂进料造成的影响基本消除。床层密度显示出明显的中间低、边壁高的趋势，且基本不随着床层高度的变化而变化，说明这几个截面上的两相流动已经趋于稳定。

图 5.12 给出了不同表观气速时截面 $h/H=0.25\sim0.65$ 上颗粒速度的分布，可以看出随着表观气速的增加，颗粒速度逐渐增加。在截面 $h/H=0.25$ 上颗粒速度随气速增加的趋势相对较小，但到了 $h/H=0.35$ 及以上截面，颗粒速度随气速快速增加。此外，随着高度的增加，边壁附近颗粒速度也在逐渐增加，说明两相流动逐渐发展并趋于稳定。

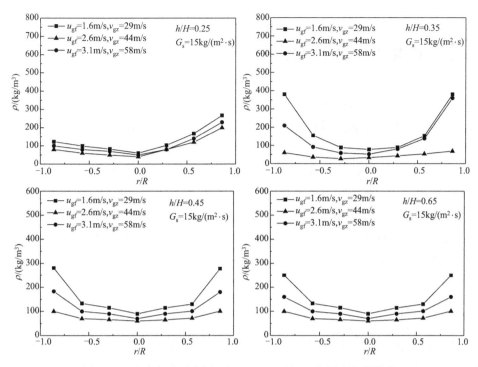

图 5.11　表观气速对截面 $h/H=0.25\sim0.65$ 床层密度的影响

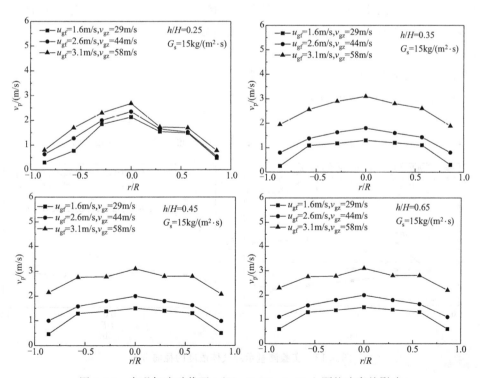

图 5.12　表观气速对截面 $h/H=0.25\sim0.65$ 上颗粒速度的影响

5.2　喷嘴射流流动行为

通过上述分析可以看出，进料喷嘴的存在使得预提升进料段的流动变得更加复杂。在预提升分布环和进料喷嘴射流之间，流动属于典型的鼓泡床；而在进料喷嘴以上区域属于典型的快速床流动。喷嘴对流动的影响主要集中在截面 $h/H=0.15$、截面 $h/H=0.20$ 和截面 $h/H=0.25$。循环催化剂非对称进料导致预提升进料段内偏流现象的产生，其影响区域主要集中于截面 $h/H=0.20$、$h/H=0.25$ 和 $h/H=0.35$。为了进一步考察喷嘴射流气体的流动行为，采用氦气稳态示踪的方法测量了喷嘴射流的流动规律。氦气示踪实验的氦气注入点设置在进料喷嘴上，采用连续注入的方式，具体的测量方法请参见文献[10]。

5.2.1　示踪气体的浓度分布

图 5.13 给出了在不同操作条件下示踪气体浓度沿径向的分布。可以看出，$h/H=0.05$ 截面示踪气体浓度分布较为均匀，示踪气体浓度都在 1.5% 附近小幅度波动；0° 和 90° 方向示踪气体浓度的分布也比较接近，说明示踪气体到达该截面的并不多，且在整个截面上的混合较为均匀。随着轴向高度的增加，$h/H=0.10$ 截面和 $h/H=0.15$ 截面示踪气体浓度沿径向分布趋势与 $h/H=0.05$ 截面接近，示踪气体浓度略大于 $h/H=0.05$ 截面，说明这两个截面的径向混合和轴向混合较为均匀。Li 等人[11] 和 Gayán 等人[12] 的研究结果表明，在湍动床、节涌床和快速床中，由于颗粒运动较为剧烈，对应的径向扩散系数较大，示踪气体能沿着径向均匀分布，且不受到示踪剂径向注入位置、表观气速和催化剂循环强度的影响。

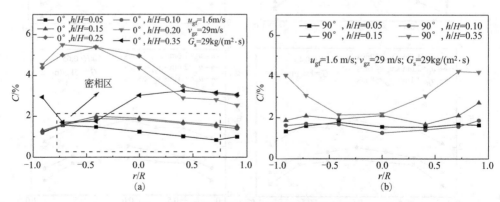

图 5.13　实验测量示踪气体浓度的径向分布

$h/H=0.20$、$h/H=0.25$ 两个截面上示踪气体浓度沿径向的分布呈现出明显的偏流现象，其中 $-1\leqslant r/R<0$ 一侧的示踪气体浓度明显高于 $0\leqslant r/R<1$ 一侧，这与前面催化剂浓度分布的趋势正好相反。由前面的分析（图 5.8）可知，由于循环催化剂的流落现象，大量的催化剂落在 $0\leqslant r/R<1$ 一侧，导致该侧颗粒浓度较大，而气体则倾向于从另一侧 $-1\leqslant r/R<0$ 流过。截面 $h/H=0.35$ 位于喷嘴和循环催化剂入口以上，由图 5.13（a）可以看出 $-0.72\leqslant r/R<-0.41$ 范围内示踪气体浓度明显偏低，这是因为该区域处于催化剂入口正上方（图 5.8），大量输送风的流入稀释了示踪气体，在垂直方向上则没有出现这一现象。由于示踪气体是从 $r/R=-1$、$r/R=1$ 两个位置注入，边壁处的示踪气体浓度相对较高 [图 5.13（b）]。

5.2.2　射流扩散长度

如前文所述，预提升进料段内原料射流对气固两相的流体力学行为产生了非常显著的影响，影响范围随着射流速度或者射流长度而变化。本节通过实验确定了喷嘴射流的影响范围，为方便表述，采用喷嘴射流扩散长度的概念。

根据示踪气体浓度沿径向的分布，计算了示踪气体浓度的轴向分布。由气相质量守恒可以得出下式：

$$c_a u_g A = \sum_{i=1}^{N} c_i A_i \frac{u_g}{(1-\varepsilon_{pi})} \tag{5.2}$$

变形可得下式：

$$c_a = \sum_{i=1}^{N} \frac{c_i A_i}{A(1-\varepsilon_{pi})} \tag{5.3}$$

式中　c_a——示踪气体的截面平均浓度，%；

c_i——示踪仪器的示数，实际测量出的示踪气体在径向位置 i 处的浓度，%；

A_i——径向测量点 i 对应的环形面积，m^2；

A——测量截面的横截面积，m^2；

u_g——截面表观气速，m/s；

ε_{pi}——径向测点 i 处的固含率。

采用式(5.3)计算得到的示踪气体截面平均浓度如图 5.14。为考察射流引入点对预提升段内两相流动的影响，分别考察了低引入点（$h/H_0=0.2$，方案 1）和高引入点（$h/H_0=0.4$，方案 2）两种情况。

由图 5.14 中方案 1 曲线可以看出随着轴向高度的增加，示踪气体平均浓度先是略有增加（$h/H\leqslant0.15$），然后从 0.74%（$h/H=0.15$）急剧增加到 2.8%（$h/H=0.35$），随后又降低到 2.0%（$h/H=0.65$）。可以看出示踪气体浓度在轴向位置 $h/H=0.15$ 处发生突变。这是由于射流气体浓度的变化存在两个阶段，一个阶

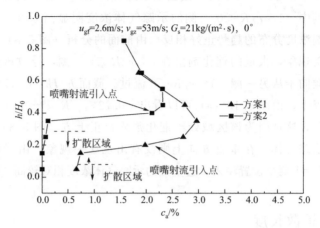

图 5.14　示踪气体浓度截面平均浓度轴向分布

段是随射流气体向下运动，一个阶段是射流尽头依靠扩散作用向下运动，两个阶段之间有一个转折点。根据 Yan 等人[13] 的工作可以计算出射流气体的中心线轨迹。其计算模型如下所示：

$$x = \frac{-C \pm (C^2 + 2ADy - BDy^2)^{0.5}}{D}$$

$$A = 2b_z \rho_z u_{gz}^2 \sin\alpha$$

$$B = 0.25 \rho_{pr} u_{pr}^2$$

$$C = 2b_z \rho_z u_{gz}^2 \cos\alpha$$

$$D = 0.25 \rho_{pr} u_{pr}^2 + 0.5 C_n \rho_{pr} v_{pr}^2 \tag{5.4}$$

式中，b_z 为喷嘴的半径，m；ρ_z 为喷嘴射流的密度，kg/m^3；u_{gz} 为喷嘴射流过孔气速，m/s；α 为喷嘴与提升管轴线的夹角，(°)；ρ_{pr} 为预提升段的气固混合物密度，kg/m^3；u_{pr} 为预提升段表观气速，m/s；C_n 为气动阻力系数，通常取 1～3。通过式(5.4) 计算出方案 1 射流气体中心线轨迹如图 5.15 所示。

如图 5.15 所示，方案 1 的射流气体能够到达喷嘴以下 0.12m（$h/H = 0.14$）处，而在该轴向位置以下区域内，气体通过扩散的方式进一步向下运动直至示踪气体浓度为 0，本书称该区域为喷嘴射流扩散区域。

通过对比方案 1 和方案 2 示踪气体浓度沿轴向的分布曲线，可以看出随着喷嘴引入点位置的提高，喷嘴射流扩散区域的上分界面也在提高。由方案 2 的示踪气体浓度轴向分布曲线可以看出，当轴向位置为 $h/H = 0.15$ 时，示踪气体浓度为 0 且随着轴向位置进一步降低并保持不变，这说明喷嘴射流扩散到轴向位置为 $h/H = 0.15$ 时终止。此处将喷嘴射流引入点到喷嘴射流扩散消失点两者之间的距离称为喷嘴射流扩散长度。

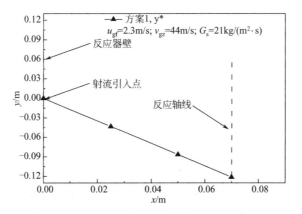

图 5.15　方案 1 喷嘴射流轨迹

如图 5.16 所示，在喷嘴射流扩散区域内，示踪气体的轴向传质由两个因素决定：由示踪气体浓度梯度引起的从高浓度区域向低浓度区域的扩散，由气体压力梯度引起的由高压区域向低压区域的对流传质。

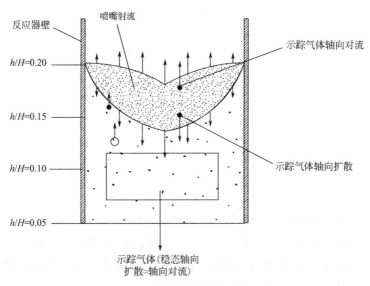

图 5.16　示踪气体浓度的轴向分布机理

处于稳态时，这两种传质速率相等。因此，可以得出下式：

$$D_{ga}\frac{\partial^2 c}{\partial y^2}+u_{ga}\frac{\partial c}{\partial y}=0 \qquad (5.5)$$

式中　D_{ga}——示踪气体的轴向扩散系数，m^2/s；

　　　u_{ga}——预提升气体的气速，m/s。

假设示踪气体在喷嘴射流内的浓度保持不变，即：

$$y = y^*$$
$$\partial c / \partial y = 0 \qquad\qquad (5.6)$$
$$c = c_j$$

式中 y^* ——模型计算出的射流轨迹线，m；

$\quad\quad c_j$ ——喷嘴射流内部的示踪气体浓度，%。

采用式(5.6)中的边界条件求解式(5.5)可得：

$$\partial c / \partial y = u_{ga} / D_{ga} (c_j - c) \qquad\qquad (5.7)$$

由于 $c_j - c$ 在边界条件处为0，不能进一步对式(5.7)进行积分求解，因此，为了获取 D_{ga} 的数值，采用了数值积分的方法对式(5.7)进行求解，并利用实验数据对式(5.7)进行回归。求出在该操作条件下，$D_{ga} = 0.04\text{m}^2/\text{s}$（对应 Pe 数为1.6，接近于全混流）。图5.17是采用模型计算出的示踪气体浓度轴向分布与实验数据的对比图。

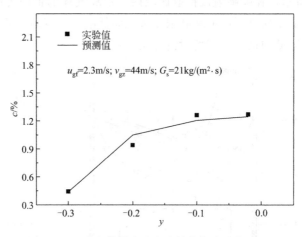

图5.17 示踪气体轴向浓度计算值与实验值的对比

由图5.17可以看出，模型计算结果与实验值吻合较好。这说明喷嘴射流以下区域示踪气体是由喷嘴射流气体流动和喷嘴射流扩散作用所带来的。为了获取该实验操作条件下示踪气体浓度为0对应的 y 值，采用式(5.8)中的边界条件对式(5.7)进行求解：

$$y = y_t$$
$$c = 0 \qquad\qquad (5.8)$$
$$y = -0.30$$
$$c = c_{-0.30}（实验值）$$

可得：

$$y_t = \frac{D_{ga}}{u_{ga}} Ln \left(\frac{c_j - c_{-0.30}}{c_j} \right) - 0.30 \qquad\qquad (5.9)$$

采用上述计算方法，计算出该操作条件下对应的 y_t 为 -0.338m。在 Yan 等人[13] 的工作中，其射流对上游的影响为 0.675m，是提升管直径的 3.6 倍。其喷嘴气体流量与预提升气体流量的比值约为 $1:1$，喷嘴射流过孔气速为 78m/s。Yan 等人[13] 的实验结果表明，在距离喷嘴射流引入点 $0.675(3.6D)$ m 处的上游截面未测量到示踪气体，并认为喷嘴射流对上游的影响存在于该截面以上的区域内。而本节实验中喷嘴气体流量与预提升气体流量的比值为 $8\sim16$，喷嘴射流的过孔气速为 $29\sim58$m/s。采用同样的方法，计算得出不同操作条件下对应的 D_{ga} 及 y_t，其数值如表 5.1 所示：

表 5.1　不同操作条件下的 D_{ga} 和 y_t

$u_{gz}/(m/s)$	$u_{ga}(m/s)$	$G_s/[kg/(m^2 \cdot s)]$	$D_{ga}/(m^2/s)$	y_t/m
44	0.45	29	0.07	-0.584
44	0.45	36	0.06	-0.499
44	0.45	21	0.10	-0.654
29	0.45	29	0.07	-0.544
37	0.45	29	0.09	-0.546
51	0.45	29	0.1	-0.554
44	0.225	29	0.11	-0.597
44	0.675	29	0.09	-0.551
44	0.90	29	0.07	-0.533

为了方便工业设计使用，进一步建立了用于预测 y_t 数值的经验模型，其具体过程如下所示。由表 5.1 可以看出，y_t 的数值主要取决于喷嘴射流与预提升分布风的比例和催化剂循环强度，因此将 y_t 与这两个可以在设计时获取的参数进行关联，其计算式如式(5.10) 所示：

$$(y_t - y^*)/D_r = k_1 \left(\frac{Q_z}{Q_a}\right)^{k_2} G_s^{k_3} \tag{5.10}$$

式中　y^*——射流尽头和射流引入点间的垂直距离，m；

　　　D_r——进料段直径，m；

　　　Q_z——喷嘴气体流量，m^3/s；

　　　Q_a——预提升气体流量，m^3/s。

采用表 5.1 的数据进行回归，得出参数值为 $k_1 = 2.711$，$k_2 = 0.097$，$k_3 = -0.611$。计算结果与实验值的对比见图 5.18，最大误差 5%，平均误差 1.7%。

经过喷嘴射流扩散长度的计算，建议喷嘴安装高度距离预提升分布环上部 1m 左右。

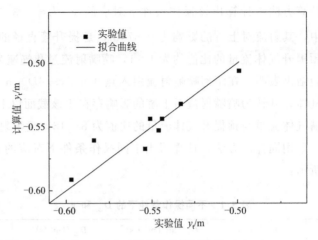

图 5.18 y_t 计算值与实验值的对比

5.2.3 气相返混特性

通过测量距离喷嘴以上 0.5m（截面 a）、距离喷嘴以上 1m（截面 b）和距离喷嘴以上 1.5m（截面 c）处示踪气体的停留时间分布来获取在距离喷嘴截面 0.5m 到 1.5m 区域内的气相返混情况。Nauman[14] 指出根据边界条件的不同，可以将反应系统分为开系统（open system）和闭系统（close system），如图 5.19 所示：

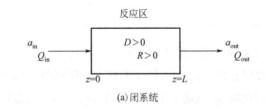

(a)闭系统

(b)开系统

图 5.19 轴向扩散模型

开系统在边界处有扩散，而闭系统在边界处无扩散。示踪气体实验测量系统的测点布置如图 5.20 所示：

示踪气体由喷嘴进入预提升进料段，为了考察示踪气体在进入预提升进料段前的扩散情况，实验中在距离注入点 130mm 处设置了一个测点，如图 5.20 所示。

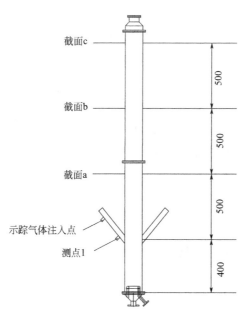

图 5.20　脉冲示踪测点布置

其测量结果如图 5.21：

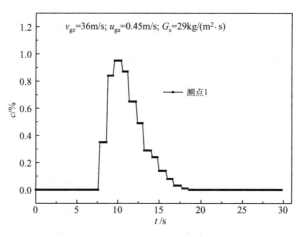

图 5.21　测点 1 的脉冲响应曲线

由图 5.21 可以看出在边界处存在扩散，应认定该测量系统为开系统。Li 等人[15] 指出，对于忽略径向浓度差异的一维拟均相轴向扩散模型可由式(5.11) 来表示：

$$D_{ga} \frac{\partial^2 c}{\partial y^2} - \overline{U} \frac{\partial c}{\partial y} = \frac{\partial c}{\partial t} \qquad (5.11)$$

式中：
$$\overline{U}=\frac{u_{gf}}{\varepsilon_g}$$

对于开系统，采用脉冲示踪，式（5.11）的解是：

$$c=\frac{1}{2\sqrt{\dfrac{\pi t}{t_m(1-\varepsilon_a)D_{ga}\cdot u_{gf}\cdot L}}}\exp\left[-\frac{\dfrac{(1-t/t_m)^2}{4t}}{t_m(1-\varepsilon_a)D_{ga}\cdot u_{gf}\cdot L}\right]\qquad(5.12)$$

平均停留时间及标准偏差可以由下式来计算[15]：

$$t_m=\int_0^\infty tE(t)\mathrm{d}t$$
$$\sigma^2=\int_0^\infty (t-t_m)^2E(t)\mathrm{d}t\qquad(5.13)$$

对于轴向扩散系数较小的情况，可以采用下式来计算轴向扩散系数[16]：

$$\frac{\sigma^2}{t_m^2}=\frac{2}{Pe}+8Pe^{-2}\qquad(5.14)$$

式中 Pe 数采用下式计算：

$$Pe=\frac{u_{gf}L}{(1-\varepsilon_s)D_{ga}}\qquad(5.15)$$

式中　L——测点距离示踪气体注入点的距离，m。

根据上述方法，计算出 Pe 数在不同轴向区域内的数值，其大小如图 5.22 所示。图中截面 a 的轴向高度 $h/H=0.45$，截面 b 的轴向高度 $h/H=0.70$，截面 c 的轴向高度 $h/H=0.95$。

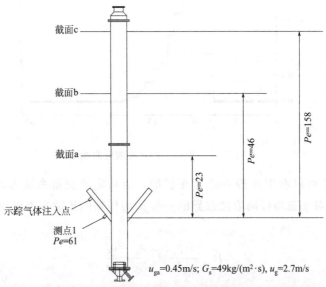

图 5.22　不同区域的 Pe 数

图 5.23 是扩散系数不同轴向区域内的数值，可以看出轴向返混在截面 b 和截面 c 之间区域最小。距离喷嘴引入点较近的截面 a 和截面 b 的轴向返混系数较高，说明该区域内返混较为严重。而在距离喷嘴引入点较远的截面 c 的轴向返混系数较低，说明该区域内的返混较弱。

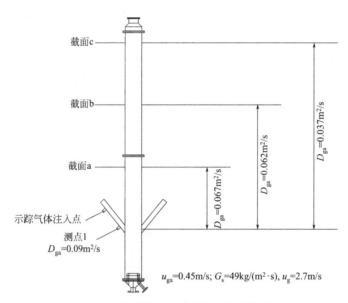

图 5.23　不同轴向区域内的轴向扩散系数

采用上述计算出的轴向扩散系数，代入式(5.12)，则可以预测示踪气体浓度随着时间的变化，下图是预测结果与实验值的对比。

由图 5.24 可以看出，模型预测结果与实验结果吻合较好。图 5.25 是不同操作条件下不同截面对应的 Pe 数及轴向扩散系数的轴向分布情况。

由图 5.25 可以看出，不同操作条件下 Pe 数的变化并不明显。当喷嘴射流速度保持不变时（$v_{gz}=44\text{m/s}$），随着催化剂循环量的增加［36kg/（m² · s）到49kg/（m² · s）］，三个测量截面的轴向扩散系数均增大，说明催化剂循环强度的增加使得测量区域内的返混增大，这与 Yang 等人[17] 在气固循环流化床中得出的结论相一致。而保持催化剂循环强度不变［$G_s=29\text{kg/（m² · s）}$］时，喷嘴气速由$v_{gz}=36\text{m/s}$ 增加到 51m/s，则给三个不同测量截面带来不同的影响。对于测量截面 a 和测量截面 b，喷嘴气速的增加使得该区域的轴向扩散系数增大；而对于测量截面 c，喷嘴气速的增加则使得该区域的轴向扩散系数减小；针对测量截面 c，得出的实验结果与 Bai[18] 的结论相一致，而测量截面 a 和测量截面 b 则相反。这主要与本书所述的喷嘴安装方案有关，也说明喷嘴射流的影响主要集中在测量截面 a 和测量截面 b 区域。

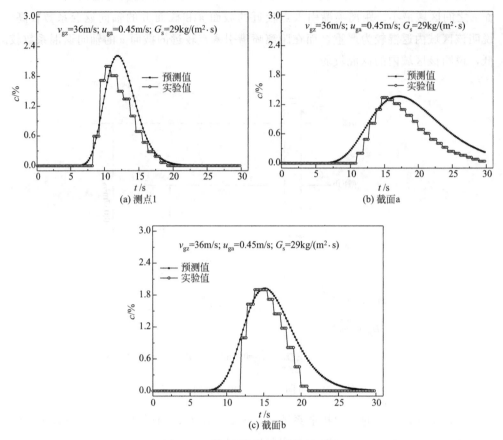

图 5.24　模型预测与实验值的对比

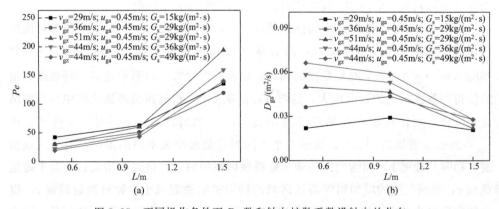

图 5.25　不同操作条件下 Pe 数和轴向扩散系数沿轴向的分布

参考文献

[1] 许友好,鲁波娜,何鸣元,等. 变径流化床反应器理论与实践[M]. 北京:中国石化出版社. 2019.

[2] LI Y,KWAUCK M. The dynamics of fast fluidization [M]. New York:Plenum Press,1980:537-544.

[3] SCHNITZLEIN M,WEINSTEIN H. Flow characterization in high-velocity fluidized beds using pressure fluctuations [J]. Chemical Engineering Science,1988,43:2605-2614.

[4] PäRSSINEN J,ZHU J. Axial and radial solids distribution in a long and high-flux CFB riser [J]. AIChE Journal,2001:47(10):2197-2205.

[5] BABU S P,SHAH B,TALWALKER A. Fluidization correlations for coal gasification materials-minimum fluidization velocity and fluidized bed expansion ratio [J]. AIChE Symposium Series,1978,176:176-183.

[6] WANG C. High density gas-solids circulating fluidized bed riser and downer reactors [D]. Western Ontario:The University of Western Ontario,2013:11-17.

[7] 金涌,祝京旭,汪展文,等. 流态化工程原理[M]. 北京:清华大学出版社,2001:151-152.

[8] 李佑楚,陈丙瑜,王凤鸣,等. (一)快速流态化流动模型参数的关联[J]. 过程工程学报,1980,4:20-30.

[9] 罗雄麟. 快速床空隙率分布模型在高效再生器烧焦罐中的应用[J]. 石油大学学报,1992,5:90-94.

[10] MITALI D,AMERITA B,MEIKAP B C,et al. Axial voidage profiles and identification of flow regimes in the riser of a circulating fluidized bed [J]. Chemical Engineering Journal,2008,145(2):249-258.

[11] LI J,HERBERT W. An experimental comparison of gas backmixing in fluidized beds across the regime spectrum [J]. Chemical Engineering Science,1989,44:1697-1705.

[12] Gayán P,de Diego L F,Adánez J. Radial gas mixing in a fast fluidized bed [J]. Powder Technology,1997,94:163-171.

[13] YAN Z,FAN Y,WANG Z,et al. Dispersion of feed spray in a new type of FCC feed injection scheme [J].AIChE J,2015,62(1):46-61.

[14] BRUCE N E. Residence time theory [J]. Industrial & Engineering Chemistry Research,2008,47:3752-3766.

[15] LI Y,WU P. Study on axial gas mixing in a fast fluidized bed[C]//Circulating Fluidized Bed Technology III. Oxford:Pergamon Press,1991:581-586.

[16] LUO G,YANG Q. Axial gas dispersion in fast fluidized beds[C]//Proc 5th National Fluidization Conference.Beijing:1990:155-158.

[17] YANG W-T. Handbook of fluidization and fluid-particle systems [M]. New York:Marcel Dekker,2005:62-65.

[18] BAI D,ZHU J X,JIN Y,et al. Internal recirculation flow structure in vertical upward flowing gas-solids suspensions Part I. A core-annular model [J]. International Journal of Multiphase Flow,1995,85:171-178.

第6章

吡啶碱合成耦合反应器内的流动、传递与反应

　　为了验证耦合反应器用于醛氨法合成吡啶碱过程的可行性，并初步考察反应器的性能，有必要在热态实验装置内展开实验。由于耦合反应器内合成反应主要在提升管内进行，验证实验在一套小型热态提升管反应器实验装置内进行。

6.1　装置简介和实验方法

　　(1) 实验装置简介

　　小型热态提升管实验装置流程图如图6.1所示。实验装置主要由进料系统、反应再生系统、取样系统及尾气处理系统所组成。其中提升管反应器的高度为3500mm，内径为 $\phi14$mm；流化床再生器的高度为1200mm，内径为 $\phi500$mm。进料系统主要由氨气瓶、装有混合醛的烧瓶、进料计量泵和加热器组成。实验开始时，首先将混合醛由计量泵输送至加热器内进行预热并气化，气化后的混合醛与来自气瓶的氨气进行混合，然后通过提升管底部的喷嘴引入提升管反应器，与来自循环管线的再生催化剂进行混合。气、固混合物在向上流动的过程中持续反应，反应产物与催化剂由提升管出口处的分离器进行分离；分离后的气相混合物进入后续的分离系统，催化剂经过汽提后进入再生系统。再生器内通有空气，在高温下烧去附着在催化剂表面的焦炭后，通过循环管线将再生剂引入提升管反应器，燃烧产生的尾气进入后续的尾气处理系统。尾气处理系统主要由冷凝器组成，在水冷的作用下，尾气中的有害气体（氨气、甲醛和乙醛）被液化并经过收集进行统一处理。分离后的气相混合物经过多级冷凝实现气、液分离，液相通过烧瓶来收集，并采用气

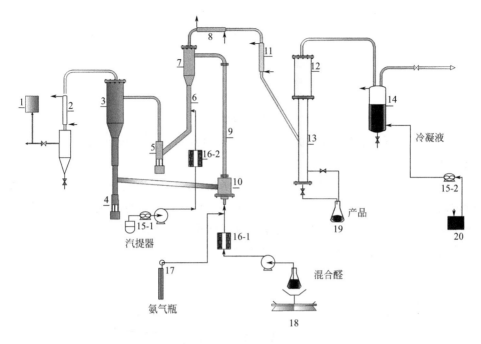

图 6.1　实验装置流程简图

1—二氧化碳检测器；2,8,11—冷凝器；3—再生器；4,5—阀门；6—汽提器；7—分离器；

9—提升管；10—进料段；12—管式冷凝器；13—气、液分离管；14—气、液分离器；15-1～15-2—活塞泵；

16-1～16-2—加热器；17—玻璃流量计；18—电子天平；19—产品收集器；20—冷却器

相色谱对产品含量进行分析，剩余的不凝气主要包括氢气和二氧化碳，可以进行燃烧处理。

（2）操作条件的确定

乙醛的初始浓度采用式(6.1) 到式(6.4) 来计算。

$$c_{A0} = \frac{n_{A0}}{V} \tag{6.1}$$

式中，n_{A0} 是乙醛的摩尔流率，可以通过进料的质量流率和组成来计算。V 是混合醛和氨气在反应条件下的体积流率，可以通过理想气体状态方程计算。

$$PV = nRT \tag{6.2}$$

式中，n 是混合醛和氨气的摩尔流率，可以通过式(6.3) 来计算。

$$n = n_{A0}/x_{A0} + n_m \tag{6.3}$$

式中，x_{A0} 是乙醛在混合醛中的比例（物质的量之比），n_m 是氨气的摩尔流率，可以通过式(6.4) 来计算。

$$n_m = \left(\frac{1}{\eta_{af}} + 1\right)\frac{n_{A0}}{\eta_{am}} \tag{6.4}$$

式中，η_{af} 是乙醛与甲醛的物质的量之比，η_{am} 是氨气和混合醛的物质的量之比。Reddy[1] 建议可以忽略吡啶碱合成反应过程中气体体积的变化，因此在提升管反应器中，可以认为表观气速沿着轴向保持不变。表观气速可以采用式(6.5) 来计算。

$$u_g = \frac{4V}{\pi D^2} \tag{6.5}$$

式中，D 为提升管反应器的内径。反应温度通过五个热电偶测量，其具体布置位置如图 6.2 所示。

实验过程中发现这五个热电偶的示数基本相同，取测点 2、3、4 的平均值为提升管内的反应温度。而反应器内的操作压力通过位于提升管底部的压力表来测量。受限于实验装置的尺寸，普通固体流量计难以准确计量装置内催化剂的循环量，故采用热量平衡的方法来计算催化剂的循环量。

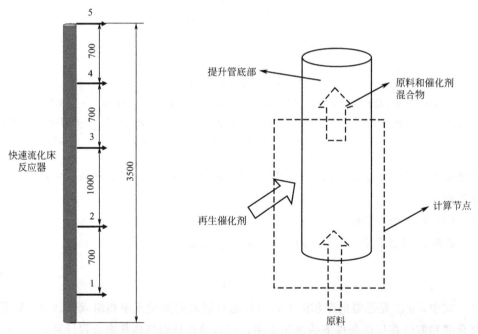

图 6.2　轴向温度测点布置　　　　图 6.3　催化剂循环强度计算节点

图 6.3 是催化剂循环量的计算节点，根据热量平衡可以获取如式(6.6) 所示的等式。

$$\sum m_i H_i + \frac{\pi D^2 G_s}{4} L \Delta T = \sum m_o H_o \tag{6.7}$$

式中 m_i，m_o 为各原料流股的进、出口质量流率，单位为 kg/s；H_i、H_o 为各原料流股在进、出口处的焓值，单位为 J/kg；L 为催化剂的潜热，单位为 J/(kg・℃)。

为便于与目前工业装置数据进行对比，实验采用与工业装置一致的收率计算方法。采用碳原子守恒的方式来计算吡啶和 3-甲基吡啶收率，其表达式如式(6.7)、式(6.8) 所示。

$$y_p = \frac{5n_p}{2n_{ar} + n_{fr}} \times 100\% \tag{6.7}$$

$$y_{3p} = \frac{6n_{3p}}{2n_{ar} + n_{fr}} \times 100\% \tag{6.8}$$

式中，y_p 和 y_{3p} 分别是吡啶和 3-甲基吡啶的收率。n_p 和 n_{3p} 分别是吡啶和 3-甲基吡啶在产品中的物质的量，n_{ar} 和 n_{fr} 分别是乙醛和甲醛在原料中的物质的量。

实验采用与工业装置相同的催化剂，催化剂颗粒密度为 $1350kg/m^3$，平均颗粒直径为 $70\mu m$。实验考察了反应温度、催化剂循环量、反应物停留时间、反应沉降器温度 (T_{dis})、原料配比及原料浓度对反应结果的影响。

6.2 实验结果及分析

为了确定耦合反应器用于吡啶碱合成的最佳操作条件，测量了不同操作条件下的反应收率及选择性。图 6.4 给出了反应温度对吡啶碱收率和选择性的影响。

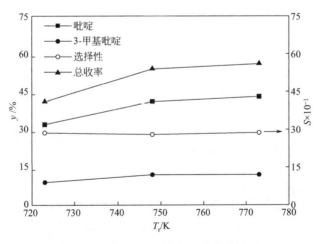

图 6.4 反应温度 (T_r) 对收率的影响

由图 6.4 可以看出，随着反应温度由 723K 提高到 773K，吡啶碱的收率由 41% 增加到 56%，其中吡啶的收率由 32% 增加到 43%，3-甲基吡啶的收率由 9% 增加到 12%。这是由于反应温度的提高增加了反应速率，在相同的停留时间和相同的气固接触效率下，反应的转化率提高了，吡啶和 3-甲基吡啶的收率也增加了。但是当反应温度大于 748K 后，吡啶碱收率增加得并不明显。这是因为吡啶碱合成反应属于典型的放热反应，过高的反应温度会抑制平衡转化率的进一步增加。工业装置中吡啶碱的合成反应温度是728K，对应吡啶收率为50％，3-甲基吡啶的收率为25％。通过对比实验装置与工业装置吡啶碱的收率可以发现，提升管实验装置吡啶碱的收率明显低于工业装置。这主要是由于提升管反应器中催化剂浓度较低，导致提升管反应器反应转化率较低，对应的吡啶碱收率也较低。

由图6.4还可以看出反应产物吡啶对3-甲基吡啶的选择性S在2.9左右，远高于工业装置的2.0。这是由于提升管反应器表观气速较工业装置高，气固两相的返混程度远低于工业床层反应器，有利于提高吡啶对3-甲基吡啶的选择性[2,3]。图6.4显示产品选择性S基本不随反应温度的变化而变化。这说明温度的升高同时增加了吡啶和3-甲基吡啶的生成速率，两个反应速率的增加比例接近。

图6.5是催化剂循环强度对收率的影响。可以看出总收率并非随着催化剂循环量的增加而单调增加，而是先增加后减小。当催化剂循环量分别为11.9kg/(m^2·s)和19.2kg/(m^2·s)时反应总收率分别达到56.43％和57.71％，而当催化剂循环强度达到22.1kg/(m^2·s)时，反应总收率反而降低了6个百分点，吡啶和3-甲基吡啶的收率也表现出类似的趋势。前期研究表明，催化剂的再生时间不宜少于1h，当循环量为11.9kg/(m^2·s)时，催化剂在再生器中的停留时间为68min（催化剂装填量为8kg）；当循环量为19.2kg/(m^2·s)时，催化剂在再生器中的停留时间仅为42min，此时循环反应再生剂使催化剂再生不充分，导致活性降低，影响了反应收率。

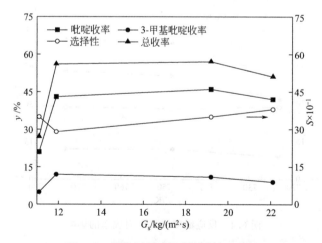

图6.5　催化剂循环强度对收率的影响

图6.6是停留时间对收率的影响，可以看出随着停留时间的增加，吡啶碱总收率提高。实验中通过控制进料量来调节原料在提升管中的停留时间。当催化剂循环量一定时，停留时间增加意味着进料量减小、提升管内原料浓度降低、催化剂浓度增加，将使催化剂与反应物的比例显著增加，有利于产品收率的增加。

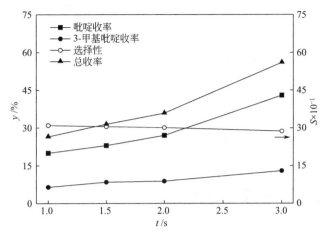

图 6.6　停留时间对收率的影响

另一方面，随着停留时间的增加，产物中吡啶对 3-甲基吡啶的选择性 S 缓慢降低。这是因为随着表观气速的降低，气固两相的返混程度增加，而返混对吡啶生成反应的影响高于 3-甲基吡啶。因此，兼顾收率和反应产物的选择性，应选择较为合理的反应物停留时间。受限于实验装置的操作范围，未能获取更高停留时间下产物的分布，本书在后续章节中采用模型来预测最优的反应物停留时间。

图 6.7 是不同氨醛比时产物的收率。可以看出当氨醛比为 0.88 时，吡啶碱总收率最高为 56%。由式(6.1)~式(6.4) 可以看出，当提高氨醛比时，乙醛初始浓度将会降低。而由式(6.3)~式(6.5) 可以看出，生成吡啶碱的反应速率与乙醛初始浓度成正比。因此，乙醛初始浓度的降低将会使得反应速率降低，从而导致吡啶碱收率减少。

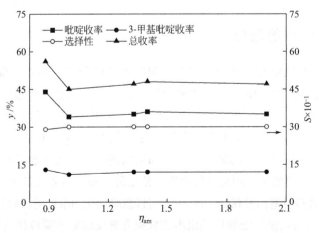

图 6.7　氨醛比对收率的影响

由图 6.4～图 6.7 可以看出，本实验吡啶碱的最高收率为 60%，对应的焦炭产率为 13%，反应器温度为 773K。这一收率与工业装置最高收率 75% 相比，低了将近 15 个百分点。造成吡啶碱收率降低的主要原因是相对于工业鼓泡床反应器，本实验中提升管反应器直径较小，无法实现高催化剂浓度，原料气与催化剂的浓度比也较低。由此可见，采用单一形式的提升管反应器尽管可以有效解决进料分布器结焦的问题，但吡啶碱的收率还不能满足工业化的要求，有必要在提升管出口设置一个床层，以进一步增加产品收率。

6.3 流动-反应模型的建立

化学反应是以分子尺度进行的物质转化过程。实际反应器中化学反应往往受到物理传递过程的影响，例如气固催化反应中的外扩散阻力，流动的不均匀造成原料或催化剂浓度的不均匀分布（如气泡或颗粒聚团），浓度的不均匀造成的相间质量传递与热量传递的不均匀等。这些不均匀性强烈依赖于流场随时间和空间的变化，造成转化率或产品收率在时空上的分布也具有强烈的各向异性。

Reddy 等人[1] 在一个固定床微反应器内研究了醛氨法合成吡啶碱过程的反应动力学，催化剂装填量仅为 4g。其获取的反应动力学并未考虑气固两相浓度的不均匀分布、传质和传热随空间的变化，反应温度（300～400℃）也没有达到目前工业装置的反应温度（450℃）。本章所采用的热态提升管实验装置较为复杂，操作条件的变化会引起流动状态的变化，进而引起相间质量和能量传递的变化。有必要建立新的模型，将流体流动及传热、传质的影响考虑进来，才能够准确预测提升管装置的实验结果。

6.3.1 流动模型的选择

用于提升管内颗粒浓度计算的模型按照维度可以分为四类：零维、一维、二维和三维。所谓零维指的是模型预测结果为提升管内平均催化剂浓度随着操作条件变化，忽略了催化剂浓度沿着轴向或径向的变化。二维模型包含了提升管内颗粒浓度沿着轴向的变化规律。二维模型考虑了提升管内颗粒浓度沿轴向和径向的变化。三维模型包含了提升管内颗粒浓度的轴向、径向和周向的变化。维度越高模型复杂程度越大。此处采用一维模型来预测提升管内颗粒浓度的分布，主要是基于以下几点：

① 热态装置提升管内径仅为 ϕ14mm，可以忽略催化剂浓度沿径向和周向的变化；

② 一维轴向流动模型能够反映出本实验提升管反应器中颗粒相的轴向返混特性；

③ 一维轴向流动模型易于与反应动力学结合。

一维轴向模型有半经验模型和经验模型。Li[4] 等人基于对实验现象的观察，提出了用于预测提升管内颗粒浓度沿轴向变化的半经验模型，但该模型的模型参数的获取极为复杂，前人给出的参数计算公式适用范围也较窄，未包含本实验所涉及的操作条件。Bai 等人[5] 假设气相和固相为拟均相，并基于气固两相的连续性方程和动量方程给出了提升管内颗粒浓度的轴向分布模型，但该模型中的曳力系数计算对模型预测结果的影响较大，且其适用条件未包含本实验的操作条件，因此不能采用该模型。Lu 等人[6] 通过总结催化裂化烧焦罐快速床轴向颗粒浓度的实验数据并结合大量的冷态实验结果，提出了式（6.9）来预测快速床内颗粒浓度的轴向分布。

$$\rho = 1.923 u_g^{-0.915} h^{-0.347} G_s^{1.362} \tag{6.9}$$

该模型计算过程简单且预测精度较高，其适用范围也涵盖了实验所有操作气速。

Reddy 等人[1] 假设了如图 6.8 所示的反应机理，并通过微型反应器热态实验获取了反应动力学参数。如图所示，乙醛、甲醛和氨气以不同的反应速率同时生成吡啶和 3-甲基吡啶，生成的吡啶和 3-甲基吡啶又以不同的速率结焦，这是典型的平行串联反应。醛氨法合成吡啶碱的主反应可以采用反应方程式（6.10）和反应方程式（6.11）来描述。醛氨法合成吡啶碱的副产物主要有 2-甲基吡啶、4-甲基吡啶、甲胺、二甲胺和三甲胺。在实际工业生产过程中一般通过调节原料比例来抑制副产物的生成。

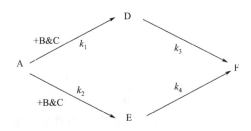

图 6.8　反应机理

A—乙醛；B—氨气；C—甲醛；D—吡啶；E—3-甲基吡啶；F—焦炭

$$2CH_3CHO + HCHO + NH_3 \longrightarrow C_5H_5N + 3H_2O + H_2 \tag{6.10}$$

$$2CH_3CHO + 2HCHO + NH_3 \longrightarrow C_6H_7N + 4H_2O \tag{6.11}$$

式（6.12）到式（6.14）为 Reddy 等人[1] 通过微型反应器热态实验获取的反应速率表达式，其动力学参数见表 6.1 所示。

$$-r_A = (k_1 + k_2) c_A^2 a \tag{6.12}$$

$$r_D = (k_1 c_A^2 - k_3 c_D) a \tag{6.13}$$

$$r_E = (k_2 c_A^2 - k_4 c_E) a \tag{6.14}$$

表 6.1　反应动力学模型参数值

模型参数	参数值	模型参数	参数值
$k_{10}/[\mathrm{L}^2/(\mathrm{mol}\cdot\mathrm{g}\cdot\mathrm{h})]$	154269	$E_1/(\mathrm{J/mol})$	23826
$k_{20}/[\mathrm{L}^2/(\mathrm{mol}\cdot\mathrm{g}\cdot\mathrm{h})]$	79534	$E_2/(\mathrm{J/mol})$	25665
$k_{30}/[\mathrm{L}/(\mathrm{g}\cdot\mathrm{h})]$	13	$E_3/(\mathrm{J/mol})$	14797
$k_{40}/[\mathrm{L}/(\mathrm{g}\cdot\mathrm{h})]$	4780	$E_4/(\mathrm{J/mol})$	43555

注：k_{i0} 为反应速率常数指前因子；E_i 为反应活化能，J/mol。

6.3.2　流动-反应模型的建立

在提升管反应器内，气相的径向扩散远小于其轴向扩散[7-12]，因此此处忽略了其径向扩散对气相流动产生的影响。Bai[5] 等人在模拟提升管内反应中将气相看成活塞流流动，并基于此获得了较好的模拟结果。由于实验装置提升管尺寸过小，难以获取其对应的流动特性。此处首先假设提升管内的流动为活塞流流动，然后采用催化剂表观活性因子修正活塞流模型，进而得到提升管反应器的模型。对应的反应器模型可以用式(6.9)、式(6.15)～式(6.17)来描述。由于本实验所涉及的反应在反应前后摩尔流率变化较小，且提升管反应器内温度变化也较小，压力的变化不到 5%，因此认为气相的体积流量在整个反应过程中不变，由质量守恒可以得出气相的密度也不变。

$$\frac{\mathrm{d}c_{\mathrm{A0}}}{\mathrm{d}h} = \frac{(k_1+k_2)c_{\mathrm{A}}^2\rho(h)}{u_{\mathrm{g}}(h)}a \tag{6.15}$$

$$\frac{\mathrm{d}c_{\mathrm{D0}}}{\mathrm{d}h} = \frac{(k_1 c_{\mathrm{A}}^2 - k_3 c_{\mathrm{D}})\rho(h)}{u_{\mathrm{g}}(h)}a \tag{6.16}$$

$$\frac{\mathrm{d}c_{\mathrm{E0}}}{\mathrm{d}h} = \frac{(k_2 c_{\mathrm{A}}^2 - k_4 c_{\mathrm{E}})\rho(h)}{u_{\mathrm{g}}(h)}a \tag{6.17}$$

式(6.15) 到式(6.17) 中催化剂表观活性 a 的数值主要取决于催化剂的活性和催化剂与反应物的接触以及提升管内温度的轴、径向分布。由于反应过程中焦炭产率很低，催化剂在再生器内的再生时间又很长，可以认为催化剂活性基本不变（起始活性的 99%）[1]。而提升管内温度和气固相接触对催化剂表观活性的影响主要受到催化剂循环强度、表观气速和反应温度的影响。假设催化剂的表观活性与表观气速、催化剂循环强度以及反应温度存在式(6.18) 所示的关系[3]。为了获取式(6.18) 中的模型参数，需要通过实验手段确定在不同 G_{s}、u_{g} 和反应温度 T 下对应的催化剂的平均活性。

$$a = b_1 G_{\mathrm{s}}^{b_2} u_{\mathrm{g}}^{b_3} T^{b_4} \tag{6.18}$$

Reddy[1] 等人采用反应产物收率的变化来反映催化剂活性的变化，将新鲜催化剂对应的收率作为初始收率，随着反应的进行，催化剂的活性会降低，对应产物的收率也会降低，将此时的收率除以初始收率得到的数值作为此时的催化剂活性。Reddy 等人采用的反应器尺寸较小，因此起始的活性可以认为是 1；另外，其实验操作条件对应的气相停留时间较短，不存在过反应现象。由式(6.15) ～ (6.17)可以看出反应速率与催化剂活性成线性关系，因此反应收率（反应速率在时间尺度上的累积）与催化剂活性也成线性关系，这是 Reddy 等人实验可行的前提。

　　图 6.1 中所示的小型热态提升管实验所采用的反应器尺寸相对较大，相对于反应器尺寸而言，处理量较小，为了获取足够多的样品，每次取样操作时间均在 1h 左右。另外，如上所述，反应器内催化剂存在返混现象[13,14]，这都使得本实验不能采用和 Reddy 等人一样的方法来获取初始收率。为了解决这一问题，本实验采用模型预测的方法来获取初始收率，即：首先假设催化剂活性为 1，然后采用式(6.9)、式(6.15)～式(6.17) 来预测对应操作条件下的反应收率，将此收率作为初始收率。而将实际收率除以采用模型计算出的初始收率作为催化剂的表观活性。

　　通过回归得出式(6.18)中模型参数值为，$b_1 = 4.04$，$b_2 = 0.272$，$b_3 = 0.692$，$b_4 = -0.549$。由模型参数值可以看出，催化剂的平均活性与表观气速和催化剂循环强度成正相关，与反应温度成负相关。另外，由参数 b_2 和 b_3 数值的对比可以看出催化剂循环强度对催化剂表观活性的影响要大于表观气速的影响。在实验操作范围内，计算出快速床的平均表观活性为 0.71。

　　式(6.9)、式(6.15) ～式(6.17) 和式(6.18)组成了用于预测快速床反应结果的流动-反应模型。图 6.9 是模型预测结果与实验数据的对比，其平均误差为 6%。这说明，前人的反应动力学模型经实验修正后可以适用于本实验的研究体系。

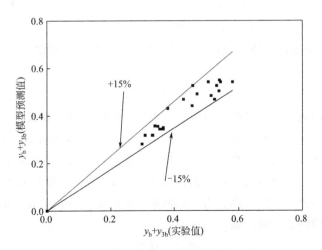

图 6.9　模型预测结果与实验结果的对比

6.4 模型预测分析

（1）反应历程的分析

图 6.10 是反应过程中各产物浓度及原料乙醛浓度随着提升管高度的变化规律，对应的反应温度为 773K，起始乙醛浓度为 0.0055mol/L。如图所示，随着提升管高度的增加，乙醛的浓度在逐渐降低，吡啶和 3-甲基吡啶的浓度先升高然后基本保持不变，而焦炭的浓度在不断增加。

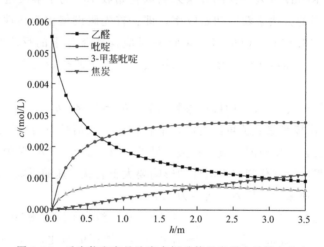

图 6.10　反应物和产品浓度在提升管反应器内的轴向分布

由式（6.15）和式（6.16）可以得出，当乙醛浓度与吡啶或 3-甲基吡啶的浓度满足式（6.19）时，则对应生成吡啶的反应（反应 1）的反应速率为 0；满足式（6.20）时，对应生成 3-甲基吡啶的反应（反应 2）的反应速率为 0。

$$k_1 c_A^2 = k_3 c_D \tag{6.19}$$

$$k_2 c_A^2 = k_4 c_E \tag{6.20}$$

随着反应的进行，乙醛的浓度进一步降低，此时反应 1 和反应 2 的反应速率均小于 0，这样就会造成吡啶和 3-甲基吡啶的浓度降低，本书将该段称为过反应段。将反应速率大于 0 的反应段称为正常反应段。正常反应段与过反应段的界限以反应速率为 0 来区分并称其为临界点。由图 6.10 可知，反应 1 临界点对应的提升管位置要比反应 2 临界点的位置高。为了降低焦炭的收率，应在生成 3-甲基吡啶反应处于过反应段以前终止反应。即：

$$c_A \geqslant \sqrt{\frac{k_4 c_E}{k_2}} \tag{6.21}$$

（2）催化剂循环强度对收率的影响

设定乙醛初始浓度为 0.0055mol/L、反应温度为 773K，改变催化剂循环强度来考察其对反应收率的影响。由式（6.9）及式（6.15）～式（6.17）可以看出，增加催化剂的循环强度能够提高反应速率，而在一定的停留时间下，反应程度会随着反应速率的提高而提高。图 6.11 给出了催化剂循环强度对反应收率的影响。

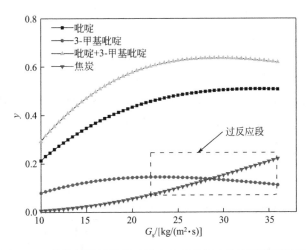

图 6.11　催化剂循环强度对反应收率的影响的模型预测结果

可以看出，在催化剂循环强度低于 22kg/(m² · s) 时，增加催化剂的循环强度能够有效提高吡啶和 3-甲基吡啶的收率，而在催化剂循环强度高于 22kg/(m² · s) 时，继续增加催化剂循环强度会使 3-甲基吡啶的收率降低、吡啶的收率增加。这是因为随着催化剂循环强度的增加，吡啶和 3-甲基吡啶生成反应的反应速率均增大，与此同时反应物的转化率也在提高。而随着反应速率的提高，在停留时间不变的情况下，反应将会进入过反应段。由前述章节分析可知，在相同操作条件下，生成 3-甲基吡啶的反应会较早处于过反应段。因此，随着催化剂循环强度的增加，3-甲基吡啶生成反应较早进入过反应段，此时 3-甲基吡啶的生成速率变为负值，3-甲基吡啶的收率开始降低。而吡啶生成反应的临界点较为靠后，其收率将会继续增加一段时间后再降低。由图 6.11 可以看出，吡啶碱总收率随着催化剂循环强度的增加先增加后降低，其变化点处于催化剂循环强度为 25kg/(m² · s) 附近。这与吡啶收率的变化规律和 3-甲基吡啶收率的变化规律相关。在催化剂循环强度为 22kg/(m² · s) 到 25kg/(m² · s) 时，吡啶收率的增加幅度高于 3-甲基吡啶收率的降低幅度，总收率随着催化剂循环强度的增加继续增加。当催化剂循环强度高于 25kg/(m² · s) 时，吡啶收率的增加幅度低于 3-甲基吡啶收率的降低幅度，总收率随着催化剂循环强度的增加而降低。

（3）表观气速对收率的影响

表观气速的变化会进一步引起流动环境的变化，因而主要通过三个方面对反应收率产生影响：催化剂平均活性、催化剂浓度和停留时间。催化剂活性的影响主要是通过式（6.18）来体现的，提高表观气速能够提高催化剂的平均活性。但由式（6.9）可知，在相同催化剂循环强度下，气速越高催化剂的浓度越低，这又会降低反应速率。另外，气速越高停留时间越短，反应转化的程度也越低。因此，提高气速能够提高催化剂的平均活性，但也会降低催化剂浓度及停留时间，气速对反应结果的最终影响主要取决于以上三方面影响的博弈程度。图6.12是催化剂循环强度为11kg/h、反应温度为773K、初始乙醛浓度为0.0055mol/L条件下，表观气速对反应收率的影响。可以看出表观气速的升高使得吡啶和焦炭的收率均有所降低，而3-甲基吡啶的收率先略有升高，然后降低。在表观气速低于1m/s的区域，随着表观气速的增高，吡啶的收率在降低，而3-甲基吡啶的收率在升高，这说明该区域对应过反应段。总体而言，气速越高对应的反应收率越低。

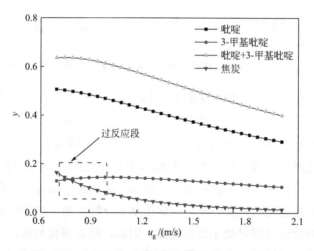

图6.12　表观气速对收率的影响的模型预测结果

（4）反应温度对收率的影响

反应温度对反应收率的影响主要通过反应速率常数来体现，对于醛氨法和吡啶碱反应，反应温度的增加有利于提高反应速率。在操作气速为1m/s、催化剂循环强度为13.8kg/h、乙醛初始浓度为0.0055mol/L的情况下，考察了反应温度对反应收率的影响。如图6.13所示，在实验所涉及的范围内反应温度对收率的影响不大。这主要是由于醛氨法合成吡啶碱反应为放热反应，提高反应温度不利于平衡转化率的提高。因此，反应温度不宜过高，采用与工业装置较为接近的温度即可（工业装置为723K）。

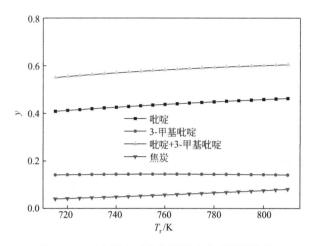

图 6.13　反应温度对收率的影响模型预测结果

（5）原料中乙醛浓度对收率的影响

Reddy 等人[1] 的工作指出，醛氨法合成吡啶碱所涉及的反应速率仅与原料中乙醛的浓度有关。因此，本节考察了原料中乙醛的浓度（初始乙醛浓度）对反应收率的影响。初始乙醛浓度的提高能够有效提高反应速率，显著促进吡啶和3-甲基吡啶的转化。图6.14 给出了反应温度为723K、原料进料流率为 9.2L/min、催化剂循环强度为 13.8kg/h 时初始乙醛浓度对反应产物分布的影响。可以看出，随着初始乙醛浓度的提高，吡啶和3-甲基吡啶以及焦炭的收率均在增加，其中焦炭收率的增长速率一直低于吡啶和3-甲基吡啶收率的增长速率。这主要是由于吡啶和3-甲基吡啶的反应速率与初始乙醛浓度呈二次函数关系，而焦炭收率与吡啶和3-甲基吡啶浓度呈一次函数关系。因此在实际工业应用过程中，应尽可能增大乙醛的初始浓度。

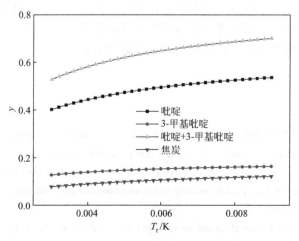

图 6.14　乙醛起始浓度对收率的影响的模型预测结果

（6）对选择性的影响

反应产物的选择性取决于两个因素：反应动力学、流体流动。此处首先从反应动力学角度分析选择性随反应历程的变化。反应体系的选择性可以由式（6.21）来计算。

$$S = \frac{c_D}{c_E} \tag{6.22}$$

在反应温度为 723K、原料进料流率为 9.2L/min、催化剂循环强度为 13.8kg/h 操作条件下，选择性随停留时间的变化如图 6.15 所示。

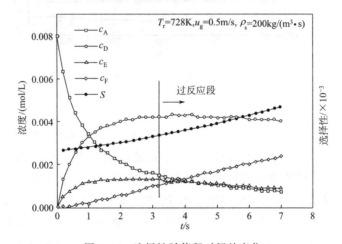

图 6.15　选择性随停留时间的变化

由图 6.15 可以看出，随着反应的进行选择性逐渐升高。这表明生成吡啶的速率始终高于生成 3-甲基吡啶的速率，因此在相等的反应时间内，吡啶的转化率更高。而当反应停留时间高于 3.2s 时，吡啶碱的收率变化较小，而 3-甲基吡啶的收率逐渐降低，同时焦炭的收率急剧升高，此时的反应阶段属于明显的过反应段。为了使得收率最大化，且满足选择性的需求，应在过反应段之前终止反应。由上图还可以看出，吡啶碱对 3-甲基吡啶碱的选择性最佳值处于 3.2 左右。

参考文献

［1］　REDDY K S K,SCREEDHAR I,RAGHAVAN K V. Kinetic studies on vapor phase pyridine synthesis and catalyst regeneration studies［J］. Can J Chem Eng,2011,89：854-863.

［2］　HERBERT P M,GAUTHIER T A,BRIENS C L,et al. Application of fiber optic reflection probes to the measurement of local particle velocity and concentration in gas-solid flow［J］. Powder Technology,1994,80：243-252.

［3］　ZHOU S,LIU M,LU C,et al. Investigation of pyridine synthesis in a fast fluidized bed reactor［J］.Industrial & Engineering Chemistry Research,2018,57（4）：1179-1187.

[4]　LI Y, KWAUCK M. The dynamics of fast fluidization [M]. New York: Plenum Press, 1980: 537-544.

[5]　BAI D, ZHU J, JIN Y, et al. Novel designs and simulations of FCC riser regeneration [J]. Industrial & Engineering Chemistry Research, 1997, 36: 4543-4548.

[6]　LU C, WANG Z. Research of industrial fast fluidized bed reactor [J]. Petrochemical Technology, 1991, 20: 695-699.

[7]　LI T, KONSTANTIN P, MARTHA S, et al. Numerical simulation of horizontal jet in a three-dimensional fluidized bed [J]. Powder Technology, 2008, 184(1): 89-99.

[8]　SANG G, LAI X, QIAN W, et al. Recombination of hydrogen and oxygen in fluidized bed reactor with different gas distributor [J]. Energy Procedia, 2012, 29: 552-558.

[9]　LIM M T, PANG S, JUSTIN N. Investigation of solids circulation in a cold model of a circulating fluidized bed [J]. Powder Technology, 2012, 226(8): 57-67.

[10]　SHAKHOVA N A, MINAEV G A. Aerodynamics of a jet in a fluidized bed [J]. Journal of Engineering Physics, 1970, 19: 1368-1375.

[11]　MERRY J M D. Penetration of a horizontal gas jet into a fluidized bed [J]. Transactions of Institution of Chemical Engineering, 1971, 49: 189-195.

[12]　BAI D, ZHU J X, JIN Y, et al. Internal recirculation flow structure in vertical upward flowing gas-solids suspensions Part I. A core-annular model [J]. International, 1995, 85: 171-178.

[13]　BAI D, ZHU J X, JIN Y, et al. Internal recirculation flow structure in vertical upward flowing gas-solids suspensions Part II. Flow structure predictions [J]. Journal of Multiphase Flow, 1995, 85: 179-188.

第 **7** 章

新型耦合流化床反应器的工业化

7.1　新型耦合流化床反应器的工业化实验

前面的章节里已经详细讨论了吡啶碱合成用耦合流化床反应器内气固两相的流动行为以及小型热态提升管实验装置内的流动、传递与反应。这些研究结果为耦合反应器的工业化放大提供了至关重要的基础数据与模型。但是考虑到工业化装置与实验装置,尤其是与热态实验装置在尺寸上存在数量级的差别,工业化装置内的流动、传递与反应与实验装置可能存在较大的差异。这些差异大多无法通过简单的线性放大来预测,因此,有必要展开工业侧线实验,在更大尺寸的装置里考察耦合反应器的综合性能。本节介绍了某公司吡啶碱合成工业侧线装置内反应器的性能和预测方法。

7.1.1　装置简介

工业侧线装置依托某公司 2.5 万 t/a 吡啶碱合成装置搭建,原合成装置反应系统如图 7.1 所示。合成反应器和再生器均采用床层反应器高低并列式排布。甲醛溶液和乙醛经气化后由底部进入反应器,氨气经另一个分布器进入反应器,与催化剂接触并反应,反应温度控制在 450℃左右。由于反应过程中会产生一定量的焦炭,焦炭附着在催化剂上会导致催化剂短暂性失活,因此将失活的催化剂经待生斜管、汽提器循环至再生器。再生温度控制在 550~600℃,再生器底部通入主风,将催化剂表面附着的焦炭烧掉,然后恢复活性的再生剂经再生斜管返回反应器。工业装置原料组成和产品组成如表 7.1 所示。

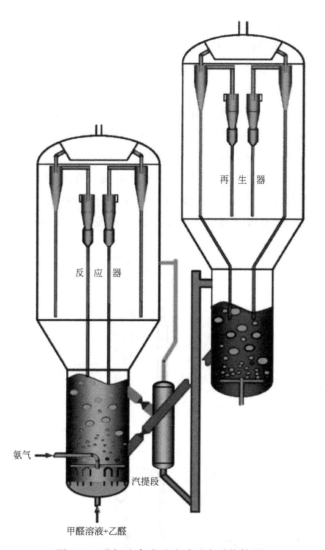

图 7.1　醛氨法合成吡啶碱反应系统简图

表 7.1　工业装置的原料和产品组成

原料组成		产品组成	
项目	质量流量/(kg/h)	项目	质量流量/(kg/h)
甲醛	3312	吡啶	2100
乙醛	4539	3-甲基吡啶	1120
水	5630	氨气	1500
氨气	2542	其他烷基类	700
		废气	612
		废水	10000

　　根据原工业装置的布置特点以及第 5、6 章冷态实验和热态实验的结果，在物料衡算、热量衡算和压力衡算以及流态化工程计算的基础上，设计了工业侧线耦合反应器装置，如图 7.2 所示。再生催化剂由再生器中部流出，经再生循环管线、再生滑阀进入提升管底部预提升段，预提升进料段中部设置有原料醛喷嘴，底部通入氨气，高温催化剂与原料醛、氨气混合后并行向上流动同时进行反应。提升管出口设置有大孔分布板，将气固两相均匀分布在第二反应器（以下简称二反）内，在床层反应器内进一步发生反应，反应后的气体夹带着部分催化剂进入旋风分离器，分离掉约 98％ 的颗粒后，气体进入后续冷凝分离系统。在不进行计量的时候也可以返回原床层反应器稀相，分离下来的催化剂由旋风分离器料腿返回原床层反应器密相。反应完毕的待生催化剂则流入二反下部的汽提段，汽提段底部设置有汽提蒸汽

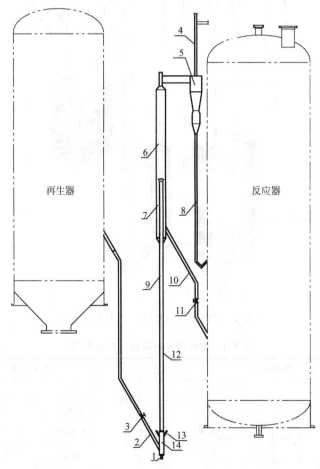

图 7.2　吡啶碱合成耦合反应器侧线实验装置

1—氨气入口管；2—再生循环管线；3—再生滑阀；4—稀相管；5—旋风分离器；6—床层反应器；

7—汽提段；8—旋分料腿；9—提升管；10—待生斜管；11—待生滑阀；12—提升管反应器；

13—原料醛喷嘴；14—预提升进料段

环，通入新鲜蒸汽以置换出催化剂夹带的气体产品。汽提过的待生催化剂由汽提段经待生斜管、待生滑阀进入反应器密相床层。该设计本着尽量利旧、少做改动的原则，利用再生器、反应器原备用口作为催化剂抽出口和返回口。维持原循环管线不动，增设侧线装置的再生循环管线及再生滑阀、待生循环管线及待生滑阀、反应器系统和旋风分离器系统。原料醛和氨气专门设置流量计计量，产品组成在线采集，通过一个急冷装置后分别收集不凝气和液相产品，然后通过色谱化验。急冷装置的示意图如图 7.3 所示。

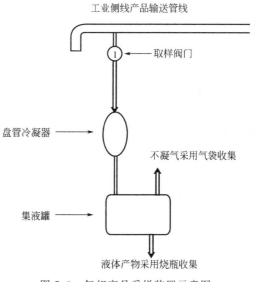

图 7.3　气相产品采样装置示意图

如图 7.3 所示，在旋风升气管到原床层反应器稀相的连接管上引出一个内径为 $\phi 10mm$ 的支管（取样管），取样管道上设置两个球阀来控制采样气体的流量，取样管一部分为盘管，盘管部分伸入一个圆柱形的冷却水罐，冷却水罐下游设置有集液罐，产品气经过盘管部分时被冷却到接近环境温度 25℃，将产品气中的吡啶、蒸汽、氨气、甲醛和乙醛冷却下来，并在集液罐内进行气液分离。分离后的不凝气由缓冲罐顶部的排气管道排出并用气袋采样，液相则收集在集液罐中，等待采样结束后从底部取出进行化验。

为确定是否所有吡啶、蒸汽、氨气、甲醛和乙醛均被冷却下来，在工业实验后委托相关检测单位对气袋采集的不凝气进行了检测，检测结果见表 7.2。可以看到不凝气中仅存微量的甲醛，可以认为不凝气中不含甲醛和乙醛。此外，实验中曾剪开了多个不凝气收集袋，在收集袋上并未发现有液体残余，因此可以认为吡啶和水蒸气已经被完全冷凝。氨气与水的互溶比例为 700∶1，液体样品中水含量在 80%（质量分数，下同）以上，对应饱和氨气含量为 56000%，而实际氨气含量为 15% 以下，可以认为液体样品有足够的溶解氨气的能力，因此认为不凝气中的氨气含量可以忽略。

现场中吡啶碱收率用乙醛的转化率来衡量：

$$\gamma = \frac{\dfrac{m_b}{M_b} \times 2M_a + \dfrac{m_{3b}}{M_{3b}} \times 2M_a}{m_a} \tag{7.1}$$

式中　m_b——产品中吡啶的质量，kg；

　　　m_{3b}——产品中 3-甲基吡啶的质量，kg；

M_b——吡啶的分子量；

M_{3b}——3-甲基吡啶的分子量；

M_a——乙醛的分子量；

m_a——原料中乙醛的质量，kg。

由此可计算得出表7.1中床层反应器的收率为75%。

为保证再生催化剂和待生催化剂能够在原再生器、原反应器和侧线装置间良好地循环，对装置进行了压力平衡计算，计算结果如表7.3～表7.5。可以看出再生滑阀压降和待生滑阀压降均大于25kPa，蓄压比较充足，保证了催化剂的顺畅循环。

表7.2 不凝气中甲醛和乙醛的含量

样品编号	甲醛/%	乙醛
1	0.0953	未检出
2	0.436	未检出
3	0.53	未检出
4	0.171	未检出
5	0.41	未检出
6	0.181	未检出

表7.3 循环线路1压力平衡计算结果

项目	推动力/kPa	项目	阻力/kPa
再生器顶压	170	反应器顶压	172
再生器稀相压降	1.68	升气管压降	0.1
再生器密相压降	15.73	旋风分离器压降	3.5
再生循环管压降	37.04	沉降器稀相及旋分入口管压降	0.2
		第二反应器	8.16
		大孔分布板压降	7
		提升管压降	2.31
		预提升段压降	1.47
		滑阀压降	29.714
合计	224.45	合计	224.45

表7.4 循环线路2压力平衡计算结果

项目	推动力/kPa	项目	阻力/kPa
反应器顶压	172	再生器顶压	170
升气管压降	0.1	再生器稀相压降	2.03
旋风分离器压降	1.75		
旋分料腿压降	0.53		
气控阀压降	−0.35		
合计	174.03	合计	174.03

表 7.5　循环线路 3 压力平衡计算结果

项目	推动力/kPa	项目	阻力/kPa
反应器顶压	172	反应器顶压	172
升气管压降	0.1	反应器稀相压降	2.03
旋风分离器压降	3.5	反应器密相压降（至待生斜管返回口）	7.25
沉降器稀相及旋分入口管压降	0.2	待生滑阀压降	25.32
床层反应器（二反）压降	8.16		
汽提段压降	11.21		
待生斜管压降	11.42		
合计	206.6	合计	206.6

7.1.2　实验结果分析

侧线装置于 2016 年 9 月一次开车成功，并连续运行 21 天。实验期间侧线装置主要操作参数、原料组成和产品组成见表 7.6。

表 7.6　不同操作条件下的收率

样品编号	1	2	3	4	5	6	7	8
甲醛溶液流量/(kg/h)	17	15	39	40	36	39	41	40
乙醛流量/(kg/h)	13	13	19	17	19	20	19	20
预提升蒸汽流量/(kg/h)	6	6	6	6	6	6	6	6
汽提蒸汽流量/(kg/h)	11	11	11	11	11	11	11	12
床层蒸汽流量/(kg/h)	4	4	4	4	4	4	4	5
提升管底部温度/℃	456	453	463	462	460	466	469	455
床层顶温/℃	435	432	450	427	428	452	457	451
提升管催化剂表观浓度/(kg/m^3)	15	15	15	15	15	15	15	25
床层料位/%	36	36	34	36	38	37	35	19
再生滑阀开度/%	42	43	43	45	45	45	45	42
待生滑阀开度/%	28	28	28	28	28	51	51	56
吡啶含量/%	4.61	5.87	7.78	7.98	8.26	8.12	7.9	7.9
3-甲基吡啶含量/%	0.45	0.51	2.07	2.36	1.98	3.08	2.67	2.5
氨气含量/%	14.2	14.0	11.7	13.9	13.1	11.7	10.2	9.7
2-甲基吡啶含量/%	0.81	0.68	0.26	0.14	0.26	0.36	0.28	0.24
4-甲基吡啶含量/%	0.81	1	0.32	0.16	0.17	0.28	0.22	0.19
收率/%	25.7	31.2	51.8	60.2	52.9	56.7	54.9	52.5

续表

样品编号	9	10	11	12	13	14	15	16
甲醛溶液流量/(kg/h)	40	40	43	49	49	29	28	44
乙醛流量/(kg/h)	21	20	21	24	24	14	14	19
预提升蒸汽流量/(kg/h)	6	6	6	6	4	7	6	7
汽提蒸汽流量/(kg/h)	11	11	11	11	6	11	11	12
床层蒸汽流量/(kg/h)	5	4	4	4	4	4	4	4
提升管底部温度/℃	463	469	475	484	470	452	457	454
床层顶温/℃	443	435	457	467	461	442	442	449
提升管催化剂表观浓度/(kg/m³)	25	25	25	25	15	30	15	20
床层料位/%	21	14	17	8	34	37	47	33
再生滑阀开度/%	42	42	47	47	47	43	46	—
待生滑阀开度/%	55	55	57	57	50	56	50	—
吡啶含量/%	6.84	6.05	6.07	8.49	8.55	7.89	7.9	7.9
3-甲基吡啶含量/%	2.55	2.31	2.64	3.09	3.03	2.73	2.4	3.06
氨气含量/%	10.0	8.7	8.4	7.7	7.8	10.7	11.7	11.0
2-甲基吡啶含量/%	0.48	0.41	0.4	0.43	0.43	0.77	0.43	0.14
4-甲基吡啶含量/%	0.32	0.4	0.4	0.19	0.28	0.21	0.23	0.12
收率/%	46.0	41.3	41.5	54.4	50.5	59.5	58.4	62.2

样品编号	17	18	19	20
甲醛溶液流量/(kg/h)	42	45	45	41
乙醛流量/(kg/h)	17	16	16	21
预提升蒸汽流量/(kg/h)	7	7	7	7
汽提蒸汽流量/(kg/h)	12	11	11	11
床层蒸汽流量/(kg/h)	4	4	4	4
提升管底部温度/℃	464	465	459	438
床层顶温/℃	456	454	445	428
提升管催化剂表观浓度/(kg/m³)	20	20	20	20
床层料位/%	34	34	31	45
吡啶含量/%	7.94	7.69	8.36	8.83
3-甲基吡啶含量/%	2.73	3.42	3.47	2.7
氨气含量/%	12.61	12.77	10.56	13.81
2-甲基吡啶含量/%	0.14	0.11	0.22	0.37
4-甲基吡啶含量/%	0.11	0.09	0.12	0.34
收率/%	64.8	72.2	74.7	58.6

注：表中的含量均为质量分数。

（1）物料配比的影响

通过侧线实验发现物料配比对产品收率的影响比较显著。由表 7.6 可以看出，样品 4 和 5 的提升管底部温度都在 460℃左右，床层顶部温度都在 428℃左右，床层料位、提升管表观密度均相同，仅仅是甲醛与乙醛的物质的量之比由 1.02（样品 5）增加到 1.27（样品 4），产品收率就由 52.9％增加到 60.2％。同样，样品 17 和样品 18 的提升管底部温度都在 465℃左右，床层顶部温度都在 455℃左右，床层料位、提升管表观密度均相同，仅仅是甲醛与乙醛的物质的量之比由 1.34（样品 17）增加到 1.52（样品 18），产品收率就由 64.8％增加到 72.2％。因此，在一定范围内增加甲醛与乙醛的物质的量之比有利于提高总收率（或乙醛的转化率）。但需要指出的是，原料中甲醛溶液为市场采购的 37％甲醛水溶液，增加甲醛的进料量也意味着增加了水的进料量。为维持较优的反应温度，必然增加催化剂循环量，这会增加装置能耗并在一定程度上加剧催化剂的破碎（如热崩）。进一步增加甲醛和乙醛的比例是否更加有利于反应收率的增加、综合结果是否有利，目前的工业实验数据尚反映不出来，有待于在今后的操作中摸索。

从气、液相产品分布来看，其中的甲醛、乙醛含量很少，甲醛最高含量不超过 0.41％，乙醛含量最高不超过 1.35％，大部分情况下小于 1％，说明绝大部分醛都已经反应掉了。在这一前提下，仅仅改变原料配比，总收率就会发生明显的变化，说明吡啶生成过程可能涉及多个历程，在不同的历程中乙醛和甲醛的贡献是不同的。在有催化剂参与情况下吡啶生成的过程十分复杂，目前尚未见到公开发表的数据和研究，因此，目前适宜的做法只能是通过操作进一步摸索出较优的进料比例。

（2）床层料位的影响

工业侧线装置采用了提升管和床层串联的结构，其意图在于使原料和催化剂在提升管中反应后能够进一步在床层内延长反应时间，提高转化率。由表 7.6 可知，样品 5 和 15 的甲醛与乙醛比例在 1.03~1.09 之间，可认为近似相等，提升管底部温度在 457~460 之间，变化不大，提升管密度均相同；不同的是样品 5 的床层料位为 38％，而样品 15 的床层料位为 47％，由计算可知，当床层料位超过 21％后，料位就没过了提升管出口的大孔分布板。可以看到，由于在床层中反应时间有所延长，收率由 52.9％增加到了 58.4％。因此，提高提升管催化剂密度和床层藏量有助于提高产品收率。

（3）提升管催化剂浓度的影响

侧线实验装置中吡啶的生成过程有催化剂参与，因此保证较高的催化剂循环量或剂醛比有助于提高产品的收率。通过对比样品 5、14、15 的操作参数和收率，可以很清楚地看出这一趋势。样品 5、14、15 的甲醛与乙醛比在 1.03~1.12 之间，可认为差别不大；提升管底部温度在 452～460℃之间，变化不大；样品 5 和 14 的床层料位均为 37% 左右，但样品 5 的提升管密度仅为 15kg/m³，而样品 14 的提升管密度提高到了 30kg/m³，相应的产品收率由 52.9% 提高到了 59.5%，增幅十分明显。样品 15 的提升管密度也为 15kg/m³，但由于其床层料位达到 47%，有效地弥补了提升管密度低的缺点，使产品收率达到了 58.4%，这进一步说明，提高提升管催化剂浓度和床层料位有利于提高产品收率。

（4）催化剂结焦分析

表 7.7 是工业侧线待生催化剂和床层反应器待生催化剂含碳量的测试结果。可以看出，提升管反应器待生催化剂的含碳量要低于床层反应器待生剂的含碳量。这主要是由于提升管反应具有返混低、催化剂停留时间短的优点，有效减少了副反应（结焦）的进行，降低了催化剂的含碳量。

表 7.7　待生催化剂含碳量

项目	工业侧线	工业装置
粒径/μm	88.94	79.84
结焦量/%	0.93	1.69

2016 年 10 月 22 日，考虑到工业侧线没有衬里，且已连续运行 21 天，为安全起见，将工业侧线切出反应系统。由表 7.6 可以看出，在甲醛流量为 45kg/h，乙醛流量为 16kg/h，提升管温度为 459℃，床层温度为 445℃，提升管催化剂表观浓度为 20kg/m³ 时，吡啶碱总收率最高为 74.7%，对应的吡啶对 3-甲基吡啶的选择性为 2.4。侧线装置收率接近目前床层反应器吡啶碱总收率（75%）。停工后打开侧线装置反应器检查喷嘴及预提升进料段器壁，未发现任何结焦现象，说明侧线装置很好地达到了预期目的。

7.2　全反应器模型

在第 5 章中我们对预提升进料段内的流动行为和气体射流行为建立了一系列模型。在第 6 章，我们建立了提升管反应器模型来描述小型热态反应器装置的流动、传递与反应。这些模型并不能直接用于工业侧线反应器，主要是由于侧线装置的耦合反应器是由进料段、提升管段和第二反应段三个部分组成，其中第二反应段处于湍流流动，与提升管中的快速床流动有着极大的差异。本节根据耦合反应器的结构及流动特点，对提升管模型进行改进并与床层湍流床区进行耦合，使其能够用于该耦合反应器的反应结果预测。

7.2.1　耦合反应器的流动模型

7.2.1.1　提升管内的流动形式

提升管内颗粒浓度沿轴向的分布与颗粒在提升管内的运动密切相关。当颗粒处于加速运动时，对应的颗粒浓度较高且随着颗粒速度的增加，颗粒浓度逐渐降低，这个区域一般出现在提升管底部，又称作加速段；当颗粒被加速到某一特定速度时，其受力达到平衡，此时颗粒停止加速，保持匀速运动，对应的颗粒浓度基本保持不变，这一区域一般出现在提升管中部和上部，称作充分发展段；而在提升管出口，由于受到出口结构的约束作用，颗粒发生减速运动，该区域的颗粒浓度随着颗粒速度的减小而增加，又称作出口约束段。

如图 7.4 所示，根据操作条件的变化，提升管轴向空隙率的分布可以分为以下三种情况[1]：稀相输送、环-核流动和密相悬浮输送的流动状态。其中稀相输送时催化剂的浓度较低。该类操作对应图 7.4 中的 Ⅱ 区（DF）。环-核流动（CAF）中存在催化剂的内循环导致的高返混，颗粒在向下流动的环流区和向上流动的核心区之间进行交换，这种操作模式比稀相输送具有更长的颗粒停留时间，如图 7.4 中Ⅲ区所示。在特定的操作条件下，提升管底部会有一个鼓泡/湍动（BTFB）区。BTFB 床层中的催化剂颗粒停留时间占提升管总停留时间的比例较大（Ⅳ区）。

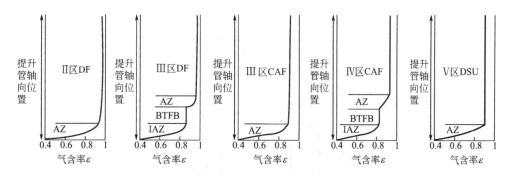

图 7.4　不同操作流型下提升管内的空隙率轴向分布

AZ—加速区；IAZ—初始加速区；DF—稀相输送区；

BTFB—鼓泡/湍动流动；DSU—密相悬浮输送区

密相悬浮输送（DSU）是在表观气速较高，催化剂循环量较高时的一种流动，其对应的催化剂向上净通量较高，催化剂浓度很高（Ⅴ区），颗粒进入提升管后立即加速。Van 等人[2,3]通过总结前人的工作和自己的实验数据，给出如图 7.5 所示的图来计算提升管内具体的流动形态。

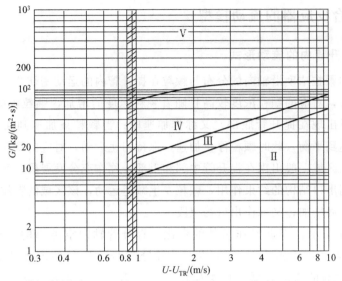

Ⅰ—鼓泡/湍动流动；Ⅱ—AZ和DF；Ⅲ—CAF和AF；Ⅳ—BTFB和CAF；Ⅴ—DSU

图 7.5　循环流化床提升管内的操作流型

由于工业侧线实验装置催化剂循环量无法直接测量获得，此处采用热量衡算的方法来计算催化剂的循环量。其具体计算过程和计算节点如图 7.6 所示。

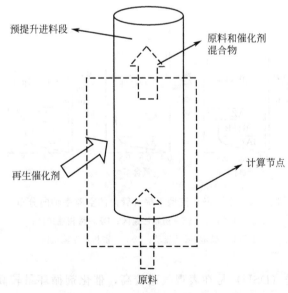

图 7.6　催化剂循环量计算节点图

由图 7.6 可以看出，确定催化剂循环量需要获取各流股的热力学参数，具体项目见表 7.8。

表 7.8　催化剂循环量计算必备参数

混合前	混合后
甲醛流量 F_{f0}/(kg/h)	甲醛流量 F_{f1}/(kg/h)
甲醛焓值 H_{f0}/(kJ/kg)	甲醛焓值 H_{f1}/(kJ/kg)
乙醛流量 F_{a0}/(kg/h)	乙醛流量 F_{a1}/(kg/h)
乙醛焓值 H_{a0}/(kJ/kg)	乙醛焓值 H_{a1}/(kJ/kg)
水蒸气流量 F_{w0}/(kg/h)	水蒸气流量 F_{w1}/(kg/h)
水蒸气焓值 H_{w0}/(kJ/kg)	水蒸气焓值 H_{w1}/(kJ/kg)
氨气流量 F_{am0}/(kg/h)	氨气流量 F_{am1}/(kg/h)
氨气焓值 H_{am0}/(kJ/kg)	氨气焓值 H_{am1}/(kJ/kg)
催化剂等压热容 C_p/(kJ/kg)	
催化剂温度 T_{c0}/℃	催化剂温度 T_{c1}/℃
催化剂循环量 G/(kg/h)	

催化剂的循环量可以通过热量衡算获得，式(7.2) 为热量衡算方程，由于该节点反应进度较低，且轴向高度较短，可忽略反应放热和散热的影响，表中的焓值均由 Aspen Plus 查取。

$$F_{f0}H_{f0}+F_{a0}H_{a0}+F_{w0}H_{w0}+F_{am0}H_{am0}+GC_p(T_{c0}-T_{c1})=$$
$$F_{f1}H_{f1}+F_{a1}H_{a1}+F_{w1}H_{w1}+F_{am1}H_{am1} \tag{7.2}$$

由式(7.2) 可以计算出催化剂循环量 G。而催化剂的循环强度 G_s 由式(7.3) 计算。

$$G_s=G/A_r \tag{7.3}$$

式中，A_r 为提升管横截面面积，m^2；催化剂循环强度的具体计算结果如表 7.9 所示。

表 7.9　工业侧线实验操作条件

序号	u_{gr}/(m/s)	G_s/[kg/(m^2·s)]
1	6.7	25
2	6.2	10
3	6.4	53
4	7.0	52
5	6.2	47
6	6.4	54
7	6.3	56
8	6.0	50
9	6.1	53
10	5.9	57
11	6.0	63
12	6.9	80

续表

序号	$u_{gr}/(m/s)$	$G_s/[kg/(m^2 \cdot s)]$
13	6.4	67
14	4.8	36
15	4.9	36
16	6.8	52
17	7.1	54

采用图 7.5 所示的方法确定在工业侧线实验操作条件下，提升管反应器内的颗粒浓度沿轴向分布的类型。采用 Bi 和 Grace 提出的关联式来计算 U_{TR}[4]，其计算表达式如式(7.4) 所示。

$$U_{Tr} = 1.53 Ar^{0.5} \tag{7.4}$$

通过采用式(7.4) 计算得出本实验体系对应的 U_{TR} 为 1.8m/s；图 7.7 是本实验提升管内的操作流型分布图。

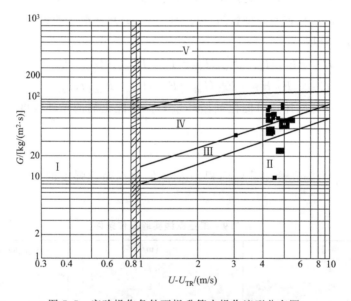

图 7.7　实验操作条件下提升管内操作流型分布图

由图 7.7 可以看出，工业侧线实验的操作条件集中在Ⅳ和Ⅲ区，只有两个实验点落于Ⅱ区；因此在建立提升管轴向流动模型时，本文只考虑了处于Ⅳ区和Ⅲ区的操作条件。Smolders 等人[58,59] 认为Ⅳ区对应的流动形态为快速流化床流动，且轴向的颗粒浓度分布呈现 S 型分布。

7.2.1.2　提升管段流动模型

（1）轴向流动模型

采用 Li[7] 提出的快速流态化分相流动模型来预测提升管段颗粒浓度的轴向分

布，如图 7.8 所示。该模型的基本思路是，在高度 z 处密相密集体从下部浓度较高的区域按类似扩散的规律向上流动。当密相密集体上行至 z 以上时，由于它的颗粒浓度大于周围床层的平均颗粒浓度，则按浮力原理反向下沉。在稳定操作情况下，上窜与下沉的通量相等。因此，得到：

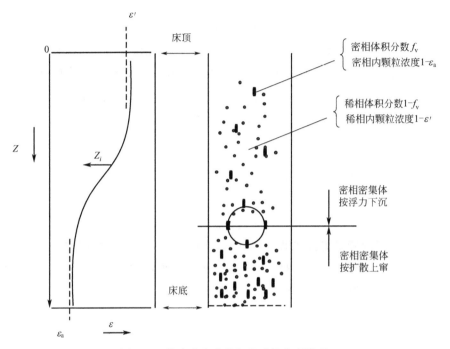

图 7.8　快速流态化分相流动的物理模型

$$\xi \frac{\mathrm{d}}{\mathrm{d}z}\left[\rho_{\mathrm{p}} f_{\mathrm{V}}(1-\varepsilon_{\mathrm{a}})\right]=\omega\left[\Delta\rho(1-\varepsilon_{\mathrm{a}})-\Delta\rho(1-\varepsilon)\right]f_{\mathrm{V}}(1-\varepsilon_{\mathrm{a}}) \tag{7.5}$$

床高 z 处对应的截面平均颗粒浓度由下式计算：

$$1-\varepsilon_{\mathrm{s}}=f_{\mathrm{V}}(1-\varepsilon_{\mathrm{a}})+(1-f_{\mathrm{V}})(1-\varepsilon') \tag{7.6}$$

因此颗粒密集体所占的体积分数 f_{V} 可写成：

$$f_{\mathrm{V}}=\frac{\varepsilon'-\varepsilon_{\mathrm{s}}}{\varepsilon'-\varepsilon_{\mathrm{a}}} \tag{7.7}$$

将式(7.7) 代入式(7.5)，得到：

$$-\frac{\mathrm{d}\varepsilon}{(\varepsilon'-\varepsilon_{\mathrm{s}})(\varepsilon_{\mathrm{s}}-\varepsilon_{\mathrm{a}})}=\left(\frac{\omega\Delta\rho}{\xi\rho_{\mathrm{p}}}\right)\mathrm{d}z \tag{7.8}$$

分布曲线拐点处 z_i 的空隙率 ε_i，可通过令式(7.8) 的二阶导数等于零求得：

$$\varepsilon_i=\frac{\varepsilon'-\varepsilon_{\mathrm{a}}}{2} \tag{7.9}$$

为了式(7.8) 积分的方便，将 z_i 作为定积分的原点，得到：

$$\ln\left(\frac{\varepsilon_s - \varepsilon_a}{\varepsilon' - \varepsilon_s}\right) = -\frac{1}{Z_0}(z - z_i) \tag{7.10}$$

$$Z_0 = \left(\frac{\xi \rho_p}{\omega \Delta \rho}\right)\frac{1}{(\varepsilon' - \varepsilon_a)} \tag{7.11}$$

其中 Z_0 被称为"特征长度"。

模型参数 ε_a、ε'、Z_0 和 z_i 的实验关联方法在文献[8] 中给出了详细的描述。ε_a 是在两端的渐进值,认为该处的浓度梯度为 0,因此该处的轴向颗粒速度可以认为不变,其计算式如式(7.12) 所示。z_i 指的是稀相和密相两区的拐点高度,在 Li[7] 的研究中 z_i 指的是距离提升管出口的距离,其计算关联式如式(7-13):

$$\varepsilon_a = 0.756 \left[\frac{18Re_s + 2.7Re_s^{1.687}}{Ar}\right]^{0.0741} \tag{7.12}$$

$$z_i = L - 175.4 \frac{G_s}{(1 - \varepsilon_a)(\rho_p - \rho_g)} \left[\left(\frac{\rho_p - \rho_g}{\rho_g}\right)d_p g_c\right]^{1.922}$$
$$\times \left[u - \frac{G_s}{(1 - \varepsilon_a)(\rho_p - \rho_g)}\right]^{-3.844} \tag{7.13}$$

此处采用工业侧线实验结果对 Li-Kwauk 模型进行验证。验证方法如下:通过 Li-Kwauk 模型计算出提升管内颗粒浓度的轴向分布,然后采用式(7.14) 计算提升管加速区和充分发展区内颗粒浓度的平均值。

$$(h_a + h_f)\bar{\varepsilon} = \int_0^{h_a + h_f} \varepsilon(h)\,\mathrm{d}h \tag{7.14}$$

将此计算结果与实验值对比,对比结果如图 7.9 所示。计算的平均误差为 9%,最大误差为 16%。

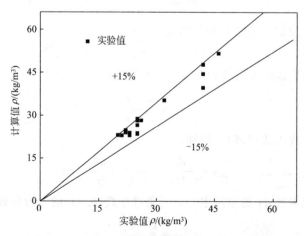

图 7.9　Li-Kwauk 模型计算结果与实验值对比

（2）径向流动模型

环-核（core-annulus）流动模型认为提升管内的两相流动是由中心稀薄的"核"以及边壁浓密的"环"所组成的流动结构，也被称为 1.5 维模型。环-核模型的基本思路是将提升管内催化剂浓度的径向分布分成环和核两部分，在核心区域内气相浓度较高，几乎没有催化剂；而在环隙区域内催化剂浓度较高，气相浓度较低。因此，反应物先从核心区域扩散至环隙区域，然后才进行反应。如图 7.10 所示，环-核模型将气固流动沿床层截面划分为边壁环区和中部核心区[9,10]。该模型假设在中部核心区和边壁区域内颗粒速度、颗粒浓度和气体速度都是不变的。这两个区之间的气相和固相进行质量及动量交换。而根据这两个区域的物料及动量衡算，可以获取环-核模型的参数。

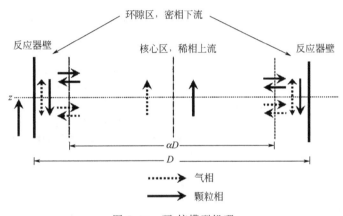

图 7.10　环-核模型机理

此处采用文献[11-13]中处理环-核模型空隙率径向分布的方法，即认为核区域内的空隙率为 0.995，然后采用 Patience 等人[14]提出的模型计算核的直径，最后利用质量守恒来得出环隙区的空隙率。Patience 等人[14]计算核直径的公式如式（7.15）所示。

$$\phi_g = \frac{1}{1+1.1 Fr (u_{ps}/u_g)^{0.083 Fr}} \tag{7.15}$$

而环隙区的空隙率则可以通过式（7.16）来计算。

$$\varepsilon_s = \phi_g \varepsilon_c + (1-\phi_g) \varepsilon_{an} \tag{7.16}$$

式中　u_{ps}——G_s/ρ_p，m/s；

　　　Fr——弗劳德数，$Fr = u_g/[(gD)^{1/2}]$。

7.2.1.3　提升管出口约束区轴向流动模型

提升管出口结构对提升管内靠近出口附近轴向区域内的颗粒流动会产生一定的影响[15-31]。以往研究中存在大量不同的出口结构设计，较常见的如 T 形出口、L 形出口、C 形出口等。程易等[31]把这些出口结构形式按其对提升管内气固流动约束的程度划分为强约束出口、中等强度约束出口和弱约束出口。表 7.10 给出了常见的出口结构形式及它们对提升管内流动及混合特性的影响。

表 7.10　常见出口结构形式及其对提升管内流动及混合特性的影响

出口类型	结构示意图	主要特征	文献
T 形出口		平顶结构;强约束出口;提升管顶部固含率较高;提升管出口区域湍动剧烈;颗粒返混十分严重	[16-18]
		斜顶结构;强约束出口;提升管顶部固含率较高;提升管出口区域湍动剧烈;颗粒返混较平顶结构增强	[19,20]
		收缩结构;强约束出口;存在最佳收缩度,小于最佳收缩度时,提升管顶部固含率较高;提升管出口区域湍动剧烈;颗粒返混较不收缩时严重,大于最佳收缩度时,仅在缩径以上固含率较高,湍动剧烈,颗粒返混严重	[21]
L 形出口		中等强度约束;提升管顶端有较高的固含率;提升管出口区域湍动剧烈,颗粒返混严重	[16]
带导向挡板的直角型出口		弱约束出口;出口区域无明显固含率增高现象;无明显的颗粒返混	[16,17]
C 形出口		弱约束出口;出口区域无明显固含率增高现象;无明显的颗粒返混	[22-27]
直接气固分离式出口		最弱的出口约束;对气固流动总体上无明显影响;气固有效分离;与提升管其他部分具有同样的固含率分布;无由出口约束引起的颗粒返混	[30]

工业侧线实验装置采用了莲蓬头式大孔分布板出口结构,根据王德武等人[15]的工作,该出口结构属于强约束出口,催化剂浓度沿着提升管轴向呈现出 C 形结构。图 7.11 是王德武等人在一套 ϕ100mm、高 8200mm 的提升管冷态实验装置内通过压降法测出的提升管内颗粒浓度沿轴向的分布图。

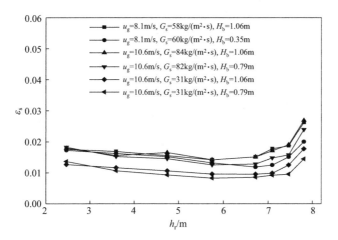

图 7.11　王德武等人[15]　具有莲蓬头出口结构的
提升管内催化剂浓度轴向分布

如图 7.11 所示，在提升管出口附近区域 $h_r = 6.7 \sim 7.8\text{m}$ 内的固含率较其上游区域 $h_r = 2.4 \sim 6.7\text{m}$ 明显增加，王德武等人[15] 定义该区域为出口约束区，并提出如式（7.17）和式（7.18）的公式来计算约束区的长度及固含率。

约束区长度：

$$\frac{L_3}{H'} = 0.7911 A_r^{-0.5822} \varepsilon_s'^{0.1070} \left(\frac{h_{db}}{D_r}\right)^{0.0087} \tag{7.17}$$

约束区固含率：

$$\varepsilon_y = 0.0526 A_r^{-7.1369} \varepsilon_s'^{0.4818} \left(\frac{h_{db}}{D_r}\right)^{0.1717} \left(\frac{h}{D_r}\right)^{4.3464} \tag{7.18}$$

式（7.17）和式（7.18）的适用范围如表 7.11 所示。

表 7.11　王德武等人[15] 实验操作条件

操作条件	变化范围
$u_{gr}/(\text{m/s})$	6.02～14.15
$u_{gb}/(\text{m/s})$	0.31～0.58
$G_s/[\text{kg}/(\text{m}^2 \cdot \text{s})]$	9.77～106.09
h_{db}/m	0.35～1.06

根据式（7.17）和式（7.18）可计算出侧线装置提升管出口约束区长度随着操作条件而变化，如表 7.12 所示。此外，约束返混区的长度在 1.5～1.9m 之间。

表 7.12 本实验条件下的约束区长度

序号	$u_{gr}/(m/s)$	$G_s/[kg/(m^2 \cdot s)]$	L_3/m
1	6.7	25	1.7
2	6.2	10	1.5
3	6.4	53	1.8
4	7.0	52	1.8
5	6.2	47	1.8
6	6.4	54	1.8
7	6.3	56	1.8
8	6.4	67	1.9
9	4.8	36	1.8
10	4.9	36	1.8
11	6.8	52	1.8
12	7.1	54	1.8

7.2.1.4 进料段流动模型

工业侧线实验进料段内的表观气速为 1.6～2.4m/s。根据 Bi 和 Grace 等人[4]的工作，可以判定该区域的流动属于快速床流动[70]。Zhu 等人[32] 通过光纤测量法，测量了 FCC 平衡剂（平均粒径为 $90\mu m$，颗粒密度为 $1500kg/m^3$）在进料段（进料段与提升管段直径比例为 2∶1）的颗粒浓度轴、径向分布，其进料段的操作气速为 1.2～1.8m/s，催化剂循环强度为 200～300kg/（$m^2 \cdot s$）（以提升管截面为基准）。实验结果表明，进料段径向固含率呈中心稀、边壁浓的不均匀分布，相对于等径提升管底部，径向不均匀程度得到有效改善。截面平均固含率及各径向位置固含率均随颗粒循环速率的提高和表观气速的降低而增大。在实验操作条件下，进料段的固含率在 0.3～0.4 之间。颗粒进入提升管输送段后，由于气体曳力大于颗粒重力，故向上做加速运动，而对应的固含率逐渐减小，因此在进料段的下游，存在颗粒加速区。

王德武等人[15] 通过测量靠近缩径过渡段上、下游截面的流动特性，给出图 7.12 所示的机理来解释缩径过渡段内颗粒的流动。

如图 7.12 所示，颗粒通过循环管进入进料段后，在颗粒入口处形成两股颗粒流Ⅰ和Ⅱ。颗粒流Ⅰ沿颗粒入口侧边壁向下流落至进料段底部，颗粒流Ⅱ在输送风的作用下由于惯性沿原方向继续运动，运动过程中伴随着颗粒的撒落。由于进料段的直径较小，颗粒流Ⅱ中一部分颗粒撞击到颗粒入口对面的管壁上被反弹回来；与此同时，在底部提升风的作用下，颗粒流Ⅱ被向上加速。在这两种作用下，反弹的颗粒以螺旋上升的轨迹向上运动，经缩径过渡段进入提升管，形成颗粒束Ⅳ。由于底部预提升气体具有较高的流速，颗粒流 Ⅰ 和 Ⅱ 中下落或撒落的颗粒被高速气流瞬间加速到较高值，形成一个高速上行的较浓颗粒流 Ⅲ，经变径进入提升管。在缩径过渡段的下游，提升管内会存在一段颗粒浓度较高的区域，除了王德武等人[15] 提出的较浓颗粒束 Ⅲ 的形成原因外，表观气速的增加使得颗粒处于加速状态也是形成该密相区域的原因。而该密相区的长度主要取决于颗粒加速到匀速运动所需要的时间。对该区域，本节采用文献 [33] 的方法来模拟该区域的反应及流动特性。

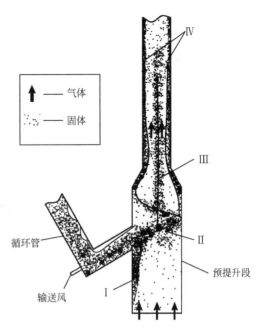

7.2.1.5　第二反应区流动模型

工业侧线实验的床层段属于典型的湍流流动。前人关于湍流流动的研究主

图 7.12　缩径过渡段附近颗粒流动示意图

要集中于流型的判定、湍流床内的传质和传热，而关于湍流床颗粒浓度的轴、径向分布的研究很少[34]。Lu 等人[35] 在一套具有扩径结构的冷态实验装置内考察了三种不同催化剂在湍流流型区域的轴向颗粒浓度分布，并根据实验结果给出了预测颗粒浓度轴向分布的关联式。表 7.13 是 Lu 等人的实验操作条件，颗粒物性及关联式。

表 7.13　Lu 等人[35] 计算湍动床颗粒浓度的模型及适用条件

$u_g/(m/s)$	颗粒物性	关联式
$0.535 \sim 1.328$	$\rho_{pb} = 612 kg/m^3$, $d_p = 63.3 \mu m$	$\rho_b = -77.62h - 141.56u_g + 503.39$
$0.536 \sim 1.315$	$\rho_{pb} = 657 kg/m^3$, $d_p = 59.5 \mu m$	$\rho_b = -89.95h - 126.49u_g + 502.64$
$0.826 \sim 1.519$	$\rho_{pb} = 897 kg/m^3$, $d_p = 62.4 \mu m$	$\rho_b = 101.62u_g h - 387.15 - 252.94u_g + 925.3$

由表 7.13 可以看出，针对不同的颗粒，Lu 等人给出了不同的关联式。为了方便使用，对 Lu 等人的模型进行了改进，如式(7.19) 所示。

$$\rho_b = Ar^{k_1}(k_2 u_g + k_3 h + k_4) \tag{7.19}$$

引入反映气、固流动体系的阿基米德数来修正 Lu 等人的模型，并采用 Lu 等人的实验数据对上式中的模型参数 k_1，k_2，k_3，k_4 进行回归，参数回归结果为 $k_1 = 1.013$，$k_2 = -12.626$，$k_3 = -10.015$，$k_4 = 48.936$。图 7.13 是采用修正后的模型计算的结果与实验值的对比，修正后模型的预测平均误差为 7%。

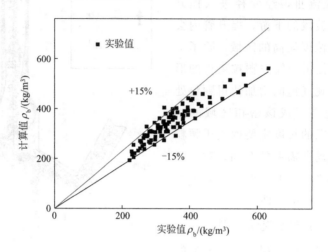

图 7.13　修正后模型颗粒浓度计算值与实验值对比

7.2.2　耦合反应器的反应器模型

侧线装置耦合反应器由进料段、提升管段以及床层三个部分组成。而在实验操作条件下，这三部分的表观气速的变化范围如表 7.14 所示。

表 7.14　实验条件下反应器不同区域内表观气速变化范围

区域	表观气速/(m/s)	流型
进料段	1.7～2.6	快速床
提升管段	4.8～7.1	输送床
床层	0.52～0.72	湍动床

根据 Bi[4] 等人的工作，可以判定出在实验操作条件下，进料段内的流动为快速床，提升管段内的流动为输送床，床层的流动为湍流床。因此，在建立模型时，需要针对这三种不同的流型而采用不同的反应器模型。

7.2.2.1　第二反应段反应器模型

由上述计算可以看出，第二反应段床层内的流动为湍流，应采用湍流反应器模型来模拟该段反应区。

（1）扩散模型（dispersion model）

湍流流动气、固混合较为均匀，因此，Edwards 等人[36] 将气、固两相作为均匀混合的混合相，并提出式(7.20) 作为湍流床反应器内气相流动模型。该模型将气、固相作为均匀混合的混合相，且只考虑气相和颗粒相的轴向返混。其使用的前提是气相和颗粒相均匀混合，没有明显的气相和固相的分界（鼓泡床、输送床）。式(7.20) 中气相轴向扩散系数 D_{zg} 采用 Foka 等人[37] 提出的关联式：

$$u_g \frac{dc}{dz} - D_{zg} \frac{d^2 c}{dz^2} + r = 0 \tag{7.20}$$

$$D_{zg} = \frac{u_g D_r}{0.071 Ar^{0.32} (d_p/D)^{-0.4}} \tag{7.21}$$

Foka 等人建议式(7.21) 的使用范围为 $8 \geqslant Pe \geqslant 1$，$216 \geqslant Ar \geqslant 2$，$2667 \geqslant D/d_p \geqslant 510$。侧线实验的 Ar 为 11，$D/d_p = 2000$，$Pe = 3.2$。因此，可以采用式(7.21) 来计算进料段的轴向返混系数。在实际计算当中，需要求解式(7.22)。

$$u_g \frac{dc_A}{dz} - D_{zg} \frac{d^2 c_A}{dz^2} - (k_1 + k_2) c_A^2 \rho_c = 0$$

$$u_g \frac{dc_D}{dz} - D_{zg} \frac{d^2 c_D}{dz^2} + (k_1 c_A^2 - k_3 c_D) \rho_c = 0$$

$$u_g \frac{dc_E}{dz} - D_{zg} \frac{d^2 c_E}{dz^2} + (k_2 c_A^2 - k_4 c_E) \rho_c = 0 \tag{7.22}$$

$$u_g \frac{dc_F}{dz} - D_{zg} \frac{d^2 c_F}{dz^2} + (k_3 c_D + k_4 c_E) \rho_c = 0$$

首先，需要将二阶微分方程转换成一阶微分方程组。令 $y_1 = c_A$，$y_2 = c_A'$，$y_3 = c_D$，$y_4 = c_D'$，$y_5 = c_E$，$y_6 = c_E'$，$y_7 = c_F$，$y_8 = c_F'$，则有：

$$
\begin{aligned}
y_1' &= y_2 \\
y_2' &= [u_g y_2 - (k_1 + k_2) y_1^2 \rho_c]/D_{zg} \\
y_3' &= y_4 \\
y_4' &= [u_g y_4 + (k_1 y_1^2 - k_3 c_D) \rho_c]/D_{zg} \\
y_5' &= y_6 \\
y_6' &= [u_g y_6 + (k_2 y_1^2 - k_4 c_E) \rho_c]/D_{zg} \\
y_7' &= y_8 \\
y_8' &= [u_g y_8 + (k_3 c_D + k_4 c_E) \rho_c]/D_{zg} \\
y_1(0) &= c_{A,0}, y_i(0) = 0 (i = 2, 3, \cdots, 8)
\end{aligned}
\tag{7.23}
$$

接着采用 Ruggue-Kutta 四阶方程求解上述模型，操作条件为：$T = 723K$，$u_g = 1.5 m/s$，$c_{A,0} = 0.007 mol/L$。图 7.14 是采用 Matlab 计算的结果。

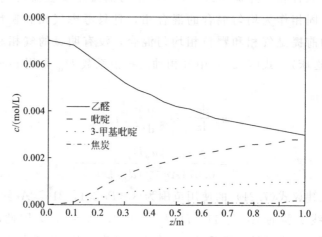

图 7.14　典型操作条件下湍动床扩散模型的预测结果

（2）全混釜串联模型（tank in series model）

图 7.15 是全混釜串联模型的示意图。

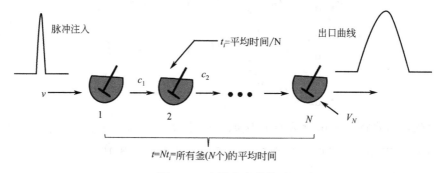

图 7.15　全混釜串联模型

Macmullin 等人[38] 给出了全混釜串联模型标准方差的关联式：

$$\sigma^2 = \frac{1}{N} \tag{7.24}$$

针对上述封闭体系（出口、进口无扩散），Laan[39] 给出了扩散模型对应的标准偏差的关联式：

$$\sigma^2 = \frac{2}{Pe} - \frac{2}{Pe^2}(1 - e^{-Pe}) \tag{7.25}$$

因此，可以先通过计算 Pe 数获取标准偏差的数值，进而计算连续搅拌反应器（CSTR）的个数，最后采用多个 CSTR 串联的形式来模拟该段反应区。

由 Octave 等人[40] 的研究可以得出每个 CSTR 出口浓度与入口浓度的关系式。

第一个 CSTR：

乙醛：

$$c_{A,1} = \frac{\sqrt{4c_{A,0}k_1\rho_{c,1}t_1 + 1} - 1}{2k_1\rho_{c,1}t_1} \tag{7.26}$$

吡啶：

$$c_{D,1} = \frac{k_1\rho_{c,1}t_1c_{A,1}^2 - c_{D,0}}{k_3\rho_{c,1}t_1 - 1} \tag{7.27}$$

3-甲基吡啶：

$$c_{E,1} = \frac{k_1\rho_{c,1}t_1c_{A,1}^2 - c_{E,0}}{k_4\rho_{c,1}t_1 - 1} \tag{7.28}$$

焦炭：

$$c_{F,1} = c_{F,0} + k_3c_{D,1} + k_4c_{E,1} \tag{7.29}$$

第 N 个 CSTR：

乙醛：

$$c_{A,N} = \frac{\sqrt{4c_{A,N-1}k_1\rho_{c,N}t_N + 1} - 1}{2k_1\rho_{c,N}t_N} \tag{7.30}$$

吡啶：

$$c_{D,N} = \frac{k_1\rho_{c,N}t_Nc_{A,N}^2 - c_{D,N-1}}{k_3\rho_{c,N}t_N - 1} \tag{7.31}$$

3-甲基吡啶：

$$c_{E,N} = \frac{k_1\rho_{c,N}t_Nc_{A,N}^2 - c_{E,N-1}}{k_4\rho_{c,N}t_N - 1} \tag{7.32}$$

焦炭：

$$c_{F,N} = c_{F,N-1} + (k_3c_{D,N} + k_4c_{E,N})\rho_{c,N}t_N \tag{7.33}$$

采用操作条件 $T=723K$，$u_g=1.5m/s$，$c_{A,0}=0.007mol/L$ 进行模拟计算。图 7.16 是用 Matlab 计算的结果。

采用扩散模型的计算结果较为合理，因此本书采用扩散模型来计算床层段的反应特性。

7.2.2.2　提升管环-核模型

由流动模型部分内容可知提升管段的表观气速较低，两相流动属于典型的快速床。在该实验操作条件下，快速床底部存在较短的密相区，长度约为提升管总长度的 5%；而在密相区的上部区域是稀相区，稀相区的长度约为提升管总长度的 85%；在提升管出口附近，是出口结构约束区，其长度约为提升管总长度的 10%。

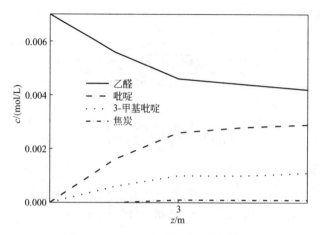

图 7.16　CSTR 串联模型的预测结果

假设在提升管段气相轴向返混为 0，沿径向底部密相区和出口约束区的径向混合均匀。在稀相区，由于径向存在环-核结构，需要计算环-核之间传质速率并与反应速率对比，以确定径向的混合情况。

如图 7.17 所示，由于环隙区域内的颗粒浓度较高，对应的反应速率远大于核心区域的反应速率。因此，处于稳态时有：

$$k_a S_\phi (c_{gc} - c_{gan}) = k_1 c_{gan}^2 \rho_{an} \tag{7.34}$$

式中，k_a 为环、核之间的传质系数，m/s；c_{gc} 为核心区反应物浓度；c_{gan} 为环隙区反应区浓度；ρ_{an} 为环隙区床层密度。将上式无量纲化，可得：

$$\left(\frac{c_{gan}}{c_{gc}}\right)^2 + \frac{k_a S_\phi c_{gc}}{k_1 c_{gc}^2 \rho_{an}}\left(\frac{c_{gan}}{c_{gc}}\right) - \frac{k_a S_\phi c_{gc}}{k_1 c_{gc}^2 \rho_{an}} = 0 \tag{7.35}$$

由上式可以看出，核心区域和环隙区域反应气体浓度的比值取决于丹克莱尔准数（Da），Da 的定义如下：

$$Da = \frac{k_1 c_{gc}^2 \rho_{an}}{k_a S_\phi c_{gc}} \tag{7.36}$$

式中，S_ϕ 为等效直径，单位是 m。

环-核模型中环的等效直径采用下式计算：

$$S_\phi = \frac{\sqrt{\phi}}{(1-\phi)D} \tag{7.37}$$

当 Da 较小（小于 0.1）时，极限传质快而本征反应慢，整个过程受本征反应速率控制；而当 Da 较大时，本征反应快而极限传质慢，由极限传质速率控制。由式（7.36）可以看出，随着反应的进行，Da 逐渐减小。因此本书只计算在反应初始状态下的 Da 准数，以此来判定该反应过程的控制步骤。而计算 Da 准数的关键在于环-核间传质系数的确定。此处采用 Patience 等人[14] 提出的传质系数关联式。

$$\frac{k_a D_r}{D_g \rho_g} \phi_g^{0.5} = 0.25 \left(\frac{\mu_g}{D_g \rho_g}\right)^{0.5} \left[\frac{\rho_g u_g D_r}{\mu_g (\phi_g)^{1/2}}\right]^{0.75} \left[\frac{G_s}{\rho_p u_g}\right]^{0.25} \tag{7.38}$$

式中的气相扩散系数 D_g 是求解环-核传质系数的关键。其计算过程如下：

采用 Fuller 等人[41] 提出的模型来计算双组分互相扩散系数：

$$D_{AB} = \frac{0.001 T^{1.75} \sqrt{\frac{1}{M_A} + \frac{1}{M_B}}}{P \left[(\sum v_A)^{1/3} + (\sum v_B)^{1/3}\right]^2} \tag{7.39}$$

式中　D_{AB}——A、B 二元气体的扩散系数，cm^2/s；

P——气体总压，Pa；

T——气体温度，K；

M_A、M_B——组分 A、B 的分子量，kg/kmol；

$\sum v_A$、$\sum v_B$——组分 A、B 分子扩散体积，cm^3/mol。

经过计算，各反应系统的扩散系数如表 7.15 所示：

表 7.15　各反应系统的扩散系数

成分	$D_{AB} \times 10^6 /(cm^2/s)$
乙醛、水	45.6
乙醛、氢气	36.0
乙醛、甲醛	25.0
甲醛、氢气	68.3
甲醛、水	95.2
氢气、水	149.2

由表 7.15 可以看出，乙醛在甲醛中的扩散系数最小。采用乙醛在甲醛中的扩散系数作为乙醛在反应物中的扩散系数 D_g。

通过环形区域和核心区域的质量守恒可以得出：

核心区：

$$u_{gc} \frac{dc_c}{dz} + \frac{4k_a}{D_r \phi_g^{1/2}} (c_c - c_a) + r = 0 \tag{7.40}$$

环形区：

$$u_{ga} \frac{dc_a}{dz} + \frac{4k_a \phi_g^{1/2}}{D_r (1 - \phi_g)} (c_a - c_c) + r = 0 \tag{7.41}$$

采用 Marmo[42] 和 Kagawa[43] 的假设（环隙的气速为零）对侧线实验所涉及的反应，求解上述方程可得：

$$c_{aA} = \frac{-m + \sqrt{m^2 + 4mnc_{cA}}}{2n} \left(m = \frac{4k_a \phi_g^{1/2}}{D_r(1-\phi_g)}, n = (k_1 + k_2)\rho_{ca} \right)$$

$$\frac{dc_{cA}}{dz} = \left(-\frac{4k_a}{D_r \phi_g^{1/2}} (c_{cA} - c_{aA}) - (k_1 + k_2)c_{cA}^2 \rho_{cc} \right) / u_{gc}$$

$$c_{aD} = \frac{mc_{cD} - k_1 c_{aA}^2 \rho_{ca}}{m - k_3 \rho_{ca}}$$

$$\frac{dc_{cD}}{dz} = \left(-\frac{4k_a}{D_r \phi_g^{1/2}} (c_{cD} - c_{aD}) + (k_1 c_{cA}^2 - k_3 c_{cD})\rho_{cc} \right) / u_{gc} \qquad (7.42)$$

$$c_{aE} = \frac{mc_{cE} - k_2 c_{aA}^2 \rho_{ca}}{m - k_4 \rho_{ca}}$$

$$\frac{dc_{cE}}{dz} = \left(-\frac{4k_a}{D_r \phi_g^{1/2}} (c_{cE} - c_{aE}) + (k_2 c_{cA}^2 - k_4 c_{cE})\rho_{cc} \right) / u_{gc}$$

$$\frac{dc_{cF}}{dz} = (k_3 c_{cD} + k_4 c_{cE})\rho_{cc} / u_{gc}$$

求解上述方程组，即可得出提升管段反应结果。图 7.17 为某一操作条件下的计算结果。

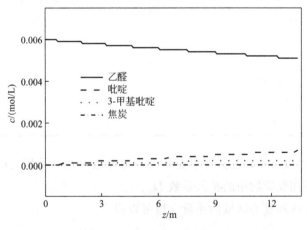

图 7.17　环-核模型的预测结果

如图 7.17 所示，提升管段内的转化率相对于床层段较低。而进料段同样采用上述反应器模型，只是在计算进料段轴向颗粒浓度时，采用了不同的计算模型[44]。

7.2.3　模型预测结果与实验数据的对比

采用上述模型对该耦合反应器内吡啶合成反应进行模拟。模拟结果与工业侧线实验数据的对比如图 7.18 所示，其预测平均误差为 12%。

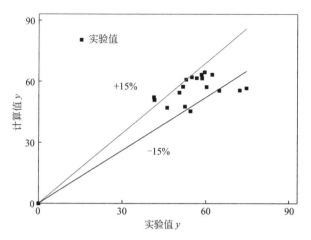

图 7.18　模型计算与实验值对比

采用实验典型操作条件 $[T_{1-1}=738\text{K}$，$T_{1-2}=738\text{K}$，$c_{A0}=0.007\text{mol/L}$，$u_{gt}=2.2\text{m/s}$，$u_{gf}=6.1\text{m/s}$，$u_{gb}=0.6\text{m/s}$，$G_s=52\text{kg/(m}^2\cdot\text{s})]$来考察吡啶碱合成的反应过程，计算结果如图 7.19 所示。

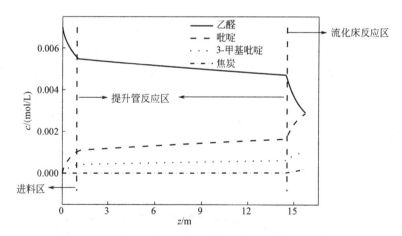

图 7.19　模型预测吡啶碱反应过程中各组分的浓度变化

如图 7.19 所示，吡啶反应主要在进料段和床层段进行。而在输送床段，吡啶的转化率较低，只占总转化率的 10% 左右。尽管提升管段的停留时间远大于进料段，但模拟结果显示进料段的转化率接近提升管段的 3 倍。这主要是由以下两个方面的原因造成的。

① 侧线实验操作条件下，进料段的催化剂浓度约为提升管段平均浓度的 5～8 倍，而反应速率与催化剂浓度呈正比，因此，进料段的反应速率为提升管段的 5～8 倍。

② 在提升管底部区域，其催化剂浓度较高，然而该区域呈现为环-核结构；环-核区域间传质过程为控制步骤，进而限制了反应的转化率。图 7.20 是提升管内 Da 数的轴向分布图。

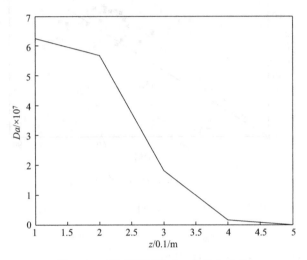

图 7.20　环-核模型的 Da 数轴向分布

图 7.20 证实，在环-核区域内传质速率远低于反应速率，说明在环-核结构区域内传质速率为控制速率。因此，在实际工业应用中，应该缩短提升管的长度。

进料装置设置在反应器的外部，且采用喷嘴进料，受限于喷嘴射流长度，应尽量减小进料区域的反应器直径。进料段是必须存在的，而进料段与床层段长度的设计还需要满足最优转化率的条件。图 7.21 是相同操作条件下不同进料段与床层段长度组合的模拟反应结果。

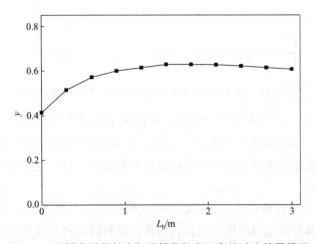

图 7.21　不同床层段长度与进料段长度组合的反应结果模拟

由图 7.21 可以看出，随着床层段长度的增加，转化率逐渐升高，这说明床层段的高度对反应速率影响更大，如图 7.22 所示。因此，应尽量缩短进料段的高度，以利于在同样反应器高度下增大床层段高度，进而增大转化率。

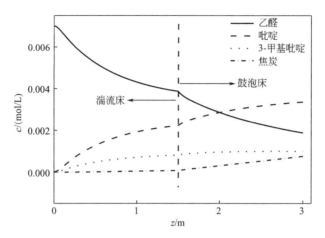

图 7.22　床层段和进料段长度均为 1.5m 时的反应过程

7.3　新型耦合流化床反应器的工业运行数据分析

某生物化工有限公司 2.5t/a 吡啶生产装置采用流化床反应器和再生器。反应器在运行过程中长期存在反应器分布器频繁结焦并导致停工的问题，严重影响了装置的稳定运行和长周期运转。为彻底解决这一问题，中国石油大学（北京）、北京石油化工学院和该公司技术人员共同组成攻关力量，研究吡啶反应器分布器结焦的原因、可能的影响因素以及解决措施，最终找到了分布器内频繁结焦的原因：认为原反应器分布器存在缺陷，并提出了耦合反应器的方案来解决反应器分布器结焦的问题，随后在小型提升管热模装置上开展了相关实验。第 3 章给出的实验结果显示，在小型热模提升管实验装置上产品收率最高可达到 65%，选择性好于工业装置。笔者设计并搭建了耦合流化床大型冷态反应器实验装置，并展开了详细的流体力学测量。本书第 5 章给出了颗粒浓度、颗粒速度、射流扩散长度等全套冷态流体力学基础数据并建立了预测模型。在此基础上，笔者设计了一套提升管-床层耦合反应器工业侧线。2016 年 9 月 28 日侧线一次开车成功并连续运行 21 天，最高收率达到 74.7%，与原床层反应器收率基本相同，运行结束后检查喷嘴未发现结焦现象。本章给出了侧线实验的全部结果和预测模型。在此基础上，某生物化工有限公司委托笔者开发了 2.5t/a 提升管-床层耦合流化床吡啶碱生产工艺[45,46]。设计方案如图 7.23 所示。

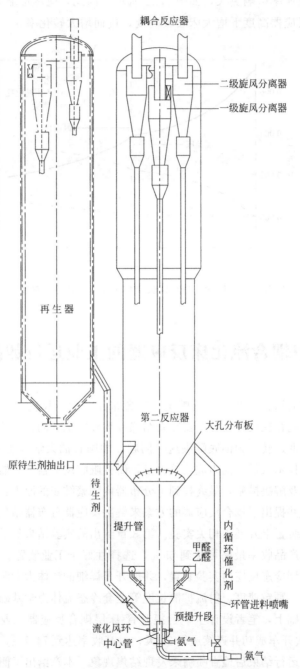

图 7.23　吡啶碱合成工业耦合反应器示意图

　　再生剂通过循环管线进入反应系统底部的预提升段，预提升段内设置有流化风环和中心管，氨气按照一定比例分别由流化风环和中心管通入预提升段，将催化剂整流并向上输送。为提高提升管内催化剂浓度，由第二反应器引出一股循环催化剂，利用预提升段输送氨气的过程，将循环催化剂由预提升段底部输送进入提升管。催化剂流出预提升段后进入提升管反应器，在提升管下部设置有环管进料喷嘴，原料气与催化剂错流接触并反应。提升管出口设置有大孔分布板，将催化剂与气体均匀分布到第二反应器内，在第二反应器床层内没有反应完全的原料气体继续和催化剂发生反应，以保证较高的转化率。大孔分布板上部设置有流化氨气分布器，通入少量流化氨气，以保证反应器壁附近颗粒的流化质量。产品气体从反应器床层出来后夹带着少量催化剂进入稀相，经过一级、二级旋风分离器将夹带的催化剂分离下来，然后进入后续产品分离系统。第二反应器床层内的催化剂一部分由原待生剂抽出口流出并进入汽提器，汽提后的催化剂由原提升管输送进入再生器；另一部分催化剂由循环管线抽出，循环至底部预提升段。

　　根据计算，耦合反应器原料、产品的质量平衡见表 7.16。

表 7.16　工业耦合反应器质量平衡

物料		流量/(kg/h)	流量(t/a)(按 8000h/a 计)	备注
原料	甲醛	3714	29712	
	水	6314	50512	
	乙醛	5090	40720	
	氨气	2851	22808	
合计		17969	143752	
产品	吡啶	2042	16336	
	3-甲基吡啶	1093	8744	
	水	8556	68448	
	不凝气	52	416	按乙醛转化率65%计
	甲醛	2234	17872	
	乙醛	1781	14248	
	氨气	2211	17688	
合计		17969	143752	
吡啶、3-甲基吡啶产量		3135	25080	

　　为保证催化剂顺畅流动，计算出装置的压力平衡见表 7.17～表 7.19。

表 7.17　再生剂循环线路压力平衡

推动力/kPa		阻力/kPa	
再生器顶压	180	反应器顶压	172
再生器稀相静压头	1.68	稀相静压头	1.86
再生器密相静压头	20.1	反应器床层静压头	25.03
再生循环管静压头	45.51	大孔分布板压降	7
		提升管静压头	4.35
		预提升段静压头	1.49
		再生滑阀压降	35.56
合计	247.29	合计	247.29

表 7.18　待生剂循环线路压力平衡

推动力/kPa		阻力/kPa	
反应器顶压	172	再生器顶压	180
稀相静压头	1.86	再生器稀相静压头	1.68
反应器床层静压头	22.07	快分压降	3
立管及汽提段静压头	26.02	提升管静压头	8.18
		待生滑阀压降	29.09
合计	221.95	合计	221.95

表 7.19　循环剂循环线路压力平衡

推动力/kPa		阻力/kPa	
反应器顶压	172	反应器顶压	172
稀相静压头	1.86	稀相静压头	1.86
反应器床层静压头	19.74	反应器床层静压头	25.03
立管静压头	28.46	大孔分布板压降	7
		提升管静压头	4.35
		预提升段静压头	1.49
		中心管静压头	0.3
		再生滑阀压降	10.03
合计	222.06	合计	222.06

（1）反应器运行状况分析

工业装置于 2018 年 4 月一次开车成功，连续运行 1 年后停工检修，喷嘴和反应器内壁未发现任何结焦现象。图 7.24 给出了开工期间乙醛进料量的变化。可以看出除了开工初期以外，乙醛流量的控制始终比较稳定，维持在 4400～4600kg/h，但总体而言进料量远低于 5090kg/h 的设计值，导致全反应器操作气速偏低。图 7.25 给出了进料氨气的流量变化。进料氨气包括流化氨气和输送氨气两部分，其中流化氨气负责预提升段内催化剂颗粒的流化，如果该值偏低，会使预提升段内颗粒不能很好地流化，导致再生滑阀阀后憋压，再生剂循环量无法提高，提升管颗粒浓度偏低，进而影响产品收率。从图中可以看出，除了开工时有所波动外，氨气总流量控制较为稳定，始终在 2800～3000kg/h 范围内波动，和设计值较为接近。

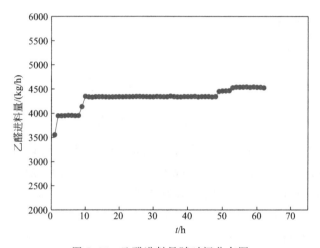

图 7.24　乙醛进料量随时间分布图

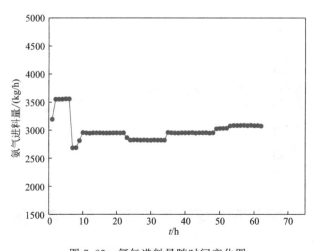

图 7.25　氨气进料量随时间变化图

图 7.26 给出了开工期间提升管表观气速的变化。提升管表观气速设计值约为 5m/s，属于低速下操作的提升管。从开工数据来看，除了开工初期有所波动外，开工期间提升管表观气速始终控制得比较稳定，但总体而言略低于设计值，仅有 4.7m/s 左右，这与处理量低有密切关系。

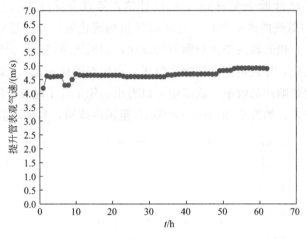

图 7.26　提升管表观气速分布

图 7.27 和图 7.28 给出了提升管内的压降和床层密度，可以看出压降 4.5kPa，折合床层密度约为 90kg/m³。一般情况下，低速提升管内的床层密度会达到 150~200kg/m³ 左右，远高于开工期间提升管内的密度。这说明提升管内颗粒浓度不够，与底部流化氨气量低、再生剂循环量低、催化剂内循环量低等有密切关系。提升管颗粒浓度低不利于气固两相的反应，将使提升管反应器部分失去作用，不利于反应收率和选择性的提高。

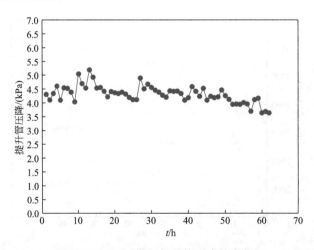

图 7.27　开工期间提升管压降的变化

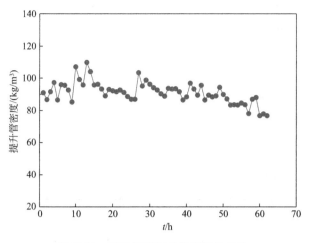

图 7.28　开工期间提升管密度的变化

　　图 7.29～图 7.31 给出了提升管下部、中部和上部温度分布，可以看出提升管内温度远低于床层温度（约 450℃），最高不超过 370℃，并没有达到设计值。设计中将再生催化剂和循环催化剂引入提升管底部，将原料升温至 400℃以上并开始反应。因为反应是弱放热反应，提升管内温度由底部到顶部应该逐渐增加。但在开工期间，再生催化剂和循环催化剂将热量传递给原料后，温度急剧降低，不足以维持反应的进行。温度急剧降低，这与前述提升管内颗粒浓度低于设计值的现象是一致的。从图 7.31 可以看出，提升管上部温度略高于中部和下部，这是因为此处受到了第二反应器床层的影响，有少量漏料现象，这同样和提升管表观气速低于设计值，大孔分布板过孔速度低，气流不足以托住催化剂，存在漏料等原因有关。

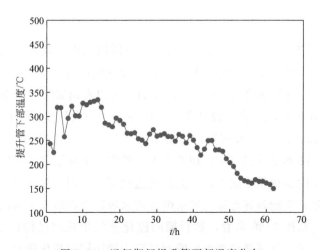

图 7.29　运行期间提升管下部温度分布

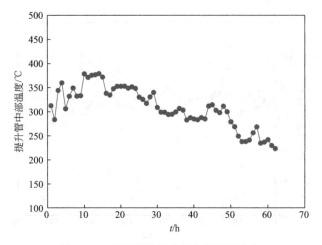

图 7.30　运行期间提升管中部温度分布

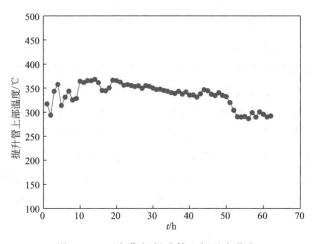

图 7.31　运行期间提升管上部温度分布

　　图 7.32～图 7.35 给出了运行期间第二反应器的压降、藏量、床层密度和表观气速的变化。二反压降设计值为 27kPa 左右，设计藏量为 12.6～16.9t 左右，操作气速为 1.07m/s，床层密度为 300kg/m³ 左右。可以看出实际操作中二反压降高于设计值约 5～10kPa，藏量高于设计值 2～5t 左右，表观气速低于设计值，但是床层密度高达 714kg/m³。一般而言，二反床层藏量、表观气速和设计值相差不多，则床层密度、压降和设计值也不会相差很大。但实际上床层密度和压降都远高于设计值，说明二反的流化质量很不好，尤其是边壁区域。因为提升管末端大孔分布板的影响范围有限，不能很好地流化边壁附近的区域，所以增设了蒸汽分布环来流化边壁附近区域。从图 7.36 来看，运行期间流化蒸汽量长期保持在 200kg/h 左右，仅为设计值的一半。这必然将严重影响到二反边壁区域的流化质量，不但不利于二反内反应的进行，而且会影响到循环管线和待生管线颗粒的循环。换言之，边壁区

域流化质量差，颗粒就难以流入内循环管线和汽提段。对于内循环管线，这可能是循环管线循环量低、导致阀位调节长期失灵甚至必须关闭阀门放弃催化剂内循环、提升管颗粒浓度低的主要原因。对待生线路来说，这可能导致待生催化剂循环量低、待生滑阀开度大且调节困难、待生催化剂定碳高等后果。

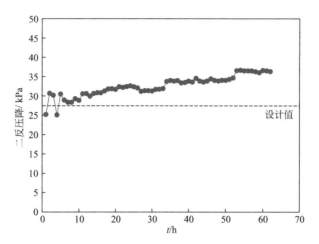

图 7.32　运行期间第二反应器的压降分布

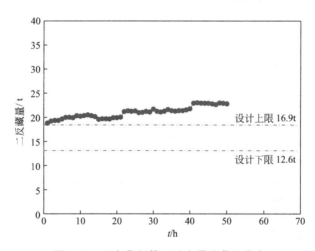

图 7.33　运行期间第二反应器的藏量分布

（2）再生器运行状况分析

图 7.37～图 7.39 给出了再生器床层操作气速、密度和温度分布。从图 7.37 中可以看出，再生器操作气速设计值为 0.25m/s，开工时实际操作气速略高于设计值，这对再生器的操作是有利的。在设计点操作气速下，再生器的床层密度应该维持在 $600kg/m^3$ 左右。再生器操作气速高于 0.25m/s 的情况下，再生器床层密度应该低于 $600kg/m^3$，但实际上图 7.38 显示再生器密度始终在 $700kg/m^3$ 以上，说明再生器操作状况较差。

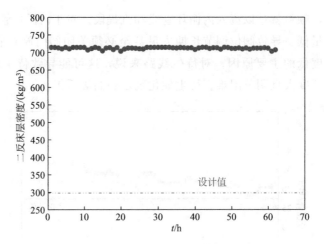

图 7.34 运行期间第二反应器的床层密度分布

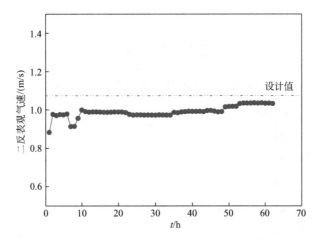

图 7.35 运行期间第二反应器的表观气速分布

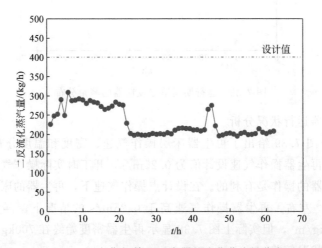

图 7.36 运行期间第二反应器的流化蒸汽量分布

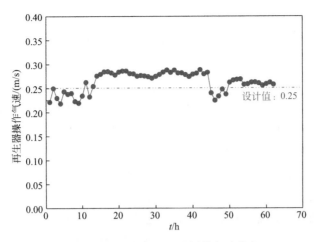

图 7.37　运行期间再生器操作气速分布

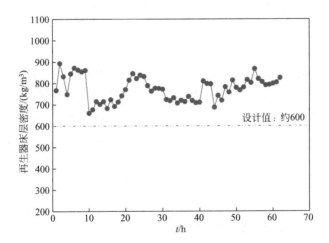

图 7.38　运行期间再生器床层密度分布

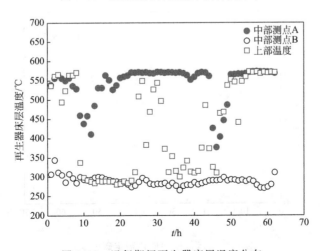

图 7.39　运行期间再生器床层温度分布

正常状况下再生器的操作温度在 550℃左右，但是从图 7.39 可以看出，再生器周向和轴向温度差别很大。从周向来看，中部温度测点差别很大，其中测点 A 温度始终在 550℃附近，但测点 B 则低至 300℃左右，这说明再生器内存在严重的偏流现象，流化质量差，测点 B 附近流化不好，甚至可能存在死区。在不同时间段，中部温度虽然周向存在很大差别，但是数值基本不随时间发生大的变化，而上部测点温度则随着时间大幅度波动。由于存在流化质量不好和偏流的现象，上部测温点有时接触到测点 A 处过来的催化剂，温度显示较高；有时接触到 B 处过来的催化剂，温度显示较低；还有时接触到的催化剂同时来自两个测温点，温度则在 300℃和 550℃之间大幅度波动。需要注意的是，中部测点 A 在一些时间段内也出现了温度陡降的现象，说明偏流现象的确是存在的，而且比较严重。

图 7.40 给出了运行期间待生剂和再生剂定碳的变化。可以看出待生剂定碳基本在 2%～3%之间变化，高于床层反应器待生剂定碳（1.5%～2%），也高于工业流化床如催化裂化待生剂定碳（1%～1.5%）。耦合反应器的催化剂停留时间远低于床层反应器，有利于降低待生剂定碳。但此次开工待生剂定碳过高，说明催化剂在反应器内停留时间过长。催化剂上积碳过多，催化剂活性下降，会进一步导致反应器内焦炭生成量增多，选择性下降，目的产品收率降低等问题。由于二反边壁附近床层密度偏高、待生滑阀开度较大（>80%），可以判断二反内流化质量不好，尤其是边壁附近流化质量差，存在局部死区，导致部分催化剂停留时间过长，待生剂定碳较高。再生器定碳在 0.4%（甚至 0.5%）左右变化，高于床层反应器再生器定碳（0.15%～0.4%），也远高于工业流化床如催化裂化再生剂的定碳（0.1%～0.15%）。这一方面和待生剂定碳高、不容易烧干净有关；另一方面，再生器周向温差较大、再生温度低、再生滑阀开度较大，说明再生器流化质量差、烧焦效果差。这进一步形成了恶性循环，导致待生剂积碳增加、反应收率低等一系列问题。

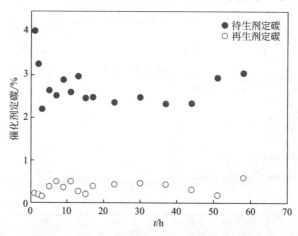

图 7.40　运行期间催化剂定碳的变化

图 7.41 给出了运行期间再生器烟气组成的变化。可以看出氧气含量高达 11% 左右，CO 含量在 3% 左右，CO$_2$ 含量在 5% 左右，说明再生器烧焦效果非常不好，近一半的氧气没有燃烧掉，与催化裂化烟气氧气含量 0.5%～1% 有显著差别。

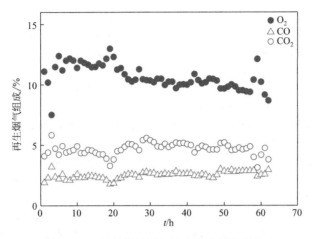

图 7.41　运行期间烟气组成随时间的变化

（3）产品收率及选择性

表 7.20 给出了开工时典型的产品收率。可以看出产品中主要产物为吡啶和 3-甲基吡啶。根据表中数据计算可得吡啶收率为 39%，3-甲基吡啶收率为 30%。总体而言，收率低于床层反应器收率（约 75%）。这主要是装置运行初期，很多操作参数还没有摸索出最佳值，因此产品收率也没有达到最高。在后期运行过程中发现，随着操作参数和调节手段的不断优化，产品收率逐渐稳定在 74% 左右，基本达到了床层反应器的收率。

表 7.20　开工时的产品组成

名称	组成/%
吡啶	9.27
2-甲基吡啶	0.02
3-甲基吡啶	7.26
4-甲基吡啶	0.06
氨	9.65
甲胺	1.18
二甲胺	1.00
三甲胺	未检出

参考文献

［1］ CHAN C W，SEVILLE J，YANG Z，et al. Particle motion in the CFB riser with special emphasis on PEPT-imaging of the bottom section ［J］. Powder Technology，2009，196：318-325.

［2］ VAN D V M，BAEYENS J，SEVILLE J P K，et al. The solids flow in the riser of a CFB viewed by Positron Emission Particle Tracking（PEPT）［J］. Powder Technology，2008，183：290-296.

［3］ VAN D，VELDEN M，CHAN C W，Seville J P K，et al. The solids flow in the riser of a CFB viewed by positron emission particle tracking［C］//Proceedings 9th International Conference on Circulating Fluidized Beds ［C］. Germany：Hamburg，2008：67-74.

［4］ BI H T，GRACE J R. Flow regime diagrams for gas-solid fluidization and upward transport ［J］.International Journal of Multiphase Flow，1995，21：1229-1236.

［5］ SMOLDERS K，BAEYENS J. Gas fluidized beds operating at high velocities：A critical review of occurring regimes ［J］. Powder Technology，2001，119：269-291.

［6］ RHODES M J，GELDART D. The upward flow of gas-solid suspensions. Part I. A model for the circulating fluidized bed incorporating dual level entry into the riser ［J］. Chemical Engineering Research and Design，1989，67：20-29.

［7］ LI Y，KWAUCK M. The dynamics of fast fluidization ［M］. New York：Plenum Press，1980：537-544.

［8］ 李佑楚，陈丙瑜，王凤鸣，等. 快速流态化流动模型参数的关联［J］. 过程工程学报，1980，4：20-30.

［9］ BAI D，ZHU J，JIN Y，et al. Internal recirculation flow structure in vertical upward flowing gas-solids suspensions，Part I. A core/annular model ［J］. Powder Technology，1995，85：171-178.

［10］ BAI D，ZHU J，JIN Y，et al. Internal recirculation flow structure in vertical upward flowing gas-solids suspensions. Part II. Flow structure predictions ［J］. Powder Technology，1995，85：179-188.

［11］ TODD S P，FRANCO B. A predictive hydrodynamic model for circulating fluidized bed risers ［J］. Powder Technology，1996，89（1）：57-69.

［12］ OUYANG S，LI X，POTTER O E. Circulating fluidized bed as a catalytic reactor：Experimental study ［J］. AIChE J，1995，41：1534-1542.

［13］ BUCHYR D M J，MEHROTRA A K，BEHIE L A，et al. Modelling a circulating fluidized bed riser reactor with gas-solids downflow at the wall ［J］. The Canadian Journal of Chemical Engineering，1997，75：317-326.

［14］ PATIENCE G S，CHAOUKI J. Gas phase hydrodynamics in the riser of a circulating fluidized bed ［J］. Chemical Engineering Science，1993，48：3195-3205.

［15］ 王德武. 提升管与床层耦合反应器气固流动特性的研究［D］. 北京：中国石油大学，2009：111-117.

［16］ ZHENG Q，ZHANG H. Experimental study of the effect of exit（end effect）geometric configuration on enternal recycling of bed material in CFB combustor Circulating Fluidized Bed Technology IV ［C］. New York：AIChE，1994：145-151.

［17］ JIN Y，YU Z，QI C，et al. The influence of exit structures on the axial distribution of voidage in fast fluidized bed［C］//Fluidization'88，Science and Technology. Beijing：Science Press，1988：165-173.

［18］ BRERETON C M H，GRACE J R. End effects in circulating fluidized bed hydrodynamics［C］//Circulating Fluidized Bed Technology IV. New York：AIChE，1994：137-144.

［19］ 安恩科，谭厚章，李军，等. CFB主床的床顶结构对边壁下降流的影响［J］. 热力发电，1998，6：

4-6.

［20］　安恩科，谭厚章，李军，等. CFB 流化床边壁下降流的实验研究及内循环模型［J］. 动力工程，1999，19（1）：9-11.

［21］　金燕，郑洽余. 具有收缩出口结构的新型循环流化床锅炉实验研究［J］. 动力工程，2000，20（5）：827-830.

［22］　陈丽梅，金燕. 出口结构对循环流化床锅炉床内轴向密度的影响［J］. 太原理工大学学报，2006，37：140-142.

［23］　金燕，郑洽余. 出口几何结构对循环流化床锅炉性能影响的实验研究［J］. 工程热物理学报，1999，20（1）：129-132.

［24］　黄卫星，石炎福，祝京旭. 16 m 高提升管中 FCC 颗粒固含率的研究［J］. 石油化工，2001，51（7）：531-537.

［25］　黄卫星，石炎福，祝京旭. 16 m 高提升管中的压力梯度与流动行为研究［J］. 高校化学工程学报，2001，15（2）：109-114.

［26］　黄卫星，易彬，杨颖，等. 循环床气固提升管中颗粒浓度的轴向分布［J］. 四川大学学报（工程科学版），2000，32（6）：38-41.

［27］　黄卫星，石炎福，祝京旭. 上行气固两相流充分发展段的颗粒浓度［J］. 化工学报，2001，51（11）：963-967.

［28］　漆小波，曾涛，黄卫星，等. 上行气固两相流充分发展段的摩擦压降及颗粒浓度预测［J］. 四川大学学报（工程科学版），2006，38（1）：49-53.

［29］　漆小波，黄卫星，祝京旭，等. 上行气固两相流充分发展段颗粒浓度关联及预测［J］. 高校化学工程学报，2005，19（5）：613-618.

［30］　QI C，YU Z，JIN Y，et al. Study on fluidization of fast gas-solid downflow（I）［J］. Journal of Chemical Industry and Engineering，1990，3：273-280.

［31］　程易，魏飞，金涌. 从两相流型特征对提升管反应器出入口结构的分类［J］. 石油炼制与化工，1997，28（3）：41-46.

［32］　ZHU H，ZHU J. Characterization of fluidization behavior in the bottom region of CFB risers［J］. Chemical Engineering Journal，2008，141：169-179.

［33］　ZHOU S，LIU M，LU C，et al. Investigation of pyridine synthesis in a fast fluidized bed reactor［J］. Industrial & Engineering Chemistry Research，2018，57（4）：1179-1187.

［34］　BI X，ELLIS N，ABBA I A，et al. A state review of gas-solid turbulent fluidization［J］. Chemical Engineering Science，2000，55：4789-4825.

［35］　卢春喜，王祝安. FCC 催化剂湍流床密相密度的研究［J］. 石油化工，1988，17：499-503.

［36］　EDWARDS M，AVIDAN A. Conversion model aids scale-up of Mobil′s fluid bed MTG process［J］. Chemical Engineering Science，1986，41：829-835.

［37］　FOKA M，CHAOUKI J，GUY C，et al. Gas phase hydrodynamics of a gas-solid turbulent fluidized bed reactor［J］. Chemical Engineering Science，1996，55：713-723.

［38］　MACMULLIN R B，WEBER M. The theory of short-circuiting in continuous-flow mixing vessels in series and kinetics of chemical reactions in such systems［J］. Transaction AIChE，1935，31（2）：409-458.

［39］　LAAN E. Notes on the diffusion-type model for longitudinal mixing in flow［J］. Chemical Engineering Science，1958，7（3）：187-191.

［40］　OCTAVE L. Chemical reaction engineering：3rd ed［M］. New York：John Wiley & Sons Press，1999：94-96.

［41］ FULLER E N，SCHETTLER P D，GIDDINGS J C. A new method for prediction of binary gas-phase diffusion coefficients［J］. Industrial and Engineering Chemistry，1966，58：18-27.

［42］ MARMO L，ROVERO G，MANNA L. Modelling on circulating fluidized bed reactors［C］//44th Canadian Chemical Engineering Conference. Alberta：Calgary，1994：11-21.

［43］ KAGAWA H，MINEO H，YAMAZAKI R，et al. A gas-solid contacting model for fast fluidized bed ［C］//Circulating Fluidized Bed Technology III［C］. Oxford：Pergamon Press，1991：551-556.

［44］ RHODES M，CHENG M. Operation of an L-valve in a circulating fluidized bed of fine solids［C］// Circulating Fluidized Bed IV［C］. New York：AIChE，1994：240-245.

［45］ 刘梦溪，卢春喜，周帅帅. 气固流化床反应装置. CN201810455805. 3，2018，中国.

［46］ 刘梦溪，卢春喜，周帅帅. 气固流化床反应装置. CN201810462204. 5，2018，中国.

第 **8** 章

二硫化碳合成过程简介

二硫化碳为无色或淡黄色、油状、透明、易挥发液体。纯品无异臭，但工业品具有坏萝卜样臭味。二硫化碳的熔点为 $-110.8℃$，沸点为 $46.5℃$，闪点 $-30℃$，自燃点 $100℃$。二硫化碳蒸气与空气混合物爆炸极限为 $1.3\%\sim50\%$。用容器储运时，可用水封盖表面。灌装时应注意流速不超过 $3m/s$，且有接地装置，防止静电积聚。二硫化碳用于制人造丝、油漆、去渍剂、玻璃纸、橡胶、水泥，也可用以制硫氰化铵、杀虫剂、冷硫化剂，还可用作汽车燃料、橡胶树脂及蜡的溶剂、羊毛脱脂剂、油类及生物碱的萃取剂及制冷剂等。

8.1　二硫化碳合成工艺简介

二硫化碳生产工艺根据原料的不同可分为木炭法、半焦法、天然气法和丙烯法等。其中国外普遍采用的天然气法有三种，即低压催化油吸工艺、低压非催化油吸工艺和加压非催化蒸馏工艺。

8.1.1　木炭法

木炭法生产二硫化碳工艺的基本反应式为：

$$C+S_2 \longrightarrow CS_2 \tag{8.1}$$

木炭法生产二硫化碳工艺根据反应器分为外热甑法和内热电炉法。首先将熔融的硫磺经过反应器气化和预热，然后在反应温度 850～900℃下与灼热的木炭层反应生成二硫化碳。为维持反应的连续进行，从反应器顶部间歇地补充木炭，利用克劳斯装置回收硫化氢。该方法生产 1 吨的二硫化碳需要消耗 0.22～0.26 吨的木炭及 0.90～0.96 吨的硫磺[1]。

（1）外热甑法[2]

反应甑是立式狭长椭圆形的反应器，由铸铁或铸钢制成，其内部衬有耐火材料。反应甑内的木炭利用外部的煤、天然气、煤气或石油气等加热，气化的硫磺由反应甑底部进入，在隔绝空气和反应温度 850～900℃的条件下，与灼热的木炭反应生成二硫化碳。反应气体产物有二硫化碳、未反应的硫、硫化氢、羰基硫及惰性气体等。反应气体产物经过冷凝、精馏分离出硫、硫化氢及其他杂质。外热甑法工艺简单，容易掌握，但对木炭质量要求较高，生产能力低，设备寿命短，金属材料消耗大，间歇操作，操作条件差，热效率只有 20%，环保问题较难解决。

（2）内热电炉法[3]

反应电炉是内衬耐火材料的钢制圆筒形反应器。炉内两电极之间的木炭层作为电阻器，通电后进行加热。气化的硫磺与炽热的木炭反应生成二硫化碳。反应气体产物由炉顶进入冷凝和精制系统进一步处理，得到成品二硫化碳。电炉可分为三相电炉和两相电炉两种，电能的利用效率要高于外热甑法。电炉法的优缺点与外热甑法基本相同，但是其耐火衬里较厚，热损小，热效率高达 50%～60%，金属材料用量少，操作费用也较外热甑法低。

木炭法不仅要消耗大量硬质木材，而且基本为间歇操作，劳动强度大，生产效率低，环境污染严重，是已被淘汰的工艺。

8.1.2 半焦法

半焦法是将不同粒度分布的半焦加入反应炉内，在反应温度 850～900℃的条件下与气化的硫磺进行反应生成二硫化碳，反应气体产物由反应炉顶进入冷凝系统作进一步处理，得到成品二硫化碳[4]。生产过程中采用半流化床式加料法，每间隔 48～72 小时对反应后产生的炉渣进行清理，炉渣清理后及时补充半焦，以保证反应的继续进行。该方法使用的半焦或焦粉均为原煤生产煤气的固体残留物或焦化厂破碎焦炭剩余的焦粉，半焦或焦粉含有的碱金属或碱土金属碳酸盐、金属氧化物、过渡金属的硫酸盐或金属碘化物能够对硫碳反应起到催化活化的作用。

与木炭法相比，该工艺可节约大量木材，大大降低了生产成本和对环境的破坏。但是，由于半焦法和木炭法一样采用固定床工艺，因此，仍然对环境有较大的污染。此外，半焦法还具有劳动强度大、转化率低等不足。

8.1.3　天然气法

天然气法生产二硫化碳的基本反应式为：

$$CH_4 + 2S_2 \longrightarrow CS_2 + 2H_2S \tag{8.2}$$

天然气法[5,6] 是将天然气和经加热炉预热的气化硫磺通入反应器，在反应温度 600～700℃条件下进行反应。反应可以有催化剂也可以无催化剂，所得的反应气体产物经过分离精制系统的处理，得到成品二硫化碳。最后利用克劳斯法将反应中生成的硫化氢气体回收转化为硫重新使用。

在工业生产中，天然气和气化的硫磺可以混合后再一起进入加热炉，也可以分别进入各自的加热炉中进行加热。前者炉子数量较少，设备可以大型化，但对炉管的要求较高；后者对炉管要求不高，但炉子数量较多。此外，还可以采用天然气多点进炉方案，即液硫从加热反应炉的上部炉管进入，经加热气化后，与一部分天然气混合，余下的天然气从加热反应炉的中、下部炉管进入。天然气法生产过程中烃类裂解结焦是不可避免的，一般生产 3～6 个月后需要对炉管进行一次清垢。

天然气法的气体产物主要包括二硫化碳、硫化氢、硫和甲烷等。可以通过冷却降温的方法将过量的硫分离出来，而二硫化碳、硫化氢和甲烷等混合物则可以通过矿物油吸收和加压蒸馏进行分离。加压蒸馏也可以分为两种，一种是在天然气和气化硫磺进入反应装置前进行加压，这样整个装置就在高压下操作；另一种则是在天然气和气化硫磺反应完，冷却降温分离出过量的硫后再进行加压。前者使用的天然气压缩机和液硫输送泵比较普遍，不用进行专业的设计制造，但整个装置都是在较高的压力条件下进行操作的，因此需要增大设备的壁厚；后者的天然气压缩机为专用设备，装置规模不易进行扩大，但是加热反应炉管等设备可以在较低压力下工作，因此不需要增加设备的壁厚，并可以延长设备使用寿命。

目前，国内外天然气生产二硫化碳采用的工艺路线主要有 3 种：

（1）低压催化油吸收工艺

该工艺是美国 FMC 公司在 20 世纪 20 年代发明的利用甲烷硫化法生产二硫化碳的技术[7]，并于 20 世纪 40 年代末实现了工业化生产。该技术以硅胶、氧化铝、硅藻土、明矾胶和铝土矿等作为催化剂，在反应温度 480～650℃和压力 0.5MPa 的条件下，将甲烷和气化硫磺在两个串联的固定床反应器中进行硫化反应。反应气体产物经冷凝降温除去过量的硫，再用矿物油吸收分离硫化氢，最后用蒸馏法精制得到二硫化碳成品。甲烷转化率最低能够达到 85%～90%，产生的副产物 H_2S（0.9t H_2S/1t CS_2）用克劳斯法回收硫，再作为原料使用。

由于低压催化油吸收工艺易在催化剂表面结焦，造成催化剂的堵塞，操作费用稍高，所以天然气生产二硫化碳很少采用该工艺。

（2）低压非催化油吸收工艺

低压非催化油吸收工艺是对催化油吸收工艺的改进，除了天然气硫化反应不用催化剂外，其余均与低压催化油吸收工艺基本相同[8]，工艺流程如图 8.1。

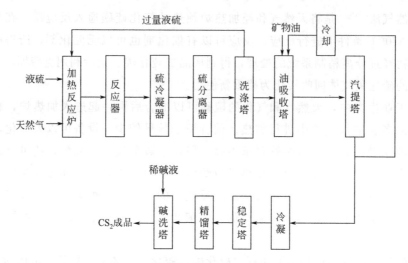

图 8.1　低压非催化油吸收工艺流程图

将天然气和硫磺在加热反应炉的炉管里气化预热。在反应温度为 600～650℃、压力为 0.5～0.8MPa 的条件下，使天然气与气化硫磺在两个无催化剂的串联反应器中进行硫化反应，反应气体产物经过硫冷凝器、硫分离器及洗涤塔，将过量的液硫分离出来，返回至加热反应炉继续反应。洗涤塔顶馏出物经过冷却器将 50% 左右的二硫化碳冷凝，以减轻油吸收系统的负荷，未冷凝的二硫化碳、硫化氢及未反应的甲烷等则进入油吸收塔，并用矿物油吸收其中的二硫化碳，未被吸收的气体从塔顶分离出来，去硫化氢回收系统。吸收二硫化碳的富油，在汽提塔中将二硫化碳蒸出，冷凝下来的二硫化碳去精制系统。汽提塔底含极少量二硫化碳的贫油经冷却返回油吸收塔。在稳定塔中粗品二硫化碳被进一步分离出低沸物后进入精馏塔，塔顶馏出物经冷凝、碱洗和水洗便得成品。该工艺在操作中维持硫过量 5%，甲烷转化率可达到 96%～98%[8]。

低压非催化油吸收工艺安全可靠，技术成熟，技术经济指标也较好，是目前广泛采用的工艺。其缺点是设备较多，流程较长，投资较大。

（3）加压非催化蒸馏工艺

加压非催化蒸馏工艺是在低压非催化油吸收工艺的基础上，由 FMC 公司于 20 世纪 60 年代提出的改进技术。将甲烷气相压力提高至 1.0～1.8MPa，在无催化剂、磁环作为填充物的固定床反应器中进行反应，工艺流程如图 8.2。

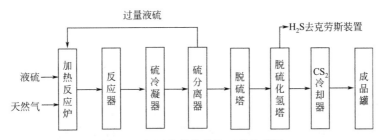

图 8.2　加压非催化蒸馏工艺流程图

在加热反应炉的下部，天然气被预热至 450℃，将 140℃的液硫从加热反应炉的上部通入，然后气化。气化硫磺与天然气混合后进一步加热，在反应温度 630～650℃和压力 1.0～1.8MPa 的条件下进行反应。生成二硫化碳的反应主要在加热反应炉的炉管内进行，少部分在绝热反应器中进行。气体产物中过量的硫大部分在硫冷凝器中冷凝下来，未冷凝的气体产物进入脱硫塔，进一步将硫从塔底分离出来。塔顶的馏出物进入脱硫化氢塔，硫化氢和未反应的甲烷从塔顶进入硫化氢回收系统，成品二硫化碳从塔底冷却后进入成品罐。该工艺甲烷转化率可达 97%。

由于加压非催化蒸馏工艺流程短，建设投资省，是一种比较先进的技术，近期建设的天然气生产二硫化碳装置中大多采用此技术。上述 3 种天然气生产二硫化碳工艺之间的对比如表 8.1。

表 8.1　天然气生产二硫化碳工艺的比较

项目	加压非催化蒸馏工艺	低压非催化油吸收工艺	低压催化油吸收工艺
催化剂	无	无	硅胶
过量硫/%	5～10	5	10～20
反应温度/℃	650	600～650	625
反应压力/MPa	1.5	0.8	0.25～0.5
硫分离工艺	加压冷凝	冷凝、淋洗	冷凝、淋洗
硫化氢分离工艺	加压冷却分离，设备简单,效率高	油吸收法,设备多,操作复杂	油吸收法,设备多,操作复杂
反应器个数	1	2	2
分离精制塔数	2	6	6

与木炭法相比，天然气法不仅可节约木炭，有利于森林保护，而且具有装置规模大、连续生产、自动化程度高和便于集中控制、能耗低、经济效益好等优点。但天然气法对厂址的选取有较高的要求，必须选择富产天然气的地方，同时天然气也是宝贵的能源资源，价格较高，使二硫化碳的生产成本大幅增加。此外，由于甲烷中的氢含量比较高，生产过程中有大量的硫化氢产生，需要后续有特定的装置进行分离，从而增加了整个装置和工艺的复杂性。

8.1.4　丙烯法

丙烯法生产二硫化碳工艺的基本反应式为：

$$2C_3H_6 + 9S_2 \longrightarrow 6CS_2 + 6H_2S \tag{8.3}$$

丙烯法与天然气法基本相同，但比天然气法更易于结焦。在丙烯硫化反应中，可以使用催化剂以减少反应的结焦。为了提高反应的选择性，也可以利用天然气或其他惰性气体作稀释剂。由于丙烯价格比天然气高，所以丙烯法成本比天然气法更高，且丙烯和天然气一样都是稀缺的化工原料，原料的限制直接影响该工艺的发展，因此只有在富产丙烯的地方才可考虑使用该方法。

8.1.5　其他工艺

天然气的氢碳比高，用天然气每生产 1 吨的二硫化碳会产生 0.9 吨的硫化氢，并且许多地方受天然气资源限制而不能采用该方法。因此人们尝试采用氢碳比低且廉价易得的其他原料合成二硫化碳，如石油焦、燃油等，但都没能实现工业化。

美国 Mobil 公司提出一种利用天然气生产二硫化碳的新方法[7]。该方法主要的特点是将天然气分解成单质碳和氢，然后使碳和硫反应生成二硫化碳。天然气的分解及与硫的反应可以在同一个反应器中进行，即先使天然气分解产生的碳沉积在固体表面；产生的单质氢被分离出来后，向反应器中通入硫磺，使其与固体表面的碳反应生成二硫化碳，同时固体表面的碳也会被除去；待固体表面的单质碳反应完后停止通入硫磺，再重复进行天然气的分解。该反应可以在移动床中进行。该工艺的优点是可以分离出氢。

8.1.6　半焦法合成二硫化碳循环流化床工艺

目前，我国半焦法生产二硫化碳主要采用固定床工艺。固定床反应器要频繁补充焦炭，在补充焦炭时需要打开反应器顶盖，因而具有污染大、劳动强度大、效率低、能耗高等缺点。采用全封闭、连续操作的流化床尤其是循环流化床作为反应器则可以很好地避免这些问题。根据半焦法生产二硫化碳的工艺特点，并结合多年来在气固流化床，尤其是催化裂化反应系统大量的基础研究、应用研究和工业化经验，笔者提出了一种半焦法合成二硫化碳循环流化床工艺[9,10]。如图 8.3 所示。

半焦法合成二硫化碳循环流化床工艺采用耦合反应器、燃烧器并列布置的形式。为减少反应器内部的返混、提高反应的选择性和收率，耦合反应器中下部采

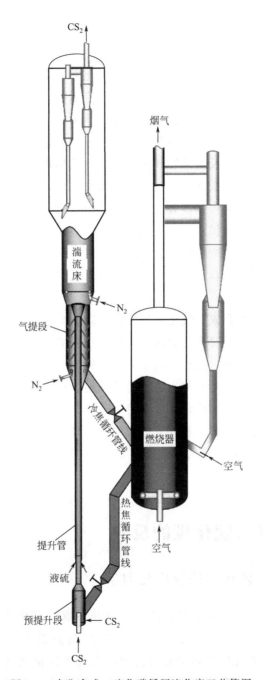

图 8.3　半焦合成二硫化碳循环流化床工艺简图

用提升管反应器。为保证足够的停留时间，提升管出口串联了一个湍流床反应器。高温半焦由燃烧器循环进入提升管反应器底部的预提升段，预提升段底部设置有提升气（如 CS_2）。高温半焦在预提升段内整流，并在提升气作用下向上进入提升管，提升管下部适当位置设置有液硫进料喷嘴，液硫被雾化成小的液滴后由喷嘴喷出并与上行的高温半焦颗粒接触、气化并反应。提升管出口设置有大孔分布板，大孔分布板将气固两相均匀分布在湍流床内，未反应完全的气固两相在湍流床内继续反应。生成的气相产物进入反应器稀相，经旋风分离器分离掉夹带的细颗粒半焦后进入后续分离、精制系统；反应后剩余的半焦进入气提段，由气提氮气将半焦颗粒夹带的反应产物置换出去，然后半焦循环进入燃烧器。燃烧器底部通有新鲜空气，采用鼓泡床或湍流床的形式操作。半焦在燃烧器中燃烧并放出大量热量，然后高温半焦携带着大量热量循环至耦合反应器底部的预提升段。半焦与液硫发生反应并提供热量，反应过后的半焦循环至燃烧器。燃烧器中部设置有大型加料线，根据燃烧器内的半焦藏量随时补充新鲜半焦。反应热、液硫气化热、气体氮气升温热、新鲜空气升温热以及系统热损失都来自半焦燃烧放出的热量。

循环流化床中半焦合成二硫化碳反应属于高温非催化反应，其操作与固定床操作有极大的不同。需要对半焦合成二硫化碳过程的热力学、反应动力学、气固两相流体力学有深入认识。此外，由于固体颗粒为半焦颗粒，还需要考虑开工时存在的爆燃问题。有必要采取加入适量惰性颗粒、加入蒸汽等多种手段来控制开工或事故状态下燃烧器内的燃烧速度以避免爆燃。针对以上问题，笔者展开了大量研究，解决了耦合反应器工程放大过程中的关键问题，并最终实现了半焦法合成二硫化碳循环流化床工艺的工业化。后续章节对相关研究结果进行了详细介绍。

8.2 半焦制二硫化碳的反应

8.2.1 半焦制二硫化碳的反应热力学

半焦与硫磺在高温下接触时会发生反应并生成二硫化碳，在反应过程中 S 首先由 S_8 转变为 S_6，再转变为 S_2，生成的 S_2 与高温半焦接触才能生成二硫化碳。在工业装置的气体产物中有时会出现大量的硫化氢和羰基硫，二硫化碳收率较低。为了了解副反应产生的原因和减少副反应，本章对半焦制二硫化碳反应进行热力学分析，着重分析半焦制二硫化碳的反应热、吉布斯自由能以及平衡常数。

8.2.1.1　半焦制二硫化碳反应及其热效应

半焦制二硫化碳反应过程是一个简单的一级反应，热力学性质相对简单，没有涉及过多其他的副反应和可逆反应，半焦与硫的反应历程如表 8.2。

表 8.2　半焦制二硫化碳过程的反应方程式

类别	反应	反应编号
主反应	$3S_8(g) \rightarrow 4S_6(g)$	(1)
	$S_6(g) \rightarrow 3S_2(g)$	(2)
	$S_8(g) \rightarrow 4S_2(g)$	(3)
	$C(s) + S_2(g) \rightarrow CS_2(g)$	(4)
副反应	$C(s) + H_2O(g) \rightarrow CO(g) + H_2(g)$	(5)
	$2H_2(g) + S_2(g) \rightarrow 2H_2S(g)$	(6)
	$2CO(g) + S_2(g) \rightarrow 2COS(g)$	(7)
	$CO(g) + H_2S(g) \rightarrow COS(g) + H_2(g)$	(8)
	$CO_2(g) + CS_2(g) \rightarrow 2COS(g)$	(9)
	$CO_2(g) + H_2S(g) \rightarrow COS(g) + H_2O(g)$	(10)

反应体系各组分的标准生成焓、标准熵见表 8.3。

表 8.3　半焦制二硫化碳反应体系组分的热力学数据（298K）

物质	$\Delta_f H_m^\ominus$ /(kJ/mol)	$S_m^\ominus$ /[J/(mol·K)]	$\Delta_f G_m^\ominus$ /(kJ/mol)	a	$b \times 10^3$ /$\frac{1}{K}$	$c \times 10^6$ /$\frac{1}{K^2}$	$c' \times 10^{-6}$ /K
C(s)	0	5.703	0	18.024	0	0	0
$S_2(g)$	128.29		79.621	36.4845	−0.6694	−3.7856	0
$S_6(g)$	102.88		54.69	146.19	−0.6694	−16.8921	0
$S_8(g)$	102.80		51.02	180.0459	−0.9247	−22.786	0
CO(g)	−110.54	197.9	−137.28	26.5366	76.831	−1.1719	0
$CO_2(g)$	−393.51	213.68	−394.38	26.748	422.58	−14.247	0
$CS_2(g)$	117.07	237.78	66.9	36.851	366.6	−14.004	0
$H_2(g)$	0	130.587	0	29.062	−8.2	1.9903	0
$H_2O(g)$	−241.818	188.715	−237.957	30.204	99.33	1.117	0
$H_2S(g)$	−20.17	205.77	−33.05	26.715	238.66	−5.063	0
COS(g)	−138.41	231.46	−165.64	52.082	5.489	−4.979	−1.184

半焦的定压比热容为 $1.502kJ/(kg \cdot K)$ 或 $18.024J/(mol \cdot K)$，气体的定压比热容 C_p 计算式为：

$$C_p = a + bT + cT^2 + c'T^{-2} [J/(mol \cdot K)]$$

其中 a，b，c，c' 为常数，数值见表 8.3。

在半焦制二硫化碳的反应体系中，等压反应热 Q_p 等于反应的焓变 ΔH_r。根据 Kirhhoff 定律：

$$\left[\frac{\partial \Delta H_r}{\partial T}\right]_p = \Delta C_p \tag{8.4}$$

非标准状态时反应焓变 ΔH_r 可根据定压热容差 ΔC_p 的积分求得。其中：

$$\Delta H_r = \int C_p dT$$

$$\Delta C_p = \Delta a + \Delta bT + \Delta cT^2 + \Delta c'T^{-2}$$

所以
$$\Delta H_r = \Delta H_0 + \Delta aT + \frac{\Delta b}{2}T^2 + \frac{\Delta c}{3}T^3 - \Delta c'T^{-1} \tag{8.5}$$

根据表 8.3 所列温度（298K）的标准摩尔生成焓 $\Delta_f H_m^\ominus$，计算出各反应的标准反应焓变 ΔH_r（298K），并将标准反应焓变 ΔH_r（298K）的值代入式（8.5）中，求得积分常数 ΔH_0。利用各反应的 a，b，c，c' 即可得到各反应的焓变与温度的关系式。现以矩阵形式列出半焦制二硫化碳反应体系中反应（1）～（10）的反应焓变与温度的关系式：

$$\Delta H_r(i) = \begin{pmatrix} 89811.3 \\ 292948.1 \\ 420534.6 \\ -22182.6 \\ 130440.1 \\ -178219.6 \\ -189989.5 \\ -5884.9 \\ 13977.7 \\ 45459.5 \end{pmatrix} + \begin{pmatrix} 44.6223 & 0.04825 & 0.2632 & 0 \\ -36.7365 & -0.6694 & 1.8451 & 0 \\ -34.1079 & -0.8765 & 2.5479 & 0 \\ -17.6335 & 183.6347 & -3.4061 & 0 \\ 7.3946 & -15.3495 & -0.0995 & 0 \\ -41.1785 & 247.1947 & -3.4403 & 0 \\ 14.6063 & -71.0073 & -1.2762 & 2.368 \\ 27.8924 & -159.101 & 1.0821 & 1.184 \\ 40.565 & -389.101 & 6.0977 & 6.0977 \\ 28.823 & -278.211 & 5.1493 & 5.1493 \end{pmatrix} \begin{pmatrix} T \\ 10^{-3}T^2 \\ 10^{-6}T^3 \\ 10^{6}T^{-1} \end{pmatrix} \tag{8.6}$$

其中 i 为反应编号，$\Delta H_r(i)$ 为第 i 个反应的反应焓变。

通过式（8.6）计算出不同反应温度下反应（1）～（10）的反应热，计算结果列于表 8.4；根据表 8.4 做出半焦制二硫化碳反应体系中各反应的反应焓变值随温度变化的关系图，如图 8.4。

表 8.4　不同温度下各反应的反应焓变

反应编号	$\Delta H_r/(kJ/mol)$						
	923K	973K	1023K	1073K	1123K	1173K	1223K
1	131.25	133.52	135.79	138.07	140.36	142.64	144.94
2	259.92	258.27	256.64	255.04	253.46	251.91	250.39
3	390.31	388.86	387.45	386.08	384.73	383.43	382.17
4	115.31	131.37	148.31	166.11	184.78	204.30	224.69
5	124.11	123.01	121.83	120.58	119.25	117.83	116.34
6	−8.34	12.57	34.67	57.95	82.41	108.05	134.86
7	−235.44	−241.74	−248.41	−255.44	−262.83	−270.60	−278.73
8	−113.55	−127.16	−141.54	−156.69	−172.62	−189.32	−206.80
9	−272.71	−306.88	−342.89	−380.74	−420.43	−461.95	−505.31
10	−159.62	−183.93	−209.54	−236.46	−264.68	−294.21	−325.03

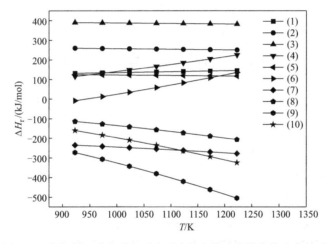

图 8.4　半焦制二硫化碳各反应反应焓变随反应温度的变化关系

从图 8.4 中可以看出，反应（1）～（6）都是强吸热反应。硫的相变反应（1）～（3）和硫化氢生成反应（5）的反应热随着温度的升高基本不变；二硫化碳的生成反应（4）和反应（6）的反应热随着温度的升高而增加；反应（1）、（2）的反应热之和与反应（3）的反应热基本相等。在反应体系中，由 S_8 转变为 S_2 的反应（3）的反应热最大，可以看出在半焦制二硫化碳的反应体系中反应热量大部分消耗在 S_8 转变成 S_2 过程中。生成羰基硫的副反应（7）～（10）均为放热反应，且都随着温度的升高放热量增大。以纯炭进料，半焦制二硫化碳总反应热一般在 213～320kJ/mol 之间。

如果只考虑主反应，以 1mol S_2 进料为基准，假设反应产物组成只有二硫化碳，可计算出反应体系的绝热温降 $\Delta T_{ad} = \dfrac{n\Delta_r H}{\rho C_p}$，计算结果列于表 8.5。

表 8.5　不同温度下半焦反应体系的绝热温降

反应温度/℃	绝热温降/℃
680	133
720	204
760	272
780	341
800	409

从表 8.5 中可以看出，主反应的绝热温降均在 133℃以上，如果将半焦制二硫化碳反应过程中的诸多副反应考虑在内，则绝热温降会更大。如此高的温降，会直接影响碳硫反应的稳定性，因此在反应时要有连续热量补入，以维持反应的进行。

8.2.1.2　半焦制二硫化碳反应的吉布斯自由能

半焦制二硫化碳反应的吉布斯自由能 ΔG_T 由式(8.7) 计算得到：

$$\Delta G_T = \Delta H_r - T\Delta S \tag{8.7}$$

其中，ΔH_r 可按照 8.2.1.1 中的方法求得。

$$\Delta S = I + \Delta a \ln T + \Delta b T + \frac{\Delta c}{2}T^2 - \frac{\Delta c'}{2}T^{-2} \tag{8.8}$$

$$\Delta G_T = \Delta H_0 + (\Delta a - I)T + \left(-\frac{\Delta b}{2}\right)T^2 + \left(-\frac{\Delta c}{6}\right)T^3 + \left(-\frac{\Delta c'}{2}\right)T^{-1} + (-\Delta a)T\ln T \tag{8.9}$$

半焦制二硫化碳反应体系中各反应在温度 298K 时的 ΔS_m 值及积分常数 I 值列于表8.6。将 I 值代入式(8.8) 即可得到 ΔS 与温度 T 的关系式，从而得到 ΔG_T 与温度 T 的关系式(8.9)。

表 8.6　半焦制二硫化碳各反应的 ΔS_m（298K）值和积分常数 I 值

反应编号	ΔS_m/[J/(mol·K)]	I/[J/(mol·K)]
1	125.57	−128.71
2	328.24	537.69
3	479.52	674.02
4	5.04	−3.65
5	102.69	69.72
6	−76.88	10.85
7	−160.03	−214.09
8	−41.58	−112.47
9	11.48	−1.87
10	32.28	26.53

以矩阵形式给出反应（1）～（10）吉布斯自由能与温度的关系式，见式(8.10)。

$$
\Delta_r G =
\begin{Bmatrix}
89811.3 \\
292948.1 \\
420534.6 \\
-22182.6 \\
130440.1 \\
-178219.6 \\
-189989.5 \\
-5884.9 \\
13977.7 \\
45459.5
\end{Bmatrix}
+
\begin{Bmatrix}
173.333 & -0.048 & -0.132 & 0 & 44.622 \\
-574.426 & 0.669 & -0.923 & 0 & -36.737 \\
-708.124 & 0.876 & -1.274 & 0 & -34.108 \\
-13.986 & -183.635 & 1.135 & 0 & -17.634 \\
-62.327 & 15.350 & 0.050 & 0 & 7.395 \\
-52.031 & -247.195 & 1.720 & 0 & -41.179 \\
288.692 & 71.007 & 0.638 & 1.184 & 14.606 \\
140.362 & 159.101 & -0.541 & 0.592 & 27.892 \\
42.432 & 389.101 & -3.049 & 1.184 & 40.565 \\
2.291 & 278.211 & -2.575 & 0.592 & 28.823
\end{Bmatrix}
\begin{Bmatrix}
T \\
10^{-3} T^2 \\
10^{-6} T^3 \\
10^6 T^{-1} \\
T \ln T
\end{Bmatrix}
$$

$$(8.10)$$

通过式(8.10) 计算出几个不同反应温度下各反应的吉布斯自由能，就可以直观地看出各反应自发进行的程度，计算结果见表 8.7，根据表 8.7 可以进一步做出各反应吉布斯自由能随温度变化的关系图，如图 8.5。从图 8.5 中可以看出，硫的相变反应（1）～（3）、二硫化碳的生成反应（4）和生成硫化氢的副反应（6）的 $\Delta G_T < 0$，可见他们都是自发进行的；作为主副反应中的两个最主要的反应，副反应（6）的吉布斯自由能明显小于主反应（4）的吉布斯自由能，说明在有氢存在的反应系统中反应（6）比反应（4）自发程度高，生成硫化氢的反应比生成二硫化碳的反应更易进行；而生成羰基硫的副反应（7）～（10）均是 $\Delta G_T > 0$ 的反应。

表 8.7　半焦制二硫化碳各反应的吉布斯自由能

反应编号	$\Delta G_T / (kJ/mol)$						
	923K	973K	1023K	1073K	1123K	1173K	1223K
1	-31.6	-40.4	-49.4	-58.5	-67.7	-77.1	-86.5
2	-5.9	-20.2	-34.5	-48.7	-62.8	-76.9	-90.9
3	-18.4	-40.5	-62.5	-84.5	-106.4	-128.2	-150
4	-79.5	-90.5	-102.4	-115.2	-128.8	-143.2	-158.6
5	39.4	34.9	30.4	25.9	21.5	17.2	13
6	-176.0	-185.6	-196.4	-208.2	-221.2	-235.2	-250.4
7	-8.7	3.8	16.6	29.7	43.1	56.9	71.1
8	83.7	94.7	106.5	118.9	132.1	146.1	160.7
9	127.9	150.5	174.9	201.1	229.1	258.9	290.6
10	101.6	116.4	132.4	149.8	168.4	188.4	209.6

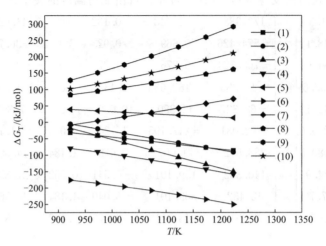

图 8.5 半焦制二硫化碳各反应吉布斯自由能随反应温度的变化关系

8.2.1.3 半焦制二硫化碳反应标准平衡常数的计算

半焦制二硫化碳反应体系中各反应的标准平衡常数由式(8.11) 计算。

$$\Delta G_T = -RT \ln K_T^{\ominus} \tag{8.11}$$

将 ΔH_r、ΔS、ΔG_T 与温度的关系式代入式(8.11) 即可得到 $K_T^{\ominus}$ (i) 与温度的关系式(8.12)。

$$\ln K_T^{\ominus} = -\frac{1}{R}\left[\Delta H_0 T^{-1} + (\Delta a - I) + \left(-\frac{\Delta b}{2}\right)T + \left(-\frac{\Delta c}{6}\right)T^2 + \left(-\frac{\Delta c'}{2}\right)T^{-2} + (-\Delta a)\ln T\right]$$

$$\tag{8.12}$$

以矩阵形式给出反应 (1)～(10) 标准平衡常数与温度的关系式，见式(8.13)。

$$\ln K_T^{\ominus}(i) = \begin{pmatrix} -10802.4 & -20.848 & 0.006 & 0.016 & 0 & 5.367 \\ -35235.5 & 69.091 & -0.081 & 0.111 & 0 & -4.419 \\ -50581.5 & 85.172 & -0.105 & 0.153 & 0 & -4.102 \\ 2668.1 & 1.682 & 22.087 & -0.137 & 0 & -2.121 \\ -15689.2 & 7.497 & -1.846 & -0.006 & 0 & 0.889 \\ 21436.1 & 6.258 & 29.732 & -0.207 & 0 & -4.953 \\ 22851.8 & -27.507 & -8.541 & -0.077 & -0.142 & 1.757 \\ 707.8 & -16.883 & -19.137 & 0.065 & -0.071 & 3.355 \\ -1681.2 & -5.104 & -46.801 & 0.367 & -0.142 & 4.879 \\ -5467.8 & -0.276 & -33.463 & 0.310 & -0.071 & 3.467 \end{pmatrix} \begin{pmatrix} T^{-1} \\ T^0 \\ 10^{-3}T \\ 10^{-6}T^2 \\ 10^6 T^{-2} \\ \ln T \end{pmatrix}$$

$$\tag{8.13}$$

其中 i 为反应编号，$K_T^{\ominus}$ (i) 为第 i 个反应的标准平衡常数。

通过式(8.13) 计算出在几个不同反应温度下半焦制二硫化碳反应体系中各反

应的标准平衡常数值，计算结果列于表8.8。根据表8.8做出各反应标准平衡常数随温度变化的关系图，如图8.6。

表 8.8 半焦制二硫化碳反应标准平衡常数

反应编号	$K_T^{\ominus}$						
	923K	973K	102K	1073K	1123K	1173K	1223K
1	61.07	148.12	333.95	707.69	1416.58	2702.682	4939.40
2	2.16	12.22	57.92	235.10	836.31	2651.816	7600.73
3	10.96	148.86	1554.64	12938.10	88521.43	511447.4	2543369
4	31634.39	72620.32	170075.9	404739.9	977740.9	2392860	5926830
5	0.0059	0.013	0.028	0.055	0.099	0.17	0.28
6	9.11×10^9	9.22×10^9	1.06×10^{10}	1.37×10^{10}	1.94×10^{10}	2.99×10^{10}	4.93×10^{10}
7	3.66	0.73	0.16	0.041	0.011	0.0032	0.001
8	2.01×10^{-5}	8.9×10^{-6}	3.93×10^{-6}	1.73×10^{-6}	7.55×10^{-7}	3.29×10^{-7}	1.43×10^{-7}
9	6.85×10^{-8}	9.7×10^{-9}	1.35×10^{-9}	1.84×10^{-10}	2.52×10^{-11}	3.27×10^{-12}	4.27×10^{-13}
10	1.94×10^{-6}	6.11×10^{-7}	1.85×10^{-7}	5.43×10^{-8}	1.55×10^{-8}	4.31×10^{-9}	1.17×10^{-9}

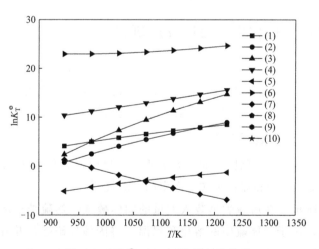

图 8.6 $\ln K_T^{\ominus}$ (i) 与温度 T 的关系

结合图8.5和图8.6可以发现，硫的相变反应（1）～（3）、生成二硫化碳的反应（4）和生成硫化氢的反应（6）的 $\Delta G_T < 0$，说明反应（1）、（2）、（3）、（4）、（6）都是可以自发进行，但进行的程度各有不同。反应（4）和（6）的 $\Delta G_T \ll 0$，且两个反应的标准平衡常数值远大于1，是不可逆反应；作为主、副反应的两个主要反应，这两个反应处于竞争地位，可以看出 ΔG_T（6）$\ll \Delta G_T$（4），$K_T^{\ominus}$（6）$\gg$

$K_T^\ominus$（4）。从热力学性质来看生成硫化氢的反应（6）比生成二硫化碳的反应（4）更易于进行。换言之，当系统中同时存在氢和碳时，硫优先和氢发生反应。这和工业装置中的现象是一致的，从流化床反应器出口管线上采样发现，反应气体产物中存在大量的硫化氢气体，其体积分数约在 50%～70% 间变化；而二硫化碳气体则相对较少，只有 1%～12%。正是由于反应系统中大量氢的存在，生成硫化氢的反应又优先于二硫化碳的生成反应，才造成主反应的转化率过低。反应（4）、（6）的标准平衡常数都是随温度升高而升高，但增加幅度极其有限。因此，抑制硫化氢生成反应（6）、促进二硫化碳生成反应（4）的唯一手段是减少反应体系中的氢含量。

一氧化碳生成反应（5）和羰基硫生成反应（8）～（10）的 $\Delta G_T > 0$，且各反应的标准平衡常数均是小于 1，所以反应体系中均存在它们的逆反应。生成羰基硫的反应（7）在较低温下的 $\Delta G_T < 0$，反应可以自发进行，但是温度较高（700℃以上）时，$\Delta G_T > 0$，其逆反应存在于反应体系中。此外，$K_T^\ominus$（8，9，10）$\ll 1$，$K_T^\ominus$（7）$\gg K_T^\ominus$（8，9，10），说明羰基硫生成反应（8）～（10）主要以逆反应的形式存在于反应体系中，因此体系中的羰基硫主要是来自一氧化碳和硫的反应（7）。反应（7）的标准平衡常数随着温度的升高而减小，逆反应加剧，因此可以通过提高反应温度和减少体系中氧含量来减少反应（7）的发生。

8.2.2　半焦制二硫化碳固定床反应研究

在固定床反应器内，用半焦颗粒与气相硫反应，考察反应温度对二硫化碳收率的影响，从而为工业装置提供详细的反应温度数据，同时考察蓄热担体氧化铝颗粒和刚玉颗粒对半焦制二硫化碳反应的影响，以及燃烧后半焦的反应性质。

8.2.2.1　固定床实验装置简介

实验中采用的固定床反应器如图 8.7 所示，反应器直径为 $\phi25\text{mm}$，可用来考察反应温度、反应时间和原料组成对产率的影响规律。

如图 8.7 所示，在熔硫炉里装入大量的固体硫磺，熔硫炉外部环绕一层加热电阻和保温层，用于固体硫磺的熔化和保温。将固体硫磺熔化并升温至硫的气化温度 450℃，在液硫层的上方形成一定浓度的硫蒸气；半焦被装在钢管内形成固定床层，由钢丝网支撑，通过法兰将钢管与熔硫炉连接；向液硫层通入氮气并将气相硫带入半焦床层反应。为了保证反应温度，固定床反应器外部设置有管式加热炉，为防止未反应的气相硫在管线内凝固，在管式加热炉出口后直管段的外壁缠绕一层加热带并维持在 130℃，气体产物的组成用气相色谱进行分析。实验采用常压操作，反应温度分别为 800℃、760℃、740℃、720℃、700℃、680℃，氮气流量为 8L/h。

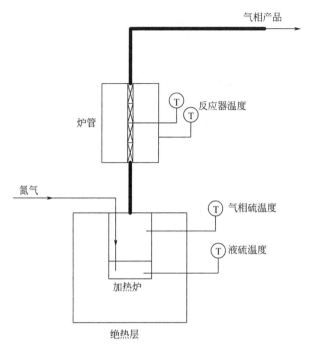

图 8.7 固定床反应装置示意图

8.2.2.2 固定床内的反应时间

实验所用的管式电阻加热炉是一个不均匀加热装置,实验数据显示床层中部温度和床层底部温度并不一致,所以整个反应床层存在温度梯度。为了掌握整个床层的温度分布,实验过程中用热电偶由下向上每间隔 1cm 测量床层温度,以床层最底部记为 0cm,做出床层轴向温度分布图,如图 8.8。

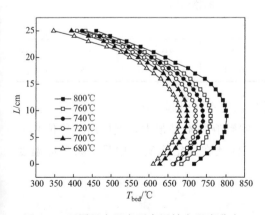

图 8.8 不同反应温度下床层轴向温度分布

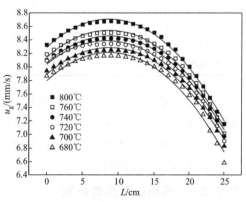

图 8.9 不同反应温度下床层轴向气速分布

实验分别对 800℃、760℃、740℃、720℃、700℃和 680℃床层温度下半焦制二硫化碳反应情况进行了实验研究。由图 8.8 可以看出床层温度沿床层轴向高度的增加先升高再降低，在床层轴向高度 9cm 处达到最高床层温度，分别为 802℃、760℃、740℃、721℃、699℃、679℃。由于温度分布不均匀，半焦制二硫化碳反应并不是发生在整个床层，而是床层的某一部分。

气相硫被氮气夹带并进入到固定床反应器后，先由 S_8 转变为 S_6 再转变为 S_2，硫蒸气的体积会逐渐增大。由于气相硫的流量远远小于氮气流量（8L/h），因此气相硫体积的增加相对气体总体积可忽略不计，反应气体在床层内的停留时间可以视为氮气的停留时间；由于床层轴向温度的不均匀，气体在热膨胀的作用下，沿床层轴向的速度也表现出不均匀的分布，如图 8.9 所示。

将图 8.9 的数据点进行拟合得出 $u \sim L$ 方程如下：

$$u(i) = \begin{bmatrix} 8.29 & 0.097 & -0.0056 \\ 8.14 & 0.093 & -0.0053 \\ 8.06 & 0.092 & -0.0052 \\ 8.04 & 0.083 & -0.005 \\ 7.89 & 0.09 & -0.0052 \\ 7.8 & 0.096 & -0.0053 \end{bmatrix} \begin{pmatrix} L^0 \\ L^1 \\ L^2 \end{pmatrix} \tag{8.14}$$

式中，$\dfrac{dL}{dt} = u$；$u = A + BL + CL^2$；$t = \int_{L_0}^{L} \dfrac{1}{A + BL + CL^2} dL$。其中 A，B，C 为常数；L 为床层轴向高度（cm）；$u(i)(i = 1, 2, 3, 4, 5, 6)$ 分别表示床层温度在 800℃、760℃、740℃、720℃、700℃和 680℃下的气速（mm/s）；t 表示气体在固定床内的停留时间；L 的取值区间为（0，25）。

运用 Matlab 对 $t \sim L$ 方程进行求解，计算结果列于表 8.9。

表 8.9　不同床层温度下气体的停留时间

$T/℃$	800	760	740	720	700	680
t/s	30.07	30.57	30.83	31.19	31.95	31.73
偏差/%	-3.19	-1.58	-0.74	0.42	2.87	2.16

可以看出尽管固定床实验中由床层轴向温度不同引起气速不同，但这对不同床层温度下气体停留时间（30.07~31.95s）的影响并不是很大，气体通过单位高度（1cm）床层近似具有相同的时间（1.24s）。因此在固定床实验中只考察反应温度对二硫化碳收率的影响。

8.2.2.3　气相硫温度的确定

实验中气相硫通过氮气带入床层反应，为了使进入床层中的气体拥有足够的 S_2 分压与半焦进行反应，在考察反应温度的影响之前，应先确定一个最佳的 S_2 分压。由于 S_2 是由 S_8 离解而来，离解的程度和气相硫的温度密切相关，确定最佳的 S_2 分压实际上也就是确定一个最佳的气相硫温度。由于无法对气相硫的流量进行定量测定，因此不能够准确计算出二硫化碳收率。在研究反应温度的影响时，为了能够更直观地体现反应温度对二硫化碳收率的影响，定义了二硫化碳相对收率（相对收率＝v/v_{max}）。即以反应气体产物中二硫化碳体积分数最大值（v_{max}）作为基准，不同反应温度下二硫化碳收率为二硫化碳体积分率与二硫化碳体积分率最大值的比值（v/v_{max}）。图 8.10 给出了固定床最大床层温度 800℃时气相硫温度与二硫化碳相对收率的关系。

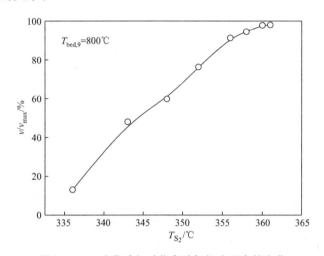

图 8.10　二硫化碳相对收率随气相硫温度的变化

在研究气相硫温度对半焦制二硫化碳反应的影响时，固定床最大床层温度为 800℃。维持气相硫温度在 330℃不变数小时后，发现二硫化碳收率始终只有 13%。为了提高二硫化碳收率，逐渐提高气相硫的温度。由图 8.10 可以看出随着气相硫温度的升高，二硫化碳相对收率逐渐增大，在 360℃有了较高的二硫化碳收率，因此最后确定气相硫温度控制在 360℃，此时气相硫在气体中能够达到足够的硫分压。气相硫温度的确定，使得气相硫分压也确定下来。由于氮气的流量是一个定值，这就使得进入床层的气相硫也是个定值。在随后研究反应温度对半焦制二硫化碳反应的影响中，气相硫温度与氮气流量始终为一个定值，因此可以不用考虑气相硫流量改变对二硫化碳收率的影响。

通过上述的分析还可以得出，在工业装置运行时，若利用氮气作为提升气，液硫的投入量不能太小。如果液硫流量太小，在进入提升管和反应床层时，气相中硫分压过低，不能为反应提供足够的推动力，将影响半焦制二硫化碳反应的进行。

8.2.2.4　半焦制二硫化碳的反应温度

由于床层轴向温度存在不均匀分布，整个床层温差很大，不能以最大床层温度作为反应温度，因此对实验数据进行处理，确定半焦制二硫化碳反应的最低温度，然后以微分法确定单位高度下反应温度和二硫化碳收率的关系。这样做的目的是因为单位高度下反应时间相同，且床层温度变化不大。

图 8.11 给出了床层轴向最大温度 $T_{bed,9}$（即 9cm 处床层温度）与二硫化碳体积分数的关系。

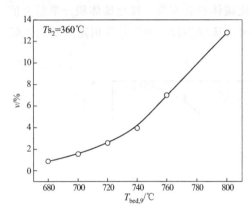
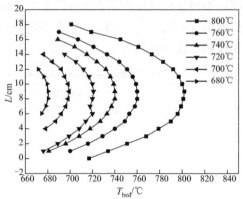

图 8.11　床层温度对二硫化碳体积分率的影响　　图 8.12　不同温度下大于 680℃ 的床层高度

从图 8.11 可以看出，半焦制二硫化碳反应在 680℃ 就能够发生，此时二硫化碳体积分数仅为 0.88%，只有 800℃ 时二硫化碳体积分数的 6.88%，说明床层温度 680℃ 下气相硫的转化率是极低的。因此可假设 680℃ 是半焦制二硫化碳反应进行的最低温度，半焦制二硫化碳反应在床层温度小于 680℃ 时收率可以忽略不计。将温度大于 680℃ 的床层保留下来，温度小于 680℃ 床层的二硫化碳收率忽略不计，得到不同温度下大于 680℃ 的床层的高度，如图 8.12。对床层进行微分处理，得到 $T = 800℃$、760℃、740℃、720℃、700℃、680℃ 时的床层厚度，结果列于表 8.10。通过表 8.10 计算出几个不同反应温度下单位床层高度二硫化碳收率，计算结果列于表 8.11，并做出二硫化碳收率与反应温度关系图，如图 8.13。

表 8.10　微分法处理床层结果

$T/℃$	L/cm					
	800℃	760℃	740℃	720℃	700℃	680℃
790～810	7	0	0	0	0	0
770～790	3	0	0	0	0	0
750～770	3	6	0	0	0	0
730～750	2	4	0	0	0	0
710～730	2	3	4	7	0	0
690～710	1	2	3	3	6	0
670～690	0	3	3	4	4	6

表 8.11　不同反应温度下单位床层高度二硫化碳收率

T/℃	800	760	740	720	700	680
v/v_{max}/%	97	73.4	39.8	20.4	17	15.6

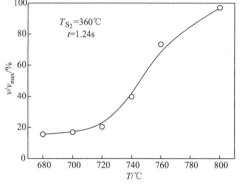

图 8.13　反应温度对二硫化碳收率的影响

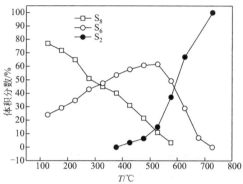

图 8.14　S_8，S_6，S_2 气相分率随温度的变化

图 8.13 中的反应温度是真实的反应温度（$T\pm10$℃），而不是最大床层温度。可以看出整个曲线可以分为三个部分：680～720℃、720～760℃、760～800℃。每升高 1℃这三个温度段的二硫化碳收率分别增长 0.12%、1.33%、0.67%。可见二硫化碳收率的增长率随着温度升高先增大后减小，但是二硫化碳收率却是一直处于增长的态势。由于反应温度 680～720℃下二硫化碳收率太低不能够作为工业装置的反应温度，反应温度 760℃下既有较高的二硫化碳收率（73.4%），距离工业装置内构件材质极限操作温度也有一定的距离，选用 760℃作为工业装置的反应温度是较为适宜的。

图 8.14 是文献中报道的不同温度下 S_8、S_6、S_2 的体积分数与温度的关系图。可以将图中曲线分为四个部分：在 127～377℃温度范围内 S_8 和 S_6 共存，无 S_2；在 377～577℃温度范围内 S_8、S_6 和 S_2 共存；在 577～727℃温度范围内 S_6 和 S_2 共存；在 727℃以上只有 S_2 存在。在温度 680℃和 727℃条件下，S_2 气相分率分别为 90% 和 100%。由图 8.13 可知，680℃下半焦制二硫化碳反应才刚刚开始，可见只有 S_2 气相分率达到 90% 以上，碳硫反应才能够进行。结合图 8.14 可以看出，温度 720℃时二硫化碳收率出现了急剧增长，此时 S_2 气相分率达到 100%；温度 720℃以上碳硫反应不再受 S_2 气相分率的影响，只与反应温度有关。因此工业装置运行时，S_2 的气相分率至少要在 90% 以上才有利于碳硫反应的进行。

8.2.2.5　半焦制二硫化碳的反应动力学

如果以床层温度作为反应温度，反应物进出反应器的浓度作为反应物浓度，则与半焦中心处的实际反应温度和反应物浓度有一定的偏差，而该偏差取决于流动、传热、传质等反应器传递过程，因此在此研究的仅仅是固定床内的半焦制二硫化碳反应的表观动力学。半焦制二硫化碳的反应平衡常数远远大于1，为不可逆反应，不受化学平衡的限制，反应为一级反应，对固定床反应器，忽略反应前后的气体体积变化，采用幂级数速率方程形式写出反应物消耗速率方程。

$$C(s) + S_2(g) \longrightarrow CS_2(g)$$

$$\begin{cases} r_{S_2} = \dfrac{dc_{S_2}}{dt} \\ -r_{S_2} = kc_{S_2} \end{cases} \tag{8.15}$$

$$x = \frac{c_0 - c_t}{c_0} \tag{8.16}$$

$$k = \frac{1}{t} \ln\left(\frac{1}{1-x}\right) \tag{8.17}$$

二硫化碳收率在前文中已经计算出（见表 8.11），通过式(8.17)可进一步计算出不同反应温度下反应平衡常数，计算结果列于表 8.12。

表 8.12 不同温度下反应平衡常数

$T/℃$	800	760	740	720	700	680
$v/v_{max}/\%$	97	73.4	39.8	20.4	17	15.6
K/s	3.71	1.07	0.41	0.18	0.15	0.14

速率常数 k 与反应温度 T 的关系遵循 Arrhenius 方程，Arrhenius 方程的线性表达式为：

$$\ln k = \ln A - \frac{E}{R} \times \frac{1}{T} \tag{8.18}$$

以 $\ln k \sim 1/T$ 作图可得图 8.15。

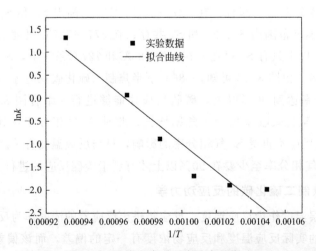

图 8.15 反应温度对反应速率的影响

通过对图中数据点线性拟合，得到指前因子 A 和活化能 E，代入 Arrhenius 方程，最终得到 k 与反应温度 T 的关系式(8.19)：

$$\ln k = 28.9 - \frac{29906.02}{T}$$

$$A = 3.6 \times 10^{12}$$

$$E = 248638.68 \text{J/mol}$$

$$k(T) = 3.6 \times 10^{12} e^{-\frac{248638.68}{RT}} \tag{8.19}$$

8.2.2.6 不同原料对半焦制二硫化碳反应的影响

在工业装置运行时，真正参与到反应中的半焦并不是新鲜的刚加入燃烧器内的半焦，而是经过在燃烧器内燃烧后的半焦，它的反应性质可能会由于燃烧而受到一定的影响。由于半焦中富含大量 H 元素，在反应中可能会生成大量的硫化氢，可以考虑用冶金焦代替半焦作为原料；此外，为了避免半焦在开停工时发生闪爆等事故，可以考虑用氧化铝颗粒作为蓄热担体，但氧化铝颗粒对反应的影响尚不得知。因此，在固定床反应器内分别对半焦、冶金焦、燃烧后半焦、混合氧化铝颗粒半焦和混合刚玉颗粒半焦进行研究，考察不同原料和混合颗粒对二硫化碳收率的影响。

对实验数据进行处理得到不同原料和不同混合颗粒二硫化碳收率随反应温度的关系图，如图 8.16 和图 8.17。在固定床反应装置内将新鲜半焦、燃烧后的半焦和冶金焦颗粒分别与硫反应，发现在不同反应温度下燃烧后半焦与新鲜半焦的二硫化碳收率基本相等，说明半焦反应性质并没有由于燃烧而发生改变。以冶金焦作为反应原料所得的二硫化碳收率明显低于半焦的二硫化碳收率。因为半焦是低温干馏（500~700℃）所得的固体产物，有较大的比表面积，吸附性能可接近活性炭或碳分子筛，能够大大增加反应面积；而冶金焦则是高温干馏（950~1050℃）所得的

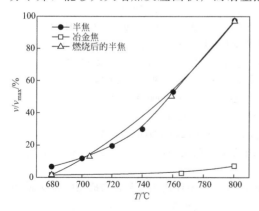

图 8.16 不同原料的二硫化碳收率与反应温度的关系

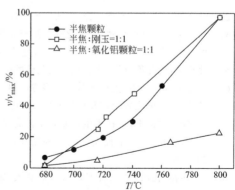

图 8.17 不同混合颗粒的二硫化碳收率与反应温度的关系

焦炭，其焦炭裂纹少，气孔率低，与硫反应接触的面积远小于半焦。因此冶金焦的二硫化碳收率明显小于半焦的二硫化碳收率。

图 8.17 给出了半焦颗粒、半焦-刚玉混合颗粒和半焦-氧化铝混合颗粒的二硫化碳收率，其中混合颗粒中半焦的比例均为 50%（质量分数）。可以看出氧化铝和半焦混合颗粒与硫反应所得的二硫化碳收率要远小于半焦颗粒的二硫化碳收率，可见氧化铝颗粒对二硫化碳有明显的分解作用。在小型固定床反应器中氧化铝在二硫化碳生成反应中所起的作用与其在天然气法合成二硫化碳中的作用是相反的。在天然气制二硫化碳反应中，氧化铝颗粒可以作为催化剂的载体对反应起催化作用，而在本实验中却发现氧化铝颗粒对二硫化碳有分解作用。这是因为天然气制二硫化碳工艺中，作为反应物的碳是以气相的形式存在的，二硫化碳的生成反应是一个均相反应过程，各反应物与生成物均能充分接触到氧化铝颗粒。因此氧化铝颗粒的催化作用不但体现在正向生成反应上，还体现在对逆向分解反应的催化作用中。而在半焦制二硫化碳反应中，反应物的碳是以固相的形式存在的，反应物碳与氧化铝的接触极其有限，远小于生成物二硫化碳与氧化铝的接触效果。因此氧化铝对正反应几乎没有催化作用，只对逆反应有催化作用，所以氧化铝颗粒对二硫化碳表现为分解作用。

含有氧化铝的刚玉-半焦混合颗粒的二硫化碳收率没有下降。这要从颗粒结构来分析。氧化铝颗粒比表面积大，具有多孔性结构，可以为二硫化碳的分解提供足够的场所，而刚玉有六角形的晶格结构，比氧化铝颗粒更加密实，其结构接近于金刚石，因此氧化铝的分解作用有限。

参考文献

[1] 刘维昕. 二硫化碳国内外工艺技术概况[J]. 辽宁化工,2002,31(2):78-79.

[2] 韩建多,张雅娟,韩珑. 天然气法二硫化碳工艺评述[J]. 无机盐工业,1998,30(4):21-23.

[3] 马文展,刚典臣,胡建. 二硫化碳下游产品的开发及应用进展[J]. 现代化工. 1995(10):25-26.

[4] 侯心荣,宋青. 半焦-硫磺法生产二硫化碳的工艺方法:ZL02147678.0[P]. 2002-02-23.

[5] 韩建多,史传英. 甲烷法合成二硫化碳的探讨[J]. 无机盐工业. 1996(4):31-34.

[6] 李艳华. 国内 CS_2 生产现状及发展方向[J]. 石化技术与使用. 2000,4(8):33-35.

[7] 韩建多. 二硫化碳生产及应用开发[J]. 辽宁化工. 1993,(5):51-55.

[8] 宋之晔. 改良 FMC 技术生产 CS_2 工艺流程[J]. 辽宁化工. 2002,31(6):257-258.

[9] 卢春喜,孔庆然,王祝安,等. 一种循环流化床制备二硫化碳的工艺:ZL 200810055444.X[P]. 2010-08-11.

[10] 卢春喜,孔庆然,王祝安,王捷,刘梦溪,康和平. 一种循环流化床制备二硫化碳的设备:ZL 200810055443.5[P]. 2010-08-25.

第 9章

耦合反应器内的两相流动行为

反-燃系统内半焦颗粒的流动行为、气固接触效果对耦合反应器和燃烧器的正常操作至关重要。工业中破碎产生的半焦颗粒形状并不规则，其圆形度和粒径分布与工业中常见的催化剂等固体颗粒有显著的差别。此外，为控制开工时燃烧器内的燃烧速度、避免爆燃现象的发生，有必要在半焦颗粒中掺入一定量的惰性颗粒。因此，耦合反应器和燃烧器内固体颗粒的流动规律与工业中常见颗粒的流动规律有着极大的差异，有必要开展大型冷态实验研究，获得不同操作条件下半焦颗粒、惰性颗粒和混合颗粒的流体力学行为。

9.1　实验装置与测量方法

实验装置如图 9.1 所示。实验装置除旋风分离器、底座为钢制造外，其余部分均用有机玻璃制造，以方便对实验现象进行观察。流化床密相直径为 $\phi300\text{mm}$，高度 2000mm，稀相直径为 $\phi500\text{mm}$，高度 7000mm，稀密相之间用过渡段连接。提升管直径为 $\phi100\text{mm}$，高度 12000mm，提升管底部设置有预提升段，预提升段直径为 $\phi300\text{mm}$，高度 700mm。

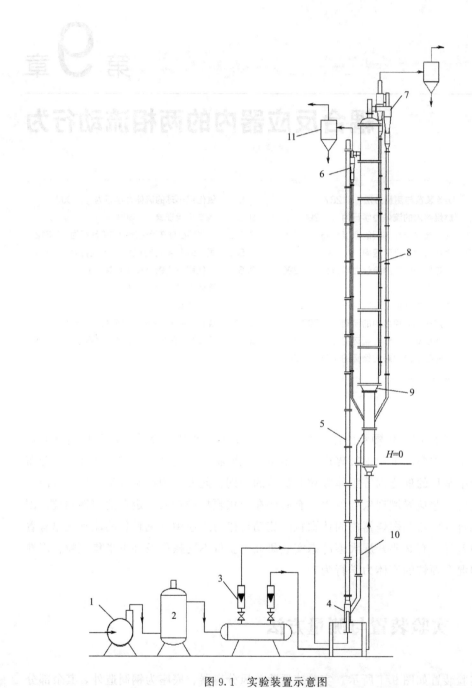

图 9.1　实验装置示意图

1—风机；2—缓冲罐；3—空气转子流量计；4—预提升段；5—提升管；6、7—旋风分离器；

8—流化床；9—流化床变径段；10—循环管；11—过滤袋

　　空气经过风机（1）压缩后进入缓冲罐（2），一路空气通过分配器、转子流量计（3）后进入流化床底部变径段（9），在流化床内形成半焦颗粒流化床；另一路空气作为提升风，经转子流量计计量后进入提升管底部的预提升段（4）并将半焦颗粒提升至提升管（5）顶部，提升管顶部连接有旋风分离器（6，7），分离下来的半焦颗粒沿料腿进入流化床（8）密相段，气固分离后的气体夹带少量未被分离的细颗粒半焦经过滤袋（11）排入大气，流化床内的半焦颗粒通过循环管（10）流入预提升段（4），完成半焦颗粒的循环。流化床顶部设两级旋风分离器，分离后的半焦颗粒返回流化床，气体夹带少量未被分离的细颗粒通过过滤袋排入大气。

　　实验采用常温空气作为流化介质，以两种半焦颗粒作为流化颗粒，最大半焦颗粒分别为1.5mm和2.5mm。半焦颗粒是通过对半焦自然粉碎，筛除大颗粒后的筛分部分。考虑到后期热试工作的需要，在原2.5mm筛分组成实验后，开展了掺入不同量飞灰进行夹带的实验，模拟工业实践所产生的飞灰。半焦和飞灰的筛分和物性见表9.1、表9.2和表9.3。

表 9.1　半焦颗粒的筛分组成

颗粒直径/mm	质量分数/%	
	半焦 A	半焦 B
>4	0	0.426
2.5~4	0	1.576
1.6~2.5	0.393	2.132
1.25~1.6	7.354	10.85
0.9~1.25	7.233	7.955
0.6~0.9	16.86	15.91
0.45~0.6	9.321	9.79
0.355~0.45	7.632	8.585
0.3~0.355	4.607	4.617
0.2~0.3	8.626	9.698
0.15~0.2	7.617	6.701
0.125~0.15	5.006	2.997
0.08~0.125	6.426	4.756
0.04~0.08	8.603	6.367
0.02~0.04	4.209	3.115
<0.02	6.116	4.527

表 9.2　飞灰颗粒的筛分组成

颗粒直径/mm	质量分数/%
0.30～0.55	8.238
0.24～0.30	8.069
0.18～0.24	11.97
0.12～0.18	15.92
0.08～0.12	16.44
0.04～0.08	11.68
0.02～0.04	9.094
0.01～0.02	6.423
<0.01	12.16

表 9.3　颗粒其他物性参数

物性	半焦 A	半焦 B	飞灰
平均粒径/mm	0.466	0.624	0.134
充气密度/(kg/m³)	869.4	835.3	305.5
压实密度/(kg/m³)	1021.3	944.2	632.2
骨架密度/(kg/m³)	1373.5	1247.7	2341.7
休止角/(°)	46	35	44
崩溃角/(°)	33	26	28
差角/(°)	13	9	26

可以看出实验中采用的半焦 A 和 B 的最大颗粒分别为 1.5mm 和 2.5mm，平均粒径分别为 $468\mu m$ 和 $624\mu m$，属于典型的 Geldart B 类粒子。实验中颗粒循环量采用容积法测量，计量容器设置在提升管出口旋分料腿上，压力降采用 FXC-Ⅱ/32 型压力巡检仪测量。

9.2　燃烧器内的流体力学行为

9.2.1　燃烧器内半焦床层的密度分布

图 9.2 给出了不同表观气速下半焦颗粒在流化床燃烧器（以下简称流化床）内沿轴向的床层密度分布。可以看出，密相床层密度随高度的增加快速降低，从 $750kg/m^3$ 降低至 $330kg/m^3$（$u_g=0.71m/s$），明显大于相同操作条件下 FCC 催化剂床层的密度。这是因为半焦颗粒平均粒径为 $624\mu m$，属于典型的 B 类颗粒，粒

径远大于常规的 A 类颗粒［如 FCC 催化剂（约 $70\mu m$）］，更不易于流化，同样操作条件下床层密度也相应更大。由图 9.2 可以看出，在 $2\sim2.2m$ 处床层密度出现了一个峰值。这是因为装置在操作中，为了避免旋分料腿窜气，将料腿出口埋入密相床中并维持了较高的藏量。此时，膨胀床层表面位于变径段（如图 9.1 所示），由于表观气速快速降低，床层密度也相应快速增加。在变径段以上（$H>2175mm$），床层密度随着高度的增加快速降低并接近于 0。在流化床的出口（$6700mm<H<7160mm$），稀相床层的密度又有所增加，这是因为流化床出口管形成了一个强约束，颗粒浓度相应增加。随着表观气速的增加，密相床内的床层密度快速降低，但是变径段以上的稀相密度则逐渐增加，说明稀相夹带量在逐渐增加。

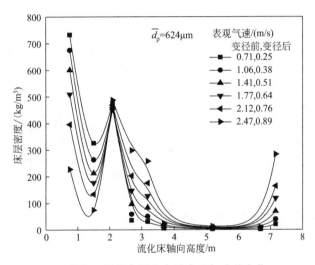

图 9.2　半焦 B 颗粒床层密度随表观气速的变化

在笔者提出的耦合流化床工艺中，燃烧器的作用是通过燃烧为反应器提供热量并控制半焦的颗粒粒径。因此半焦颗粒中夹带着大量燃烧产生的飞灰，这些飞灰的粒径在 $10\mu m$ 到 $550\mu m$ 之间（见表 9.2），平均粒径为 $134\mu m$，与半焦颗粒的流化性能差别较大。因此，半焦床层中飞灰的浓度必然会对半焦流化床的流化性能产生影响。图 9.3 给出了掺入不同浓度飞灰的半焦流化床内床层密度沿轴向的分布。可以看出和半焦颗粒流化床内的密度相比，随着飞灰掺入量的增加，床层底部（$H=0.75m$）的密度逐渐降低，床层中上部（$1.5m\leqslant H\leqslant2.094m$）的密度略有增加。在弹溅区（$2.69m\leqslant H\leqslant3.19m$），床层密度随飞灰掺入量的增加而快速增加。以 $u_g=2.47m/s$ 为例，未掺入飞灰时床层密度仅为 $250\sim300kg/m^3$；飞灰掺入量为 2.2% 时，密度增加到了 $300\sim350kg/m^3$；飞灰掺入量为 8.2% 时，密度增加到了 $410\sim476kg/m^3$，说明飞灰更容易被弹溅出密相床。在稀相，床层密度随飞灰掺入量的变化不大，这一方面是因为飞灰的掺入量还不够大，另一方面，稀相的表观气速最大达到 $0.89m/s$，还不足以夹带大量的飞灰进入稀相。

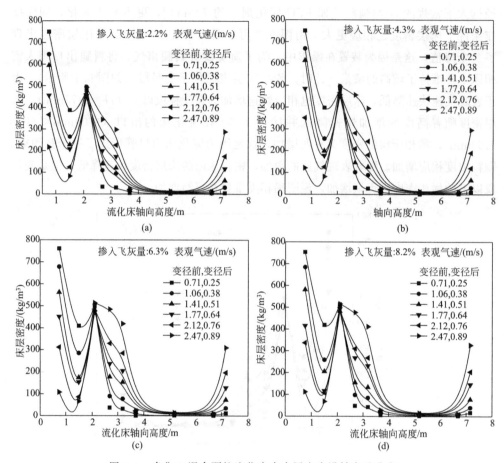

图 9.3　半焦 B 混合颗粒流化床中床层密度沿轴向的分布

图 9.4 给出了半焦 B 流化床中，起始装料高度对变径段和稀相密度的影响。随起始装料高度的增大，膨胀床层高度也随之增加，变径段床层密度快速增大。由图 9.4（b）～（e）可以看出，起始装料高度为 2.188m 时，$H \geqslant 3m$ 的稀相空间密度基本保持不变；起始装料高度为 2.838m 时，$H \geqslant 5m$ 的稀相空间密度基本保持不变。说明变径段内床层密度受起始装料高度的影响很大。

对于具有一定筛分组成的颗粒，气泡在床层表面破碎时把大量的颗粒弹溅到自由空域。一些颗粒或聚团的沉降速度大于颗粒和气体的相对速度，在重力作用下逐渐沉降返回床层内；另一部分尺寸较小、较轻的颗粒则被气体夹带继续上行，因而在密相床层的上部存在着一个密度快速下降的区域，该区域被称为弹溅区。图 9.4 中的曲线很清楚地表明了弹溅区的存在。图 9.5 给出了半焦 B 流化床中弹溅区高度的变化规律，可以看出弹溅高度在 200～650mm 之间变化。这一弹溅高度远远小于常规 FCC 催化剂流化床内的弹溅高度。根据笔者的测量，FCC 流化床中弹溅区密度随高度降低的幅度要缓慢得多，弹溅高度往往可以达到 1.5m 甚至 2m 以

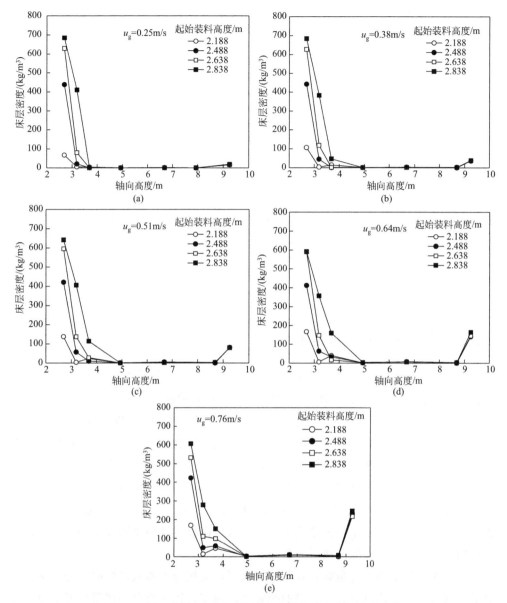

图 9.4　同一表观气速下，床层密度随轴向高度的分布曲线

上。这显然和半焦颗粒直径大、沉降速度大、难以夹带有密切关系。此外，半焦颗粒流化床的弹溅高度随着表观气速的增大而增大。这是因为气速增加使得床层内的气泡数量随之增多，气泡在床面破碎时，气泡尺寸更大，产生的有效气速也更大（一般认为有效气速等于 10 倍的表观气速），使得弹溅高度随表观气速的增大而增大。图 9.5 中的曲线可以分为低气速区和高气速区两部分。当表观气速小于 0.65m/s 时，随表观气速的增大弹溅高度增加较缓，此时床内颗粒湍动状态并不

剧烈；当表观气速大于 0.65m/s 时，弹溅高度随表观气速的增大增加较快，床内颗粒的湍动非常剧烈。

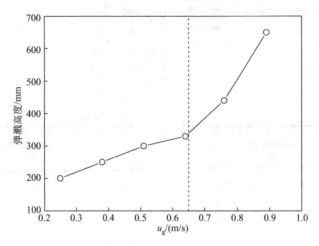

图 9.5　不同表观气速下半焦颗粒的弹溅高度

9.2.2　燃烧器内的夹带速率

研究自由空域内的颗粒夹带量对气固流化床的设计具有重要意义，如：根据颗粒浓度在稀相的分布可以确定旋风分离器的安装位置；确定旋风分离器的入口负荷，以便进行设计选型；建立自由空间的数学模型，以预测反应在该空间中的进行程度等。

在燃烧器中，半焦颗粒燃烧后会产生一定量的飞灰，开工时半焦颗粒中也会夹带有一定的飞灰。虽然飞灰有利于流化，但过多的飞灰也会影响稀相的颗粒浓度，进而影响到旋风分离器（以下简称旋分）的安装位置、分离负荷，未燃尽的飞灰还可能引起稀相的尾燃；若开工时燃烧器稀相飞灰浓度过大，可能在点火时引起爆燃。因此，有必要确定半焦夹带速率、旋分入口高度，从而得到飞灰的跑损量，然后根据工业需求确定旋风分离器安装位置。

本文在料腿上加装计量筒，采用容积法测定旋风分离器入口处的夹带速率。为测量不同旋分安装高度时旋分入口的颗粒夹带速率，固定旋风分离器位置不变，将稀相筒节依次减少，稀相顶部至旋分入口引出管依次增长。图 9.6（a）给出了不同旋风分离器入口高度的夹带速率。可以看出，随着表观气速的增加，旋分入口处颗粒的夹带量快速增加，夹带速率和表观气速基本上呈线性的关系；随着旋分入口位置逐渐上移，夹带速率曲线近似整体下移。说明半焦流化床中夹带速率和表观气速、旋分入口高度的相关性比较好。图 9.6（b）给出了掺入 8.2%的飞灰后夹带速率的变化，可以看出相对于同样的旋分入口高度，掺入飞灰后夹带速率略有增加，尤其是在低气速下增加更为明显。

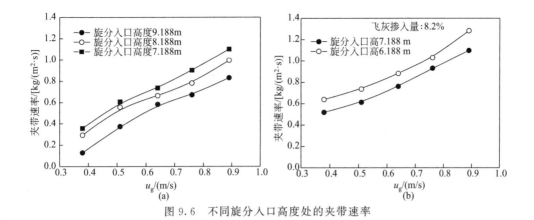

图 9.6　不同旋分入口高度处的夹带速率

根据实验数据得出夹带速率方程如式（9.1），适用条件为：$0.25\text{m/s} \leqslant u_g \leqslant 0.89\text{m/s}$，$7.188\text{m} \leqslant H \leqslant 9.188\text{m}$。图 9.7 给出了预测值和实验值的对比。

$$F = 1.345 u_g - 0.1135 H + 0.6972 \tag{9.1}$$

其中，F 为夹带速率，$\text{kg/(m}^2 \cdot \text{s)}$；$u_g$ 为稀相表观气速，m/s；H 为旋风分离器入口高度，m。

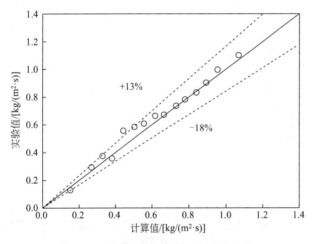

图 9.7　夹带速率方程模型的预测结果

图 9.8 给出了不同飞灰掺入量时旋分入口处的夹带速率。夹带速率曲线并没有随着掺入量的增加而整体增加。在低气速时（$u_g \leqslant 0.51\text{m/s}$）夹带速率随着飞灰掺入量的增加而增加，而高气速时夹带速率随掺入量的增加变化很小。这一方面是因为在实验范围内稀相的表观气速始终较小，最大不超过 0.32m/s，只能够夹带粒径较小的飞灰进入旋分。另一方面，这可能是由于半焦颗粒的表面是不光滑的，尤其是燃烧过的半焦，随着掺入量的增加，大量的飞灰黏附在半焦颗粒上，降低了飞灰浓度对夹带速率的影响。

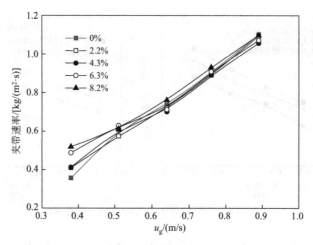

图 9.8 不同飞灰掺入量时的夹带速率

式（9.2）给出了掺入飞灰后的夹带速率预测方程，适用范围为：$0.25\text{m/s} \leqslant u_g \leqslant 0.89\text{m/s}$，$6.188\text{m} \leqslant H \leqslant 7.188\text{m}$，飞灰掺入量 $x_f \leqslant 8.2\%$。图 9.9 给出了实验值和预测值的对比。

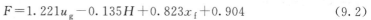

$$F = 1.221u_g - 0.135H + 0.823x_f + 0.904 \tag{9.2}$$

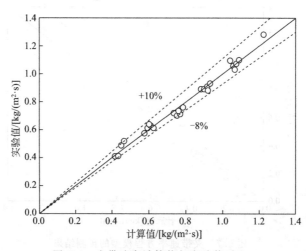

图 9.9 夹带速率计算值与实验值对比

9.3 半焦提升管内的流体力学行为

和传统工艺采用固定床间歇生产 CS_2 不同，本书提出的耦合流化床工艺是一个新的生产工艺。S_2 和 C 反应生成 CS_2 的反应在一定条件下为瞬时反应，或者说在较短的时间内即可完成反应，不存在逆反应，这种反应情况类似于流化催化裂化提升管反应，其反应时间为 1～4s，通常为 2s。由于国内外对半焦流化流动的研究较少，对其输送特性不是很清楚，本节内容主要是研究半焦颗粒在提升管内的输送特性。实验依然采用表 9.1 所示的半焦 A 和半焦 B 两种颗粒。使用最大颗粒为 1.5mm 和 2.5mm 的两种半焦颗粒进行实验，测试其在提升管中的轴向浓度分布。本节主要以半焦 A 颗粒为代表进行讨论。

9.3.1　实验现象

本次实验采用半焦最大颗粒为 2.5mm，将料装入流化床，进行流化及流动实验。

（1）半焦颗粒进入循环管后的流化状况

流化床有少许节涌现象，但总地看仍属于鼓泡床范畴，用此料进行流化能达到平稳操作的目的。

（2）半焦颗粒进入循环管后的流动状况

碟阀开一挡时在循环管中半焦不能流动，也就是说在碟阀以下无半焦，碟阀以上半焦是满管，但有少量小气泡向上运动，说明气体在循环立管中有脱气现象。如果脱气时间较长，会造成整个立管"架桥"从而造成半焦流动停止，无法进行实验。

短时间内将碟阀开到三挡，在循环管中半焦开始流动。半焦流入提升管后，在提升风的作用下可迅速提升，经旋风分离器，半焦颗粒通过料腿返回流化床，构成半焦循环，但是循环量较小，达不到要求的循环量。碟阀开度继续增大至六挡，半焦循环量虽有增加，但用肉眼看半焦循环仍不是很大。为增加半焦的循环量，必须在循环管线上适宜位置设置松动点，通入适当的松动风。

（3）循环管上设置松动点之后，半焦流动状况

上述现象是在循环管线上不设松动点时观察得到的，可以看出循环管中半焦流动状况不理想，说明在循环管线上必须设置松动点。根据笔者以前在 FCC 催化剂等 A 类粒子流化床中的实验，松动点应按照一般松动点和主要松动点的原则进行设置。具体松动点的设置位置和调试风量见第 8 章。

松动点可以使半焦在循环管中平稳流动且为充气流动。与不加松动点时比较，碟阀以上循环管中始终有气泡均匀向上流动，而半焦则能平稳向下流动，达到在循环管中半焦按预定方向顺畅、平稳、可控流动的目的。

在循环流化床中半焦颗粒通过循环管线流入提升管中（图 9.1）。若是沿用老式 Y 型预提升结构［如图 9.10（a）所示］，进入预提升结构的半焦在预提升气的作用下会产生三股流型：螺旋流、中心快速稀薄流和边壁半焦滑落的下行流。需要

经过较长的一段距离才能将这三个流股整流并形成接近活塞流的流动，这段长度就是原料雾化喷嘴（液硫喷嘴）的安装高度。为降低液硫喷嘴的安装高度、尽快在提升管中实现近活塞流，本书将预提升段扩大，在其底部形成一个小的供料仓［图9.10（b）］，预提升气在提升半焦之初就形成一个向上的流股，进入提升管后扩散，会较快形成近活塞流。

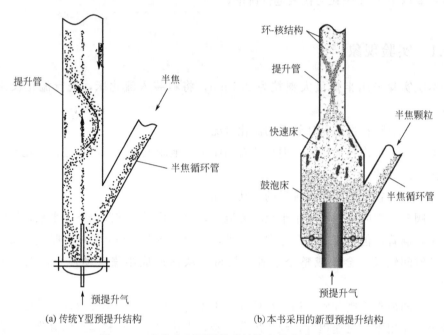

(a) 传统Y型预提升结构　　　　　　　(b)本书采用的新型预提升结构

图 9.10　半焦在不同预提升结构内的流动示意图

由图 9.10（b）可以看出，预提升段内半焦的流动属快速床操作范畴，其特点是稀密相界面消失，床层密度以"上稀下浓"的状态存在，床层密度的大小与循环强度密切相关，随着循环强度的增加，床层密度也增加，快速床中不连续的气泡相转化为连续的气相，而连续的乳化相转变为组合松散的颗粒群，类似絮状，时聚时散。

9.3.2　提升管内床层密度的分布

图 9.11 给出了提升管内半焦浓度沿轴向的分布。可以看出，提升管中的半焦浓度分布大致呈两端大中间小的 C 形分布，且循环强度越大这一趋势越明显。这种分布情况是由提升管下部滑落和上部强约束共同造成的。因此，可以把提升管沿轴向的分布分为三个区域：颗粒加速区（Ⅰ区）、充分发展区（Ⅱ区）和颗粒约束返混区（Ⅲ区）。

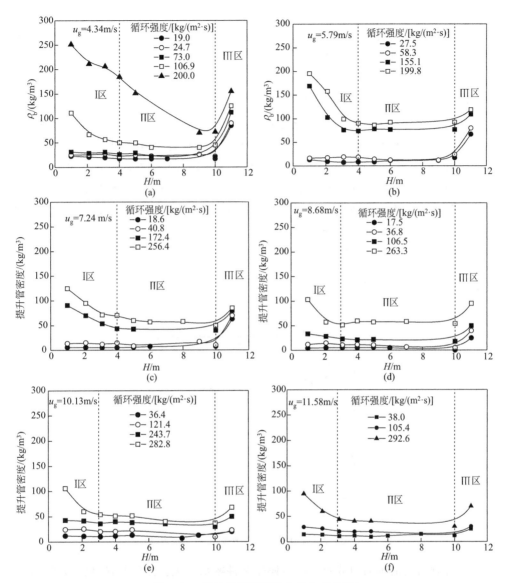

图 9.11 提升管密度沿轴向的分布曲线

由图 9.11 可以看出，颗粒加速区（Ⅰ区）位于提升管底部，气固混合物由预提升段进入提升管后，流通截面积急剧减小，气体速度突然增加，而颗粒速度则变化不大。此时颗粒速度和气体速度差急剧增加，颗粒在曳力的作用下开始加速，最终，当颗粒所受合力为 0 时，颗粒开始匀速运动。颗粒加速区（Ⅰ区）同时也是一个整流区，由于预提升段与提升管通过一个锥段连接，半焦颗粒沿着锥段进入提升管底部时，在惯性的作用下先向中心汇集并形成中心浓边壁稀的流型。然后中心流股逐渐向提升管壁面扩散，颗粒流动逐渐变得稳定有序，并逐渐形成典型的环-核流动结构。由图 9.11 可以看出，当小于或等于 7.24m/s 时，底部到提升管 4m 处为颗粒加速区，而表观气速大于或等于 8.68m/s 时，底部到提升管 3m 处为颗粒加速区。为保证进料液硫与催化剂的高效接触，未来工业耦合反应器的进料喷嘴应安装在 4m 高度以上。

图 9.11 显示充分发展区（Ⅱ区）基本是从颗粒加速区出口到 10m 的区域，在此区域中提升管密度沿轴向的变化很小。10～11m 处为颗粒约束返混区（Ⅲ区），在此区域提升管密度开始增加。这是因为实验中提升管出口采用了 T 形出口，如图 9.12 所示，提升管出口通过一段水平管与旋风分离器相连，提升管出来的气固混合物由垂直向上运动强制改为水平运动，形成了强约束流动。此外，提升管顶部封死，气固混合物流动到顶部后，撞击顶部封头然后反弹向下运动，造成约束强度进一步增加，半焦浓度显著增大。

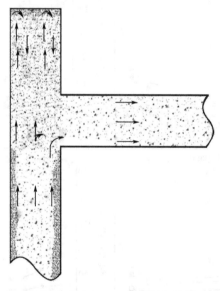

图 9.12　提升管出口半焦颗粒流动示意图

提升管密度沿轴向的分布曲线与操作条件密切相关。随颗粒循环强度 G_s 的增加，提升管各高度的浓度逐渐增大，轴向分布更不均匀，当循环强度超过某一临界值时，提升管中会呈现出非常明显的 C 形分布。由图 9.11 可以看出，这一临界值和表观气速密切相关的：当表观气速为 4.34m/s 时，循环强度大于 106.9kg/（m² · s）后就会出现典型的 C 形分布；而当表观气速为 8.68m/s 时，循环强度为 106.5kg/（m² · s）的提升管密度沿轴向分布比较均匀，当循环强度大于 263kg/（m² · s）时才会出现典型的 C 形分布。

图 9.13 给出了表观气速 u_g 对提升管密度沿轴向分布的影响。可以看出当循环强度较小时 [$G_s \leqslant 40.8$kg/（m² · s）] 基本不会出现 C 形分布，而当循环强度较大

[40.8kg/(m² · s) ≤ G_s ≤ 105.8kg/(m² · s)]、表观气速较低（u_g = 4.34m/s）时，则会出现典型的 C 形分布。提升管密度沿轴向的分布很好地体现了气体携带能力和颗粒循环量的博弈关系。当表观气速较大时，气体携带颗粒的能力也比较强，颗粒在提升管底部能够被很快加速，因而颗粒加速区并不明显，也不会出现明显的 C 形分布；而当颗粒循环强度较大时，颗粒不能很快被携带进入提升管，因而会在提升管底部出现一个明显的加速区，密度的轴向分布也表现出典型的 C 形分布的特征。

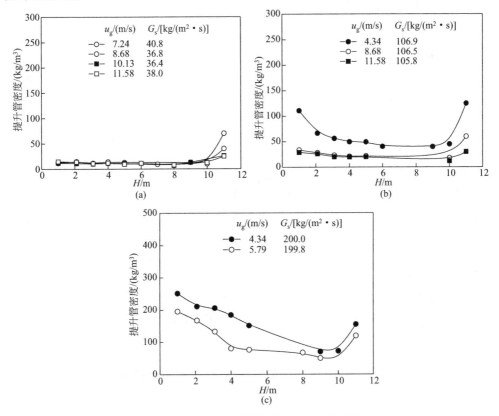

图 9.13 提升管密度沿轴线的分布关系曲线

由以上分析可知，当循环强度 G_s 较小 [≤73.0kg/(m² · s)] 时，颗粒的轴向浓度分布趋于均匀，只与循环强度 G_s 和表观气速有关，并且工业生产中需要较大的循环强度，所以本实验拟合 G_s 较大时 [≥105.8kg/(m² · s)] 提升管截面平均固含率轴向分布的经验公式。

式(9.3)、式(9.4) 给出了耦合流化床中半焦颗粒浓度沿轴向分布的预测模型，适用范围为：4.34m/s≤u_g≤11.58m/s，105.8kg/(m² · s) ≤G_s≤292.6kg/(m² · s)。

颗粒约束返混区以下的区域：

$$\overline{\varepsilon}_s = 18.12\varepsilon_s'^{0.917} Ar^{-0.14} \left(\frac{H}{D}\right)^{-0.452}, \frac{H}{D} < 10 \tag{9.3}$$

颗粒约束返混区：

$$\overline{\varepsilon}_s = 1.04 \times 10^{-16} \varepsilon_s'^{0.757} Ar^{-0.042} \left(\frac{H}{D}\right)^{7.86}, 10 \leqslant \frac{H}{D} \leqslant 11 \tag{9.4}$$

式中，ε_s' 为终端固含率，定义式为：

$$\varepsilon_s' = G_s / [\rho_p (u_g - u_t)] \tag{9.5}$$

其中，u_t 为终端颗粒速度，定义式为：

$$u_t = 1.74\sqrt{g d_p (\rho_p - \rho_g)/\rho_g} \tag{9.6}$$

Ar 为 Archemides 准数，定义式为：

$$Ar = d_P^3 \rho_g (\rho_p - \rho_g) g / \mu_g^2 \tag{9.7}$$

μ_g 为气体黏度，Pa·s；H、D 分别为提升管轴向高度、直径。

图 9.14 给出了式(9.3)、式(9.4) 计算值与实验值的比较，可以看出式(9.3) 和式(9.4) 的最大相对误差为 20%，可以供大型工业装置参考使用。

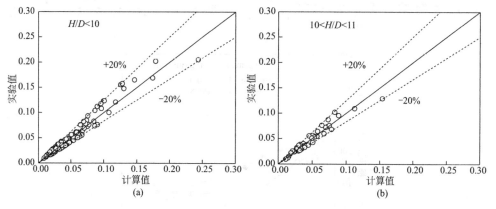

图 9.14 式(9.3)、式(9.4) 计算值与实验值的比较

9.4 半焦在循环管线中的流动

耦合流化床工艺中需要大量半焦在耦合反应器和燃烧器之间循环流动，循环管线是由多段立管和斜管组合而成，半焦颗粒在管线中的流动多采用充气流动，亦称流化流动。流化流动比黏附滑移流动的流量大几十到上百倍。半焦在循环管线里流动的过程中随时会有部分气体脱出，要保持管线中半焦颗粒始终处于流化流动，必须随时补充脱出的气体。理论上，需要的充气量应等于脱气量。前人的文献中对于半焦颗粒在循环管线中流动、脱气和补气的研究较少，而管线上的补气点（又称松

动点）设置方法、不同位置处的补气量等参数又是工业设计的重要参数，因此本节主要讨论松动点的设置、松动点通风量和松动点之间的距离。

实验装置上松动点的布置如图 9.15 所示，其中 1♯～4♯为松动点编号。在初始调试阶段循环管线上没有设置松动点，当蝶阀开一、二挡时，半焦在循环管中不能流动，目测发现蝶阀以下无半焦，蝶阀以上半焦充满管线，仅有少量小气泡向上运动，说明气体在循环管线中有脱气现象。如果脱气时间较长，会造成整个立管"架桥"从而造成半焦流动停止，无法进行实验。当蝶阀开三挡时，循环管中半焦开始流动，但流动速度很慢，循环量较小，达不到实验要求。蝶阀开度继续增大至六挡，半焦循环量虽有增加，但目测半焦循环量仍不是很大。

以上实验现象说明，不足 4m 长的循环管线中的脱气现象已经比较严重了，在没有补充气体的前提下，半焦的流动性能很差，已经无法满足要求。工业装置上循环管线往往更长，半焦的输送能力将会更差，必须在循环管线上适宜的位置设置松动点，并通入适当流量的松动风，才能保证循环管中良好的流化流动。

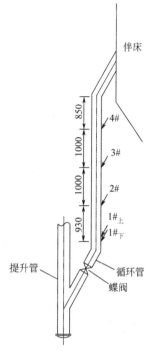

图 9.15　循环管线疏松性能实验装置示意图
（1♯～4♯为松动点）

9.4.1　主要松动点对颗粒循环的影响

循环管线上的松动点根据位置的不同，可以分为主要松动点和一般松动点 2 种。如果某松动点取消后对整管半焦的流动影响较大，那么该松动点就是主要松动点（或叫敏感松动点）。主要松动点的位置应在循环管线拐弯、变径、阀（滑阀）以上。由图 9.15 可以看出，1♯松动点应为主要松动点。为了证明这一点，实验中在 1♯松动点设置了 2 个注气点，分别为 1♯下 和 1♯下，其中 1♯下 位于循环管斜管中心线上，而 1♯上 位于 1♯下 的上方 50mm。固定 2♯、3♯、4♯松动点的给风量，调节 1♯松动点的风量分别为 0.5m³/h、1m³/h、2m³/h、3m³/h 和 4m³/h，对 1♯上 和 1♯下 进行比较，循环管线中半焦颗粒的流动速度如图 9.16 所示。

从图 9.16 中可以看出，和 1♯下 松动点相比，在相同操作条件下，使用 1♯上 松动点半焦的流动速度更大、效果更好，说明拐弯处的主要松动点应设置在斜管中心线以上，松动点位于斜管轴线延长线上则效果不佳。在后面的实验中主要使用 1♯上 松动点。

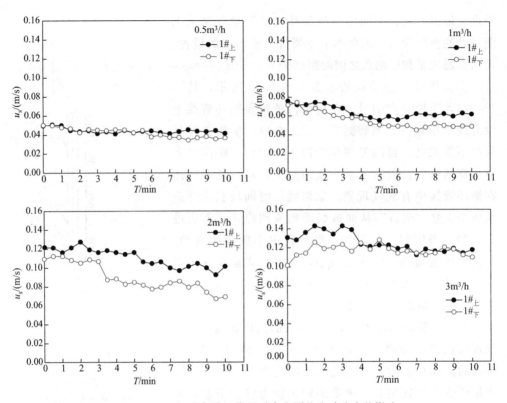

图9.16　1♯松动点设置位置对半焦颗粒流动速度的影响

在此基础上，我们进一步开展实验以考察1♯$_\text{上}$的属性，即属于主要松动点还是一般松动点。半焦在循环管线中正常流动时，在第1.5分钟时关闭1♯$_\text{上}$松动点，观察颗粒流动速度，并在第10分钟时恢复1♯$_\text{上}$松动点通风量，半焦的流动速度分布见图9.17。

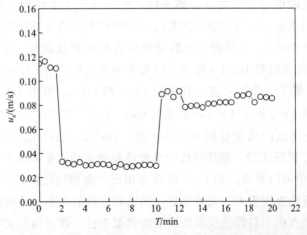

图9.17　1♯$_\text{上}$松动点停、开与半焦流动速度关系曲线

由图 9.17 可以看出，当停掉 1♯$_\text{上}$ 松动点后，半焦流动速度由 0.11m/s 下降到 0.03m/s 左右，一直延续到第 10 分钟。恢复 1♯$_\text{上}$ 松动点通风量，半焦流动速度呈阶跃式上升至 0.08m/s，但并没有达到初始的 0.11m/s，然后缓慢上升，又经过 10min，半焦流动速度上升 0.005m/s。由此可以说明，1♯$_\text{上}$ 松动点对循环管中半焦流动影响较大，为主要松动点；另一方面也说明，气固两相流动一旦遭到破坏，再恢复是一个缓慢过程，故操作平稳是相当重要的。

图 9.18 给出了 1♯$_\text{上}$ 松动点充气量对半焦输送能力的影响。从图中可以看出，当通气量较小时（≤1m³/h），颗粒的流动速度只在 0.05～0.07m/s 之间变化，从循环量可调节范围来讲是不可取的。这是因为循环量的调节应该是依靠松动点下游的阀门，只有保证阀门上游颗粒良好的流动性能，阀门的调节才能起到作用。此时的循环量非常低、颗粒流动性能比较差，下游阀门无法实现灵敏调节。此外，颗粒流动速度随着通气量的增加而增加，通气量从 1m³/h 增大到 2m³/h，其流动速度增大了 0.05m/s；通气量从 2m³/h 增大到 3m³/h，其流动速度增大了 0.02m/s。由此可以看出，当通气量增大到一定程度后，如果继续增大，对颗粒流动速度的影响减小。

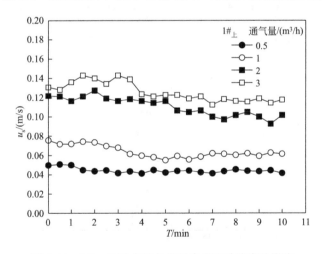

图 9.18　1♯$_\text{上}$ 松动点通气量对半焦流动速度的影响

从实验中还可以发现当松动点的通风量达到 4m³/h 时，在上游 2♯ 松动点处出现了节涌，造成循环管线震动，对长周期安全运行是不利的。这是因为松动点处通入的松动风在管线中是以倒锥形气泡进入循环管中的，这会造成松动点处流通截面积减小，当松动点气量过大时，大量气泡聚集并形成大气泡，甚至会充满整个管的截面并托住部分半焦形成一个小的密相床。当半焦物料积累较多时，气泡不足以托住物料，大量物料瞬时下流并造成脉冲式流动，不仅流动不正常，还会造成震动。因此，松动点处通入过量的松动风对流动也是不利的。综上所述，1♯$_\text{上}$ 为主要松动点，并且其通风量在 2～3m³/h 之间为宜。

9.4.2 一般松动点对颗粒循环的影响

采用相同的方法开展 2♯、3♯、4♯松动点停、开实验，得到的半焦流动速度变化分布曲线见图 9.19 和图 9.20。

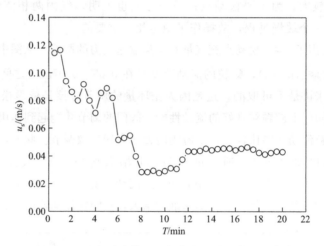

图 9.19 2♯松动点停、开与半焦流动速度关系曲线

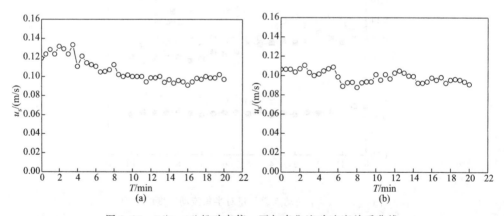

图 9.20 3♯、4♯松动点停、开与半焦流动速度关系曲线

由图 9.19 可以看出，从第 1.5 分钟将 2♯松动点关闭到第 8 分钟，半焦流动速度是不断降低的，观察到循环管中料面上下窜动，流动不稳定。在第 10 分钟重新恢复 2♯松动点供风，半焦的流动在重启后的 1 分钟内并没有太大的变化；在第 11 分钟半焦的流动速度缓慢上升，然后基本保持不变；一直到实验结束，始终没有达到关闭前的初始状态。这说明为了使半焦有一个好的流动状态，1♯上和 2♯松动点的匹配也是不可忽视的。

图 9.20 给出了 3♯和 4♯松动点停、开后半焦流动速度的变化。

可以看出，分别停、开 3# 和 4# 松动点，两条曲线变化不大，相对颗粒流动速度较稳定。这是因为和主要松动点相比，一般松动点对半焦流动的影响是次要的。只关闭 3# 松动点，相当于松动点间距为 2m。由图 9.20 可知，对半焦而言松动点间距不低于 2m 是可行的。

将 1#$_上$ 松动点关闭然后调节其他松动点，发现无论怎样调节，循环管中半焦流动均很慢，无法提高半焦循环量。这也证明了 1# 松动点为主要松动点。关掉 2#、3# 松动点，调节 1#、4# 松动点给风量。当 1# 松动点给风量为 3.4m^3/h，4# 给风量为 0.6m^3/h 时，半焦窜动很厉害、震动很大，说明松动点间距达到 3m 时，半焦流动开始不正常。

打开 1#$_上$ 松动点、关闭 2#、3#、4# 松动点，发现 1#$_上$ 以下出现气穴，1#$_上$ 管线半焦流动接近黏附滑移流动，不仅半焦流速慢，还导致半焦以料柱形式下沉，管线震动加剧，这种流动状态是不可取的，进一步验证了半焦在管线中的流动松动点间距不可以大于 3m。综上所述，松动点间距在 2m 左右是可行的。

9.5　氧化铝小球的流体力学行为

二硫化碳耦合流化床生产工艺采用耦合反应器和半焦燃烧器并列布置的方式，由半焦燃烧器来提供反应的热源。开工时，首先通过辅助燃烧室加热主风为燃烧器升温，当温度达到 400℃ 后喷入燃烧油。由于此时燃烧器稀相存在大量半焦细粉，燃烧油喷入后形成明火后极易引起闪爆，因此需要在开工时在半焦颗粒中混入一定浓度的惰性组分。一方面显著降低稀相半焦细粉浓度，另一方面惰性组分还可以充当热载体，向反应器供热。氧化铝小球的物性、加入量对流化流动有较大影响，对工业装置的设计和运行也有很大的影响，有必要专门开展系统的研究。

实验装置及测试方法和半焦实验一样，所采用惰性组分为活性氧化铝小球，小球粒径基本不变，为 880μm，其他物理性质如表 9.4 所示。

表 9.4　活性氧化铝小球物性表

平均粒径 /μm	堆积密度 /(kg/m^3)	振实密度 /(kg/m^3)	骨架密度 /(kg/m^3)	休止角 /(°)	崩溃角 /(°)	形状
880	752	776	2690	31	21	球形

由表 9.5 和表 9.6 可以看出，流化前颗粒中无粒度小于 350μm 的颗粒，而流化 3.5h 后，存在粒度小于 350μm 的颗粒，体积分数为 3.04%。可认为颗粒的磨损率为 3.04%～4%，满足两器流化过程中对惰性成分的要求，因此，氧化铝小球可作为 CS_2 开工初期加入的惰性成分。

表 9.5　流化前氧化铝小球的粒度分布

粒度范围/μm	体积分数/%	粒度范围/μm	体积分数/%	粒度范围/μm	体积分数/%
<350	0	750	8.07	1300	4.66
350~400	0.1	800	7.99	1400	3.16
400~450	1.07	850	7.61	1500	2.11
450~500	2.55	900	7.04	1600	1.38
500~550	4.27	950	6.36	1700	0.83
550~600	5.83	1000	5.63	1800	0.45
600~650	7.04	1100	9.15	1900	0.21
650~700	7.77	1200	6.63	2000	0.10

表 9.6　流化 3.5h 后氧化铝小球的粒度分布

粒度范围/μm	体积分数/%	粒度范围/μm	体积分数/%	粒度范围/μm	体积分数/%
<350	3.04	750	6.00	1300	7.26
350~400	0.1	800	6.91	1400	5.29
400~450	0.11	850	7.15	1500	3.26
450~500	0.63	900	7.13	1600	2.21
500~550	1.47	950	6.93	1700	1.62
550~600	2.84	1000	6.60	1800	0.89
600~650	4.26	1100	11.71	1900	0.35
650~700	4.87	1200	9.36	2000	0.12

9.5.1　基本实验现象

（1）氧化铝小球在流化床中的流动

首先进行单容器流化实验，考察起始流化和床膨胀高度、气泡大小等宏观流体力学条件的关系。

在表观气速 $u_g=0.59\text{m/s}$ 的条件下对氧化铝小球进行流化，发现流化后出现了节涌流化床，其中变径段以下为一密相床，变径段及以上一部分高度空间为二密相床，见图 9.21。

由图 9.21 可见，一密相床中又可分成三个不同的区。底部分布板以上的密相区（料栓），高度约 200~400mm，定义为Ⅰ区，区域内的床层相对较稳定。在Ⅰ区上部存在一个气栓，气栓范围不定、忽大忽小。在第一个气栓以上存在一个高度不等的氧化铝小球料栓，称为第Ⅱ区，该料栓上、下都是气栓，料栓上窜下沉，上窜可达变径段底部，下沉可达Ⅰ区。初步统计料栓上窜下沉次数约 17 次/min，料栓不断上、下运动，造成了器壁温度升高。第一和第二个气栓称Ⅲ区。这两个气栓是变化的，随料栓长短和窜动方位而变化。

通过以上实验现象可以发现，一密相料位是极不稳定的，压力波动很大，不仅无法控制料位，对燃烧也极不利。料栓上下窜动对器壁和颗粒本身的磨损相当严重，在实际生产中不希望出现该床层。

二密相的形成是由于一密相出现节涌，将部分氧化铝小球瞬间弹溅到变径段以上。由于变径段以上床层直径变大、气速降低、脱气过快，弹溅上来的颗粒在变径段出现"架桥"，颗粒不能返回一密相中。在表观气速为 0.59m/s 时，二密相形成"死床"。

为了使二密相流化起来，实验中采用突然降低主风量，又迅速加大主风量（$u_g = 0.885$m/s）的办法。此时二密相的一侧近壁面处不断窜入大气泡（目测气泡垂直方向直径 300mm 以上），造成二密相床层出现波动，也形成一股一股的弹溅。在该种状态下，将主风量降低（$u_g = 0.626$m/s），二密相又会形成"死床"。可见单一颗粒的氧化铝小球流化性能非常差。为了进一步掌握氧化铝小球流化情况，进一步加大主风量，使表观气速保持在 $0.7 \sim 1.1$m/s，则发现两个密相床始终存在。所不同的是，二密相床界面波动稍有加大，弹溅高度略有增加，床界面波动很小，十分稳定。

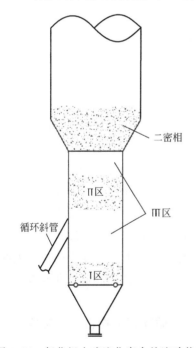

图 9.21　氧化铝小球流化床内的流动状态

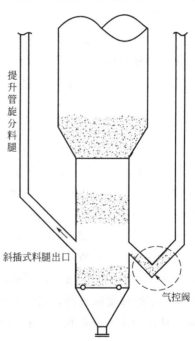

图 9.22　气控阀形式料腿

由于一密相形成了节涌流化床，若将料腿直接斜插入一密相会使料腿出口不断暴露在无料状态下，造成气体倒窜，影响分离效率。因此，外旋料腿采用了气控阀的形式，如图 9.22 所示。现场目测发现气控阀拐弯处始终有一定的物料，起到了料封作用，尽管气节也会导致一些小气泡窜入料腿中，短暂影响外旋分离效率，但窜气并不严重。

（2）氧化铝小球在循环管线中的流动

流化床与提升管反应器之间是通过循环管连接的，循环管上设有蝶阀，蝶阀有八个开度，用以控制氧化铝小球循环量。实验时为了能够更好地测试床膨胀比和弹溅高度，在单容器流化装料高度基础上，卸出一部分氧化铝小球。流化后基本消除了二密相，实现了流化介质氧化铝小球循环。

实验中循环管线上的松动点和松动风量与半焦实验时保持一致，松动风进入循环管中无气泡产生。当蝶阀开 1～2 格时，无料或极少的料流入提升管；提高松动风表压至 0.02MPa，将蝶阀开至第 3 格时发现有物料流入提升管，但循环量不大，循环管中氧化铝小球呈满管移动床流动，时慢时快。这是因为流化床始终为节涌流化床，料栓（图 9.21 中的 II 区）上下窜动并造成了循环斜管入口压力的波动。当料栓上窜时，料栓上方气栓受压并导致压力增加，料栓下方气栓则膨胀导致压力降低。当循环斜管入口位于料栓上方气栓时，料栓上窜造成循环管推动力增加，循环管中物料流动加快；当料栓继续上窜并高于循环斜管入口时，循环斜管入口压力降低，斜管中的物料不但不向下流动，反而沿循环管向上流动。前文述及节涌流化床料栓上下窜动约 17 次/min，循环管进口压力变化也是 17 次/min 左右，压力波动、流型变化大致分四种状态（图 7.23）。

① 如图 9.23（a）所示，氧化铝小球呈满管流动，但入口处 100～200mm 的空间颗粒较少、气体来回摆动。

② 如图 9.23（b）所示，循环管上部瞬间物料很少，几乎成空管，此时循环管入口位于流化床料栓上方气栓处。随着料柱的上窜，空管部分很快被从节涌流化床中向下流的颗粒和循环管下部向上流动的颗粒填满，呈满管和半截空管交替出现的流型。

③ 如图 9.23（c）所示，循环管底部满管，管上中部有一定料柱，上下窜动，当料柱窜到循环管入口时，会短暂停留 3～5s，然后料柱下移给底部补料。从入口处流下来的物料又会形成一个新的料柱，重复上述流动，形成压力波动。

④ 如图 9.23（d）所示，管中料柱长度不一样，时长时短，变化的长度大约在 300～800mm 之间，上下窜动，到循环管入口处不停留，循环管底部仍保持 800～1200mm 长度的移动床流动，相对较稳。

由上述四种流型分析可知，在该实验条件下，循环管中物料的流动是不平稳的，压力波动也比较大，应加以改进。

（3）氧化铝小球在预提升段内的流动

预提升段位于提升管的底部，将来自斜管的氧化铝小球整流并输送进入提升管，氧化铝小球的循环量通过斜管上的蝶阀控制。将蝶阀开度固定在 4 挡、提升气速维持在 3.63m/s，发现通过蝶阀的氧化铝小球呈倒锥形向下流动，此时氧化铝小球的循环量较小。初始时进入预提升段的氧化铝小球只有一部分被提升到 12m 高度，然后进入提升管顶部旋风分离器进行气固分离。随着预提升段内氧化铝小球越

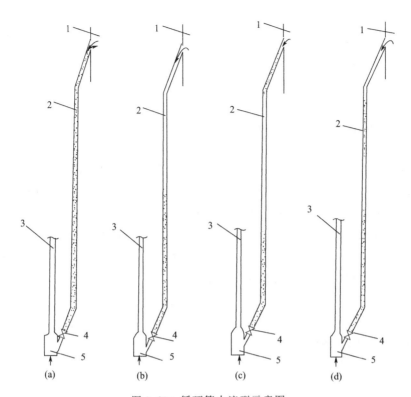

图 9.23　循环管中流型示意图

1—流化床；2—循环管；3—提升管；4—蝶阀；5—预提升段

来越多，预提升段内的密相料位上升，当料位达到变径段上部锥体时，物料不再被连续提升上去，而是一股一股向上提升。每一股物料的提升都伴随有"唰唰"的响声，现场统计约为 10～11 次/min。与此同时，在提升管中有大量的物料下落，这是出现噎塞点的前兆。

进一步提高提升气速至 4.83m/s 左右，提升物料次数减少到 1～2 次/min。当气速提高到 5.44m/s 时，提升管内间歇提升的现象消失，响声也消失了。提升管内物料实现了正常流动，可以较稳定地输送物料。当流化床表观气速改变后，提升管出现的噎塞情况见表 9.7。

表 9.7　不同操作条件下提升管噎塞频率

提升管气速 /(m/s)	噎塞频率				
	流化床气速/(m/s)				
	0.59	0.66	0.81	0.88	0.95
3.63	8	8	11	10	8
4.23	5	5	6	5	7
4.83	2	4	5	3	2
5.44	0	0	0	0	0

由表 9.7 中可以看出单一氧化铝小球的物料流动和提升均有较大的不稳定性，和宽筛分物料相比，单一氧化铝小球的流动和提升都困难得多，需要有较大的流化和提升气速。

9.5.2 氧化铝小球在流化床中的流动行为

由降速法测得床层压降并与表观气速作图可得到固体颗粒的流化曲线，即 Δp-u_g 曲线。图 9.24 是活性氧化铝颗粒的起始流化曲线。由图 9.24 可以看出，随着表观气速（u_g）逐渐减低，活性氧化铝颗粒的流化曲线可分为 2 个区，既完全流化状态区和固定床区。当 $u_g > 0.219 \text{m/s}$ 时，随着 u_g 逐渐降低，床层压降（Δp）逐渐增大；当 $u_g < 0.219 \text{m/s}$ 时，随着 u_g 逐渐降低，床层压降（Δp）线性减小。这说明活性氧化铝的起始流化速度为 0.219m/s。当 $u_g > 0.219 \text{m/s}$ 时，床层处于完全流化状态，随着 u_g 逐渐降低，通过床层的气体流率减小，床层空隙率减小，床层密度增大，相应 Δp 增大。当 $u_g < 0.219 \text{m/s}$ 时，床层处于固定床状态，这时 Δp 随 u_g 呈近似线性变化。

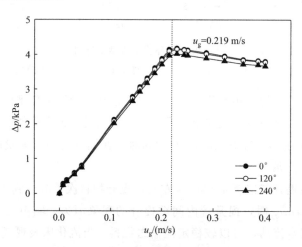

图 9.24　氧化铝小球的起始流化曲线

在单容器条件下改变流化床表观气速，测定流化床床界面高度（即膨胀床高）H，其与静床高（即装料高度）H_0，之比为床膨胀比 R。

$$R = \frac{膨胀床高}{静床高} = \frac{H}{H_0} \tag{9.8}$$

不同表观气速下床层的膨胀比和弹溅高度见表 9.8。可以看出氧化铝小球的床膨胀比为 $R = 1.4 \sim 1.5$，这一数据与催化裂化大密度催化剂和超稳分子筛催化剂相一致，可供生产操作中估算床界面使用。弹溅高度在 $700 \sim 750 \text{mm}$ 之间变化，在此高度以内弹溅带出的较大颗粒依靠重力返回到密相床中；在此高度以上，细小颗粒被夹带到稀相，弹溅高度与燃烧器排灰口的设置密切相关。

表 9.8　不同表观气速下床膨胀比及弹溅高度实验数据

床层表观气速/(m/s)	床膨胀高度/mm	静床高/mm	床膨胀比/R	弹溅高度/mm
0.59	1250		1.35	640
0.62	1345	927	1.45	705
0.66	1375		1.48	765
0.70	1400		1.51	750

氧化铝小球流化床内表观气速对轴向密度分布的影响如图 9.25。从图中可以看出，密相区床层密度可达 $650kg/m^3$ 左右，床层密度随轴向高度的增加而快速降低，当轴向高度超过 3m 后，流化床的轴向密度基本不发生变化，在 $20\sim40kg/m^3$ 之间波动，床层进入稀相夹带区。在 $2\sim3m$ 之间，床层密度随着流化床气速的逐渐增加而增大，且随着轴向高度的增大而迅速降低，应该是流化床的弹溅区。

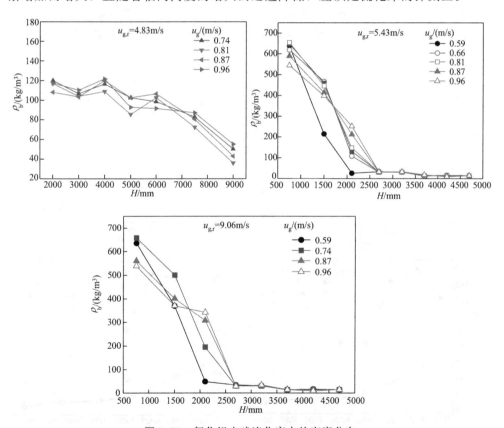

图 9.25　氧化铝小球流化床内的密度分布

9.5.3　氧化铝小球在提升管中的流动行为

氧化铝小球在提升管内密度沿轴向的分布如图 9.26。可以看出当提升管表观气速 $u_{g,r}$ 等于 4.230m/s 时，$H=2\sim4$m 处床层密度增大。这是由于氧化铝小球平均粒径为 880μm、颗粒密度 2690kg/m^3，属于典型的 D 类颗粒，流化性能较差。当提升管在较低气速下操作时容易产生噎塞，提升管中间歇性出现大的气节，气节上部的床层密度也会增大。实验现象表明，气节几乎都在 $H=2\sim4$m 处开始塌落，导致此处的密度增大。

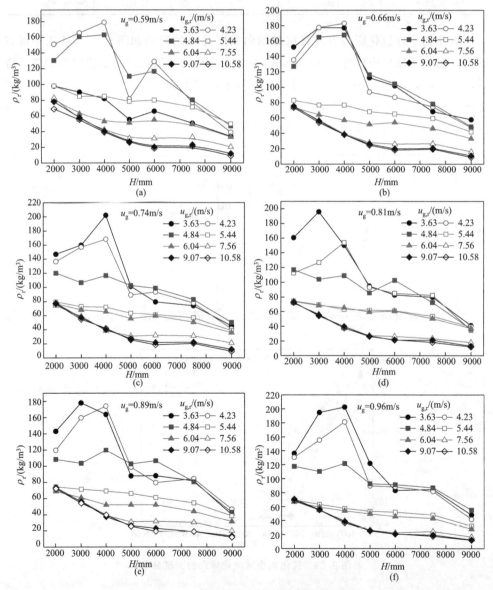

图 9.26　提升管内密度沿轴向的分布

由图 9.26 可以看出，随着提升管表观气速的增加，提升管密度沿轴向的分布曲线可以大致分为 2 组，$u_{g,r}=4.84\text{m/s}$ 为"边界气速"。超过此气速，提升管颗粒浓度随提升管表观气速降低幅度较大，相差 30kg/m^3 左右；低于此气速，提升管颗粒浓度随表观气速降低幅度较小。这是由于 $u_{g,r}=4.84\text{m/s}$ 为氧化铝小球在提升管中输送的噎塞点，超过此气速，提升管中无明显的气节形成，颗粒不再产生明显的喷动，输送逐渐正常，提升管中密度分布趋于平缓。

可以看出，流化床气速的变化对提升管中颗粒的浓度分布有一定的影响。流化床气速 0.66m/s 时 [图 9.26（b）]，提升管加速区的密度最高可达 180kg/m^3（提升管气速 3.63m/s）；而流化床气速 0.59m/s 时 [图 9.26（a）]，提升管加速区的密度最高为 180kg/m^3 左右。

工业装置中流化床表观气速为 1.05m/s，提升管表观气速为 8.57m/s，本实验重点考察了相近操作条件（$u_g=0.96\text{m/s}$，$u_{g,r}=9.07\text{m/s}$）下提升管中颗粒的流动性能 [如图 9.26（f）]。可以看出提升管底部加速区密度为 55kg/m^3 左右，中上部密度为 15kg/m^3 左右，总体而言密度较低。这是因为提升管内气速较高、输送能力较强，而氧化铝小球的流动性能比较差，同样的两器压差下循环量远小于半焦颗粒，因此在未来工业装置的设计中，应维持适宜的两器压差，以保证足够的颗粒循环量。

9.6　半焦和氧化铝小球混合颗粒的流体力学行为

9.6.1　基本实验现象

如前所述，氧化铝小球是作为惰性组分掺入半焦中的，可以防止工业装置开工生产时燃烧器发生爆燃，同时还可以作为热载体储热，对长周期生产也是有利的。氧化铝小球的物性与半焦有一些差别，表现在氧化铝小球为直径几乎相等的单一颗粒，而不是流化床中常用的宽筛分物料。由前文的研究可知，纯氧化铝小球颗粒是难于流化和输送的。将氧化铝小球与半焦掺和后，也必将降低混合颗粒的流化、输送性能。因此，获得适宜的掺和比以保证床层流化和循环的正常是保证未来工业装置正常运行的关键之一。

实验中首先将半焦和氧化铝小球按照 1∶1 的比例装入冷态实验装置，实验装置的结构和操作条件与前述章节一致。首先进行单容器流化 1～2min，目的是将两种物料混合均匀。床层流化以后，发现床内的流化状态较单一氧化铝小球流化床有明显改观，但仍存在着节涌现象，床内有明显的压力波动，致使流化床震动较大。这种流化状态对工业装置中的反应和燃烧都是极为不利的。从循环管中可以看到，仍有颗粒在料柱上、下窜动，提升管中也有股流及响声。

此外装置存在严重的物料跑损。这是因为提升管旋风料腿直接斜插入流化床内，而流化床内存在一定程度的节涌，造成旋分料腿没有被完全封住，大大降低了旋风分离器的效率。由以上现象可以判断，半焦与氧化铝小球以 1∶1 混合的物料流动状况不够理想，不能用于工业生产。

将半焦和氧化铝小球按照 2∶1 的比例加入实验装置，加料量为 162kg，流化床静床高 1950mm，其余操作条件同前。在表观气速为 0.59m/s 的条件下流化 1～2min 后发现半焦与蓄热担体混合均匀，床内有稳定的床界面，床面气泡破裂后将物料弹溅到床界面以上，弹溅高度约 700～800mm，床内无节涌现象发生。在此状态下，认为可以进一步做物料的流动实验。

混合物料自斜管流入预提升段变径段后呈流化状态，在各实验条件下均未出现变径段料位上升的现象，构成了稳定的循环。物料在提升管中未出现噎塞、间歇流股等现象，说明了该配比的物料能满足正常循环的要求。

经旋分器分离下来的固体颗粒沿料腿靠重力流动，返回流化床中。实验发现，旋分器与料腿连接处以下出现一个旋转区，然后是稀相重力流动。料腿中有一个平稳的料面，该料面上下波动不超过 70mm，料面以上为稀相重力流动，料面以下为密相重力流动。整个料腿出现三个明显的区域是很正常的，尤其是料腿料面平稳（又称料封高度），说明流化床流化平稳，压力波动很小。反之，若床内流化不平稳，压力波动大，料腿中料面势必上下窜动加剧。由以上实验现象可以初步判断，半焦和氧化铝小球按照 2∶1 比例混合后，物料可以满足平稳流化和输送的要求。在下面的实验中，均采用半焦∶氧化铝小球＝2∶1 的混合颗粒（简称混合颗粒）进行实验。

9.6.2　混合颗粒在流化床内的流体力学行为

图 9.27 是半焦与活性氧化铝混合颗粒的起始流化特性曲线。从图 9.27 中可以看出，随 u_g 降低，混合颗粒流化曲线可分为 3 个区，分别是 Ⅰ 区固定床区、Ⅱ 区部分流化状态区，Ⅲ 区完全流化状态区。在第 Ⅲ 区（$u_g > 0.128$m/s），床层压降基本不随 u_g 变化而变化，整个床层已处于完全流化状态，$u_g = 0.128$m/s 为混合颗粒最小完全流化速度。在第 Ⅱ 区，0.070m/s$< u_g < 0.128$m/s。由于活性氧化铝颗粒粒径较大，由上一节可知单组分活性氧化铝颗粒的起始流化速度为 0.219m/s，部分大颗粒受到的曳力不足以保证其流化流动，大颗粒逐渐沉积到床层底部；小颗粒受到气体曳力而继续向上流动，浮升于床层顶部。这时床层处于部分混合流化状态，即底部是大颗粒沉积区，顶部是小颗粒浮升区，中间是混合颗粒流化区。在第 Ⅰ 区，$u_g < 0.070$m/s，Δp 随 u_g 近似呈线性变化，这时整个床层颗粒处于静止状

态，属于固定床区，$u_g = 0.070\text{m/s}$ 为半焦小颗粒的起始流化速度。

对于双组分混合颗粒，一般将固定床区压降随表观气速线性变化直线的延长线与混合颗粒完全流化区压降基本保持不变的水平线的交点定义为该双组分混合颗粒起始流化速度。从图 9.27 中可知，半焦与活性氧化铝混合颗粒的起始流化速度为 0.096m/s。

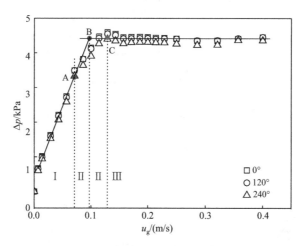

图 9.27　混合颗粒的起始流化特性曲线

混合颗粒流化床内的床层密度如图 9.28，实验装置和半焦、氧化铝小球实验装置一致（如图 9.1）。可以看出，流化床底部的床层密度最高可达 650kg/m^3 左右，床层密度随着轴向位置的增加快速降低。和其他气速相比，当 $u_g = 0.59\text{m/s}$ 时变径段（$H = 2000\text{mm}$ 左右）轴向密度相对较大，这是由于床层表观气速相对较低，气体夹带颗粒运动至变径段时，截面积突然增加、气体速度突然降低，不足以携带颗粒运动，使得床层密度增大；随着流化床表观气速的增大，这一现象近乎消除。此外，提升管表观气速对流化床内的床层密度影响很小，几乎可以忽略。

图 9.29 给出了不同蝶阀开度时混合颗粒床层密度沿轴向的分布，实验中蝶阀开度设置为 4 挡，代表 4 个不同的循环量。可以看出在一定的提升管气速下，蝶阀的开度对流化床中颗粒密度的影响不大。因此，在工业装置中，可以设置提升管操作气速在 8.64m/s 附近，此时蝶阀开度的变化对燃烧器内床层密度沿轴向的分布几乎没有影响。

按工业装置的操作参数，燃烧器操作气速为 1.05m/s，提升管操作气速为 8.57m/s，图 9.30 给出了相近条件下（$u_g = 0.96\text{m/s}$，$u_{g,r} = 9.07\text{m/s}$）不同颗粒流化床中床层密度的比较。可以看出在密相混合颗粒（半焦∶氧化铝小球＝2∶1）流化床中，床层密度介于半焦流化床和氧化铝小球流化床密度之间；在稀相，混合颗粒稀相密度大于氧化铝小球稀相密度，但小于半焦颗粒和半焦颗粒＋8%飞灰稀

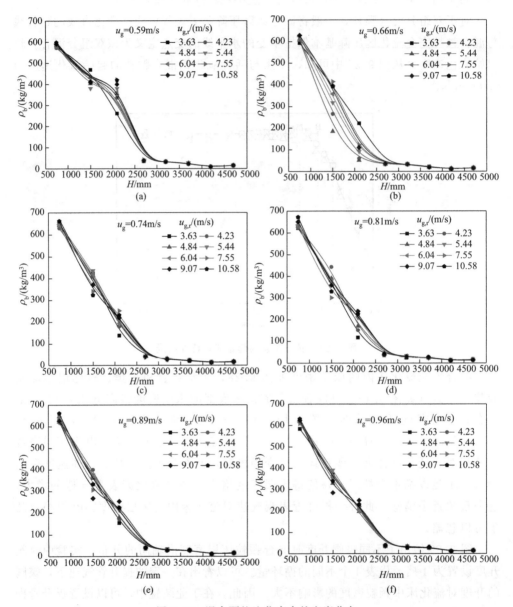

图 9.28　混合颗粒流化床中的密度分布

相密度；在弹溅区，混合颗粒床层密度小于半焦颗粒和半焦颗粒＋8％飞灰颗粒的床层密度。这是因为混合颗粒中细颗粒量更少，弹溅到稀相的颗粒也更少。图9.30显示氧化铝小球流化床的弹溅区密度也大于混合颗粒，这是因为氧化铝小球流化床中存在显著的节涌现象，气栓破碎时弹溅的颗粒量远大于混合颗粒流化床中气泡弹溅的颗粒量。

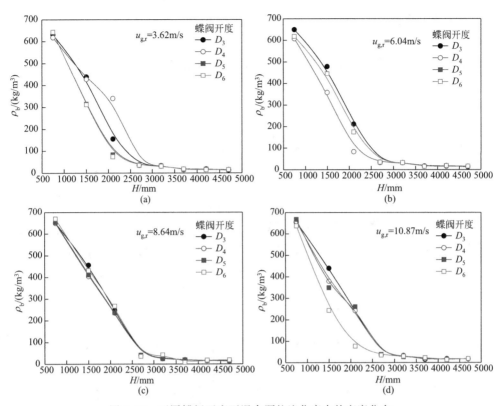

图 9.29　不同蝶阀开度下混合颗粒流化床中的密度分布

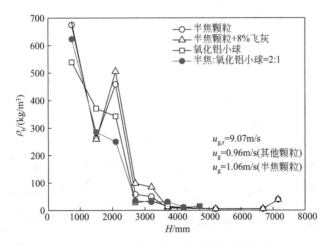

图 9.30　不同颗粒流化床内床层密度的比较

9.6.3　混合颗粒在提升管内的流体力学行为

图 9.31 给出了混合颗粒在提升管中的浓度分布。可以看出，在底部加速段（$H \leqslant 2m$）提升管密度较大；在充分发展段（$H > 2m$）提升管密度随轴向高度的增加逐渐减

小。随着提升管表观气速的增加，加速段密度快速降低，和充分发展段的密度差也在减小。总体而言，低提升管气速（$u_{g,r} \leqslant 4.62\text{m/s}$）时提升管密度远大于中高气速（$u_{g,r} > 4.62\text{m/s}$）下的提升管密度，这和低气速时提升管提升能力有限有密切关系。

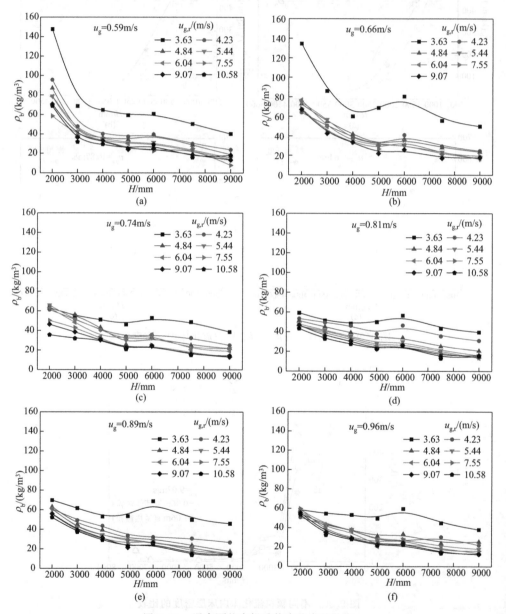

图 9.31　混合颗粒在提升管中浓度的分布

当 $u_{g,r} \leqslant 4.23\text{m/s}$ 时，在轴向高度 6m 处，提升管密度有一个增大的趋势。这是由于混合颗粒中含有三分之一的氧化铝小球，小球为典型的 D 类颗粒，流化性能较差，提升管在较低气速下操作时易产生噎塞现象，间歇性出现大的气节。通过实验观察，气节基本在轴向高度 6m 左右开始塌落，使该处的密度出现增大的趋势。当 $u_{g,r} > 4.23m/s$ 时，提升管提升能力增大，这种现象基本消失。

在一定的提升管气速下，流化床气速的变化对提升管中颗粒的浓度分布有影响，尤其是对底部加速区的密度有显著的影响。当 $u_g \leqslant 0.66m/s$ 时，低气速 $(u_{g,r} = 3.63m/s)$ 操作下的加速段密度远高于充分发展段，加速段密度最高可达 $150kg/m^3$，而随着流化床气速的增加，提升管底部加速区密度快速降低，最高仅为 $70kg/m^3$ 左右。与此同时，流化床气速对充分发展段密度的影响则比较小。这是因为当流化床在较低气速下操作时床层密度比较高，同样操作条件下进入提升管底部的颗粒浓度也比较大，提升加速便越困难。

工业装置中燃烧器表观气速为 $1.05m/s$，提升管气速为 $8.57m/s$。由图 9.31 可以看出，相近操作条件下，冷态装置提升管加速区床层密度为 $55 kg/m^3$ 左右，中上部密度为 $15kg/m^3$ 左右。

图 9.32 给出了蝶阀开度对提升管密度的影响，可以看出蝶阀的开度对提升管中的颗粒浓度有重要的影响。随着蝶阀开度的增加，循环量增加，提升管密度也随之增加。

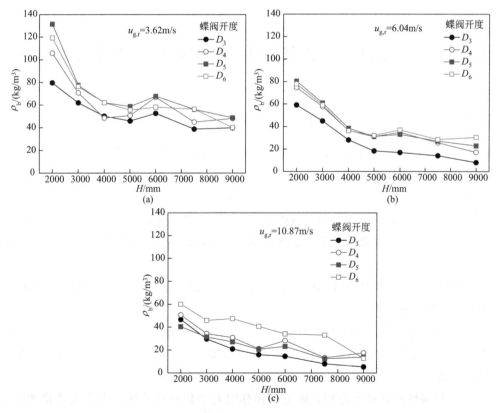

图 9.32　蝶阀开度对提升管密度的影响

第 10 章

二硫化碳耦合反应器的工业化

10.1　半焦制二硫化碳循环流化床工艺的设计结果

目前，我国半焦法生产二硫化碳主要采用固定床工艺，具有收率低、效率低、能耗高、污染大、间歇操作、劳动强度大等缺点。采用循环流化床工艺生产二硫化碳则可以很好地避免这些问题。根据前面章节的研究结果，笔者提出了一种半焦法合成二硫化碳循环流化床工艺[6]，并设计了一套处理量为 4 万 t/a 的生产装置的反应-燃烧系统[7]。该工艺采用反应器、燃烧器并列布置的形式，高温半焦在燃烧器中燃烧，然后循环至反应器内与液硫发生反应并提供热量，反应过后的半焦循环至燃烧器。其中，反应器采用多个流化床耦合的形式，燃烧器采用鼓泡床或湍流床的形式。

循环流化床中半焦合成二硫化碳反应属于高温非催化反应，其操作与固定床操作有较大的不同，表现如下：

① 固定床燃烧与反应均为间歇进行，点火、燃烧、温控容易；流化床则在器内连续燃烧与反应，点火、燃烧、温控相对较难，尤其是焦炭燃烧温控和碳硫反应温控复杂；

② 原料性质有较大差别，固定床操作时对半焦原料及煤块大小无严格要求，而采用流化床操作时对半焦颗粒的大小和颗粒分布有一定要求，应按流态化操作域的要求制备半焦颗粒；

③ 流化床操作需要大量半焦原料循环，保持稳定的固体颗粒循环十分重要，且要控制一定的碳硫比，否则无法生产；以煤作原料的固定床则不存在原料循环问题；

④ 流化床需保持燃烧器、反应器、气提器、提升管、循环管线等各部分的藏量，才能实现平稳操作；固定床藏量要求相对简单；

⑤ 固定床排渣容易，流化床相对较难；

⑥ 流化床对加料系统要求严格，需要根据反应和燃烧消耗的碳量实现自动定时定量加料，固定床则依靠人工操作；

⑦ 流化床自动化程度高，如温控、压控、流量控制、自保系统、料位指示、密度分布、压力分布等诸多自控点，而固定床基本靠人工操作，凭经验，设备相对简单；

⑧ 流化床流程复杂，固定床流程简单；

⑨ 流化床要求操作者技术水平高，经验丰富、处理事故能力强，固定床操作一般熟练工即可，很少有事故发生。

图 10.1 给出了反应-燃烧系统的示意图，可以看出主要包括耦合反应器、燃烧器、焦粉循环管线等，下面对各个组成部分的作用详细介绍。

10.1.1　反应-燃烧系统简介

反应器是碳硫反应的场所，是由预提升段、提升管、锥形分布器、反应段和气提段组成，燃烧器则采用常规鼓泡流化床。以下为反应-燃烧系统各部分的介绍。

（1）预提升段

预提升段的主要作用是整流。如图 10.1 所示，对于上下同径的提升管，高温半焦进入提升管时具有水平方向的分速度，因而会形成显著的偏流。为了消除偏流，需要在提升管底部增设预提升段。预提升段的直径大于提升管直径，内设流化风管和提升风管。流化风管是保持预提升段内的热半焦始终处于流化状态，并形成一个密相床层；提升风管则通入大量的预提升气将热半焦输送到提升管液硫喷嘴入口，预提升气速为 2～3m/s。

（2）提升管

提升管由变径段和直管段组成，所谓的变径段就是直径逐渐增加的扩径段。液硫喷嘴就设置在变径段上，两个液硫喷嘴对称布置，喷入的液硫与向上流动的热半焦接触、气化，然后在直管段发生二硫化碳合成反应。液硫气化之后，提升管气速增加到 7.27m/s 左右。为保证反应具有较高的转化率和选择性，控制提升管出口

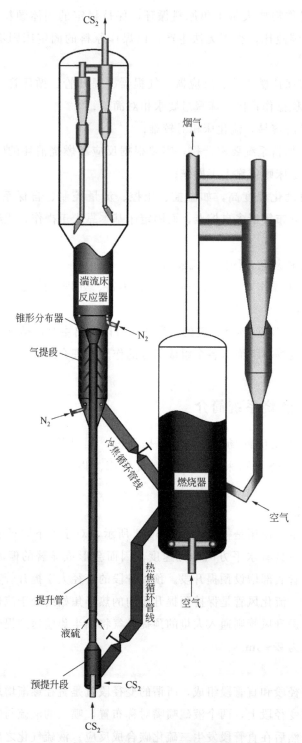

图 10.1　反应-燃烧系统示意图

温度为 685℃ 左右。为保证液硫和热半焦均匀接触，两喷嘴液硫流量始终维持相等。

（3）大孔分布板

提升管出口设置有大孔分布板，其作用是重新分布提升管流出的二硫化碳气体、反应不完全的气相硫和半焦颗粒，使气固混合物均匀分布在湍流床反应段，实现碳硫的高效接触，进一步提高二硫化碳收率。大孔分布板的开孔处设置有耐磨陶瓷短管，气固混合物的过孔速度大于颗粒的沉降速度，大孔分布板的压降约 7kPa。

（4）湍流床反应段

湍流床反应段为大小头式结构，其中小头为密相段，大头为稀相段。密相段内表观气速为 0.58m/s，采用湍流床模式操作，目的是提高气固接触效率、进一步延长反应时间、保证反应能够完全进行。稀相段内表观气速为 0.325m/s，目的是降低稀相的颗粒夹带量、降低旋风分离器入口浓度，使旋风分离器能够高效分离夹带的半焦颗粒，提高产品质量并降低后续过滤器负荷。

为实现夹带颗粒和产品气的高效分离，反应器内设置两级高效 PV 型旋风分离器，两级串联的总分离效率达 99.99％ 以上。为避免床层中气体由旋风料腿倒窜入旋风并影响分离效率，两级旋风料腿出口全部设置全覆盖式翼阀。

（5）气提段

由湍流床循环至燃烧器的半焦中夹带着大量的产品气和气态硫。为提高产品收率、减少污染排放，必须阻止这部分气体进入燃烧器。为此专门设置了气提段，通过氮气将半焦中夹带的气体置换出来并重新返回反应器中。为提高气提段内的气固接触效率，气提段内设置了多层高效错流气提挡板。

（6）燃烧器

半焦燃烧器采用鼓泡床操作模式，器内表观气速为 0.5m/s，燃烧器底部设置树枝状管式气体分布器。由于燃烧器内的操作气速并不大，稀相的夹带量也不大，燃烧器并未采用大小头式的布置方法，而是采用了上下同径的布置方式，并且采用外置旋风分离器。这主要是因为燃烧器内温度高达 650℃，接近了不锈钢的极限使用温度，考虑到开停工或事故状态下可能存在超温现象，将旋风分离器放置在器外并施隔热耐磨衬里降低旋风分离器钢壁温度，是比较适宜的做法。

外置旋风分离器料腿出口采用了气控阀的形式，如 9.5.1 所述，直接斜插入床层的料腿不容易在出口处形成料封，床内气体非常容易窜入料腿并影响分离效率，而采用气控阀的形式则可以很好地形成料封，还可以根据床内压力波动自动动态调整料封的高度。

工业装置的测点位置如图 10.2 所示，主要测点距分布板的距离如表 10.1。

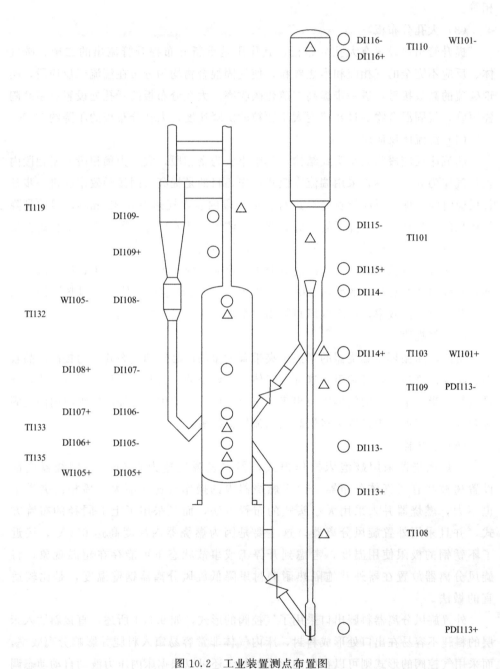

图 10.2　工业装置测点布置图

表 10.1　燃烧器主要测点距分布板的距离

测点类型	测点	离分布板距离/mm
密度测点	DI105	0
	DI106	1100
	DI107	2000
	DI108	3000
	DI109	4995
温度测点	TI135	8005
	TI133	9180
	TI132	11000
藏量测点	WI105	11680（下测点）

半焦颗粒的筛分组成如表 10.2，颗粒物性参数如表 10.3。

表 10.2　半焦颗粒的筛分组成

颗粒直径/mm	质量分数/%	颗粒直径/mm	质量分数/%
>4	0	0.3～0.355	4.607
2.5～4	0	0.2～0.3	8.626
1.6～2.5	0.393	0.15～0.2	7.617
1.25～1.6	7.354	0.125～0.15	5.006
0.9～1.25	7.233	0.08～0.125	6.426
0.6～0.9	16.86	0.04～0.08	8.603
0.45～0.6	9.321	0.02～0.04	4.209
0.355～0.45	7.632	<0.02	6.116

表 10.3　半焦颗粒物性参数

物理性质	参数值	物理性质	参数值
平均粒径/mm	0.117	休止角/(°)	46
充气密度/(kg/m³)	869.4	崩溃角/(°)	33
压实密度/(kg/m³)	1021.3	差角/(°)	13
骨架密度/(kg/m³)	1373.5		

10.1.2　循环流化床工艺的开工要点

循环流化床开工首先是燃烧器的启用和升温，只有燃烧器流化正常、达到需要的操作条件后，才能够启用两器循环、加热反应系统、建立各部分料位，最终达到喷硫条件。由于燃烧器内的物料为半焦，开工流化困难，升温时也容易造成闪爆或飞温，因此，使燃烧器稳定升温并达到正常操作条件，然后在温度可控的条件下逐步实现两器循环是整个开工过程中的重点和难点。燃烧器的主要作用是通过燃烧半焦为反应系统提供热源，以满足液硫的气化、反应吸热、热损失等对热量的需求。燃烧器操作并不仅仅只是燃烧半焦，还涉及开工时点辅助燃烧炉、烘衬里、加入新鲜半焦和炉渣、密封料腿、喷燃烧油、控制床层温升、防止爆燃、防止熄火、排出飞灰、排出炉渣、掺蒸汽、向反应系统转料、建立两器循环、提装置负荷等诸多复杂问题。燃烧器的操作与催化裂化再生器及循环流化床锅炉的操作具有一定的相似性，可借鉴其经验，但也有不同之处，需要专门制定详细的开工规程。本部分依据半焦冷态流化实验进行总结，类比炼油工业 FCC 工业生产装置开工要点，又参考循环流化床操作规程，提出试运行开工时床层温升控制方案和转料方案。本部分只是 CS_2 工业生产实验装置开工的一部分，重点在于讨论开工时燃烧器床层温升控制的方案，不包括两器常规开工部分，如：烘衬里、吹扫、赶空气以及反应-分馏贯通、反应-燃烧压力的控制等。

半焦的着火温度为 490℃，大量燃烧温度为 600℃。当床层温度超过 490℃时，由于半焦参与燃烧，床层温度快速上升；超过 600℃后半焦大量燃烧，床层温度飞速上升，极易造成飞温或爆燃。因此，必须采取一定的措施，使床层温度在可控的范围内稳步上升。可采取的措施有：

① 在床层物料中掺入一定比例的炉渣，使通入燃烧器主风中的氧气不能完全燃烧；

② 在主风中掺入一定量的惰性物质，如氮气或蒸汽；

③ 在床层物料中掺入一定比例的炉渣，同时在主风中掺入一定量的惰性物质；

④ 改变燃烧器内藏量或改变主风流量。

以上几种措施包含多种控温方案，且各有利弊，十分复杂，需综合权衡各方因素。通过大量计算，获得了以上几种措施的升温曲线和控温转料方案，下面分别进行阐述并综合比较。

10.1.2.1 全炉渣方案

在床层升温过程中床内物料全部为炉渣，初次加入 12t 炉渣，采用辅助燃烧炉加热主风来预热床层物料。当床温达到 390℃时，喷燃烧油，然后加入 18t 炉渣。通过调节燃烧油流量维持并稳步升高床层温度，等床层温度大于 650℃时开始建立两器循环，逐渐减小喷燃烧油量。两器循环建立后，打开床层上部的排渣口，排除部分炉渣，然后启用加料线加入半焦。该过程存在以下问题：

（1）从开始预热到加入半焦，始终是在氧气过剩的情况下燃烧，但正常操作时（喷硫后），需要在半焦过剩的状态下燃烧，因此从升温过程转变到正常操作时，需要向燃烧器中持续加入大量半焦。由于加半焦时床层温度高达 650℃，半焦一经加入便立刻大量燃烧，此时床层温度会急剧上升，极易造成飞温或爆燃。

可采取的解决办法为采用间歇加料法，用燃烧油量、喷硫量和主风量、燃烧器藏量共同控制床层温度。具体操作方法为：当炉渣被加热到 650℃、料位已经淹没热炭循环管线出口时，先加入少量的半焦。由于半焦刚加入时会吸热升温，达到490℃后起燃，故床层温度会先下降然后升高，此时可在床温开始下降的时候就逐步减小燃烧油量，直至关至最小，点长明灯。等床层温度稳定或略有下降后，再加入少量半焦，床温同样会先下降后上升。按燃烧器藏量 24t、单器流化计，氧气全部参与燃烧时床层温度变化见图 10.3。可看出床层温度上升很快，最快 40min 就可达到燃烧器操作上限 800℃。

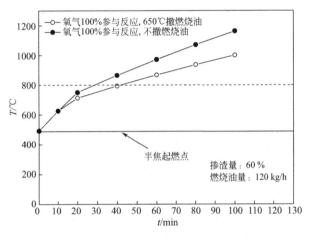

图 10.3　氧气全部参与燃烧时床层温度变化（全炉渣方案）

此时可采用建立两器循环、喷液硫和增加燃烧器藏量等方法来共同控制床温。当燃烧油基本撤除后，启用加料线加入半焦 500kg，与此同时，稍微打开热炭循环滑阀 5%～10% 开度，向反应系统转料，注意转料不可使料位低于热炭循环管线出口。当气提段料位见指示后，略微打开冷炭循环滑阀 5%～10%，在维持气提段料位稳定的情况下向燃烧器转料，逐渐开大热炭循环滑阀和冷炭循环滑阀开度，增加循环量。若床层温度稳定或下降，则间歇加入半焦，每次可为 2t。此时燃烧器主风表观速度只有 0.45m/s，主风中的氧气完全耗尽需半焦量约为 20kg/min，故只要加入少量半焦就足以使主风中的氧气完全消耗，且燃烧放热量相对较小。因此应注意控制加料速度，一旦床温开始快速下降，说明加料量过大，应立刻停止加料，等待床温回升。若床温短暂下降后快速上升，说明半焦开始大量燃烧，此时反应系统开始喷硫，喷硫量视床层温度而定。若喷硫后一段时期内床层温度仍然上升，增加喷硫量。若喷硫后一段时间内床层温度下降，降低喷硫量。操作中注意操作幅度要小，需勤调节、慢调节，将床层温度控制在 550～650℃ 之间。

（2）当床层物料淹没热焦循环管线出口时，床层高度为 4.5m，燃烧器藏量

24t。本方案要求在加半焦前实现两器循环，此时装置内总藏量为燃烧器藏量（24t）、冷焦循环管线藏量（0.4t）、热焦循环管线藏量（1.2t）、提升管藏量（0.4t）和汽提器藏量（4.4t）之和，共计30.4t，而正常生产时的总藏量约为37t，也就是说需要加入30.4t炉渣、7t半焦，此时反应的C/S仅为5.8。如此低的半焦量难以满足反应与燃烧的需要，反应的转化率很低。

若要改变这一状况，只能通过置换。目前装置排灰有两个措施：①从旋风分离器排出；②在密相床料面处设置一个排渣口，直接接到烟气管道上进入余锅。旋风分离器排出的这部分灰大多为细粉，且排灰量有限，料面排渣口处排渣可实现大量排渣。但是，这二者都需要把灰或炉渣带入余锅，目前余锅没有设置吹灰器，只有人工手动蒸汽吹灰，难以达到排渣要求。

10.1.2.2 半焦＋炉渣方案

半焦＋炉渣方案就是在床层初始物料中掺入一定比例的炉渣，使通入燃烧器主风中的氧气不能完全燃烧。根据掺入炉渣的比例，可分为70％炉渣、60％炉渣、50％炉渣、40％炉渣和30％炉渣多个方案。

（1）掺60％炉渣方案

预先在燃烧器内装入12t炉渣。采用辅助燃烧炉加热主风来预热床层物料，当床温达到390℃时，喷燃烧油，然后进行第二次转料，向燃烧器内加入3t炉渣和21t半焦，通过调节燃烧油流量维持并稳步升高床层温度。当床层温度大于600℃时，半焦开始大量燃烧，床层温度急剧上升。由于床层物料中只有40％的半焦，理论上只有40％的氧气参与燃烧，但是由于床层中实际半焦远远大于设计的半焦量（约为1.2t/h），床层中参与燃烧的氧气很可能大于40％。真实的升温曲线介于氧气100％参与燃烧和40％的氧气参与燃烧两条曲线之间（图10.4）。

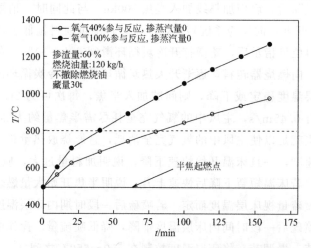

图10.4 不撤燃烧油时的理论温升曲线（60％炉渣方案）

由图 10.4 可以看到，当床温超过 490℃时，床层温度快速上升，在 40～83min 左右就可达到燃烧器操作上限 800℃。为控制床温，可在床层温度大于 650℃时逐步撤去燃烧油，撤去燃烧油后的理论温升曲线见图 10.5，真实的床层温升曲线介于图 10.5 的两条曲线之间。由图 10.5 可以看出，床层温度的上升趋势得到了明显抑制，在 98～200min 时达到燃烧器操作上限 800℃。

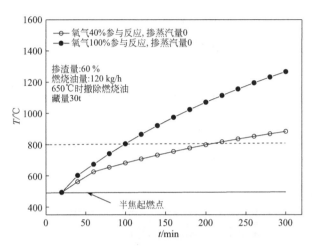

图 10.5　650℃撤燃烧油时的理论温升曲线（60％炉渣方案）

当床层温度达到 650℃时，开始建立两器循环。建立两器循环后，当燃烧器床层温度为 700℃、提升管出口温度为 680℃时，反应开始喷液硫。

当掺炉渣比例为 70％、50％、40％、30％时，过程与 60％相似，只是由于升温曲线不同，调节步骤也略有不同。为简化叙述，以下只给出简单分析。

（2）掺 30％炉渣方案

预先在燃烧器内装入 30％炉渣和 70％的半焦，总藏量为 30t。采用燃烧炉加热主风来预热床层物料，当床温达到 390℃时，喷燃烧油，通过调节燃烧油流量维持并稳步升高床层温度。当床层温度大于 600℃时，半焦开始大量燃烧，床层温度急剧上升。床层温度曲线如图 10.6 所示。

由图 10.6 可以看到当床温超过 490℃时，床层温度快速上升，在 40～60min 左右就已达到燃烧器操作上限 800℃。为控制床温，可在床层温度大于 650℃时逐步撤去燃烧油，撤去燃烧油后的理论温升曲线见图 10.7，真实的床层温升曲线介于图 10.7 的两条曲线之间。

由图 10.7 可以看出，在 79～113min 左右达到燃烧器操作上限 800℃。温度上升较快，留给建立两器循环的时间较短。

（3）掺 40％炉渣方案

预先在燃烧器内装入 40％炉渣和 60％的半焦，总藏量为 30t。采用燃烧炉加热

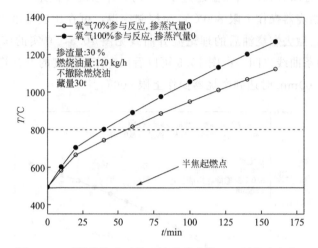

图 10.6　不撤燃烧油时的理论温升曲线（30％炉渣方案）

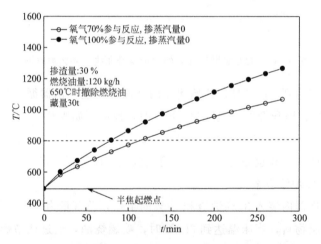

图 10.7　650℃撤燃烧油时的理论温升曲线（30％炉渣方案）

主风来预热床层物料，当床温达到 390℃时，喷燃烧油，通过调节燃烧油流量维持并稳步升高床层温度。当床层温度大于 600℃时，半焦开始大量燃烧，床层温度急剧上升。床层温度曲线如图 10.8 所示。

　　由图 10.8 可以看到当床温超过 490℃时，床层温度快速上升，在 40～63min 左右就已达到燃烧器操作上限 800℃。为控制床温，可在床层温度大于 650℃时逐步撤去燃烧油，撤去燃烧油后的理论温升曲线见图 10.9，真实的床层温升曲线介于图 10.9 的两条曲线之间。

　　由图 10.9 可以看出，在 78～118min 内达到燃烧器操作上限 800℃。温度上升较快，留给建立两器循环的时间较短。

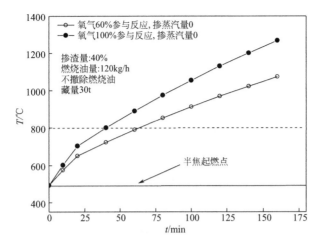

图 10.8　不撤燃烧油时的理论温升曲线（40％炉渣方案）

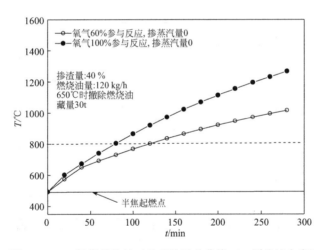

图 10.9　650℃撤燃烧油时的理论温升曲线（40％炉渣方案）

（4）掺 50％炉渣方案

预先在燃烧器内装入 50％炉渣和 50％的半焦，总藏量为 30t。采用燃烧炉加热主风来预热床层物料，当床温达到 390℃时，喷燃烧油，通过调节燃烧油流量维持并稳步升高床层温度。当床层温度大于 600℃时，半焦开始大量燃烧，床层温度急剧上升。床层温度曲线如图 10.10 所示。

由图 10.10 可以看到当床温超过 490℃时，床层温度快速上升，在 40～72min 左右就已达到燃烧器操作上限 800℃。为控制床温，可在床层温度大于 650℃时逐步撤去燃烧油，撤去燃烧油后的理论温升曲线见图 10.11，真实的床层温升曲线介于图 10.11 的两条曲线之间。

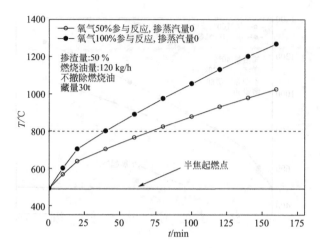

图 10.10　不撤燃烧油时的理论温升曲线（50％炉渣方案）

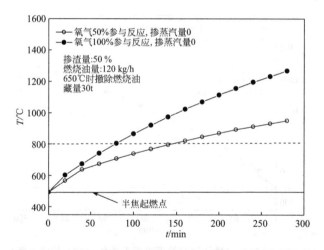

图 10.11　650℃撤燃烧油时的理论温升曲线（50％炉渣方案）

由图 10.11 可以看出，在 78～143min 内达到燃烧器操作上限 800℃。温度上升较快，留给建立两器循环的时间较短。

（5）掺 70％炉渣方案

预先在燃烧器内装入 70％炉渣和 30％的半焦，总藏量为 30t。采用燃烧炉加热主风来预热床层物料，当床温达到 390℃时，喷燃烧油，通过调节燃烧油流量维持并稳步升高床层温度。当床层温度大于 600℃时，半焦开始大量燃烧，床层温度急剧上升。床层温度曲线如图 10.12。

由图 10.12 可以看到当床温超过 490℃时，床层温度快速上升，在 40～96min 左右就已达到燃烧器操作上限 800℃。为控制床温，可在床层温度大于 650℃时逐

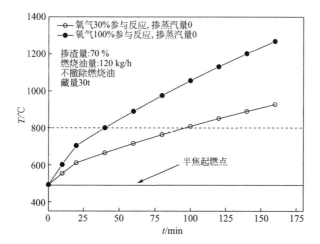

图 10.12　不撤燃烧油时的理论温升曲线（70％炉渣方案）

步撤去燃烧油。撤去燃烧油后的理论温升曲线见图 10.13，真实的床层温升曲线介于图 10.13 的两条曲线之间。

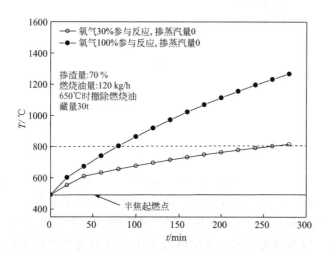

图 10.13　650℃撤燃烧油时的理论温升曲线（70％炉渣方案）

由图 10.13 可以看出，燃烧器最快在 78～252min 内达到操作上限 800℃。温度上升较快，留给建立两器循环的时间仍然较短。

根据催化裂化经验，正常情况下 50～130min 内完全可建立两器循环。但在实际开工操作中，可能会出现意外情况，导致床层温度急剧增加，需要尽快将床层温度降下来，或需要尽量延长燃烧器床层升温时间。在这种情况下，半焦＋炉渣方案的床层升温速度还是太快，需要进一步采取措施，尽量延长升温时间。

10.1.2.3 半焦＋炉渣＋蒸汽方案

根据循环流化床锅炉操作经验，在主风中掺入蒸汽会有效降低床层温度。因此，可在主风中掺入一定比例的蒸汽，以进一步延长升温时间。掺蒸汽比例可为 30％、50％、70％。在流化介质总流量不变的情况下，掺入不同蒸汽后，主风流量会相应降低，床层温升曲线也相应发生变化。

（1）掺渣量为 40％时不同掺蒸汽比例方案

藏量为 30t、掺渣量为 40％、不同掺蒸汽比例时的床层温升曲线见图 10.14。

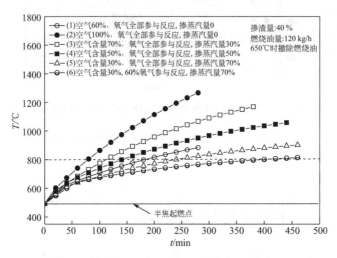

图 10.14 不同掺蒸汽量时的理论温升曲线（40％炉渣方案）

可以看出，温升速度为掺蒸汽量 70％＜掺蒸汽量 50％＜掺蒸汽量 30％，所对应的蒸汽量为 1.6t/h（30％）、2.7t/h（50％）、3.7t/h（70％）。装置锅炉产蒸汽量为 10t/h，可以满足要求。对于掺蒸汽量为 70％方案，床层温度由 490℃升至 800℃需要 4h 左右，超过 4 小时后，床层温度缓慢上升（基本以 60℃/h 的速度上升）。图 10.14 中曲线（5）是按照空气含量 30％、氧气全部参与反应、掺蒸汽量 70％计算的，即不考虑物料中掺渣对燃烧的影响。也就是说，这是该操作方案床层温升的上限，仅为理想情况，真实情况下床层升温速度要低于图 10.14 中曲线（5）。按照半焦占 60％、蒸汽占 70％，参与燃烧的空气量为 18％计算得到图 10.14 中曲线（6），可以看出，曲线（6）为操作方案床层温升的下限。照此估算，床层温度从 490℃升高到 800℃需要 4h 到 6h 40min。

具体操作及注意事项为：

① 加料方式与前述章节相同。

② 在床层温度小于 490℃时，预升温方法与前述章节相同。

③ 当床层温度超过 490℃后逐渐减小主风流量，并掺入蒸汽。

④ 当床层温度超过 650℃后，向反应系统转料，转料方法与前述章节相同。

⑤ 应注意由于流化介质中掺有蒸汽，为防止物料和泥，冷、热炭循环滑阀阀前放空应略微打开，勤检查，保持随时畅通。

⑥ 可在床温超过 490℃后，先掺入 50％的蒸汽，若温升缓慢，则可维持 50％掺汽量不变；若温升较快，则可增加掺蒸汽比例，提高为 70％。

⑦ 掺蒸汽时不可一次性掺入 50％蒸汽，应分多次掺入，每次减小的主风量为 660m³/h（10％主风量），增加的蒸汽量为 370kg/h。

⑧ 当床层温度超过 700℃、两器循环已经建立、气提段料位达到 4.4t、提升管出口温度达到 650℃后，反应喷硫。

⑨ 若喷硫后，燃烧器床层下降，则分多次增加主风量，每次调节幅度 1500m³/h。

⑩ 当床层温度上升后，启用加料线，持续加入半焦。加入速度为 4t/h，总加入量 6t。

⑪ 半焦加入速度按照床层温度调节。若床层温度下降，适当降低半焦加入量；若床层持续上升，适当加大喷液硫量。

⑫ 略微开大热炭循环滑阀开度 5％～10％；当床层反应器藏量达到 7.85t 时，开大冷炭循环滑阀 5％～10％，使床层反应器藏量和气提段藏量趋于稳定。

⑬ 分多次调节主风量，使流化介质总流量达到 12000m³/h（设计负荷的 80％），每次增加的幅度为 1500m³/h。

⑭ 当增加主风量时，床层温度会相应上升，此时应相应增加喷液硫量，以维持床层温度不变。

⑮ 当燃烧器流化介质流量达到 12000m³/h 时，分多次逐渐撤去流化介质中的蒸汽，撤除幅度为 0.4t/h（约 10％掺蒸汽量）。

⑯ 当撤去流化介质中蒸汽时，床层温度会相应上升，此时视床层温升幅度，进一步增加喷液硫量，以维持床层温度稳定。

⑰ 当流化介质中掺入蒸汽量为 0.4t/h 时，停止撤除蒸汽。

⑱ 精心调整操作，维持各部分温度、密度、料位不变，升温结束，装置以 70％的掺蒸汽量进行负荷操作。

（2）掺渣量为 30％时不同掺蒸汽比例方案

当掺炉渣比例改变时，图 10.14 中（2）、（3）、（4）、（5）这几条曲线均不会改变，只有（1）、（6）两条曲线改变。温升曲线如图 10.15 所示。

图 10.15 中曲线（5）是按照空气含量 30％、氧气全部参与反应、掺蒸汽量 70％计算的，是该操作方案床层温升的上限，仅为理想情况，真实情况下床层温升速度要低于图 10.15 中曲线（5）。按半焦占 70％、蒸汽占 70％，参与燃烧的空气量为 21％计算得到图 10.15 中曲线（6），即操作方案床层温升的下限。照此估算，床层温度从 490℃升高到 800℃需要 4h 到 5h 20min。

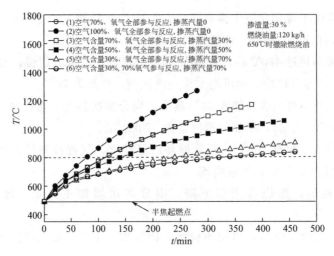

图 10.15　不同掺蒸汽量时的理论温升曲线（30％炉渣方案）

（3）掺渣量为 50％时不同掺蒸汽比例方案

图 10.16 中曲线（5）同样也是按照空气含量 30％、氧气全部参与反应、掺蒸汽量 70％计算的，是该操作方案床层温升的上限，仅为理想情况，真实情况下床层温升速度要低于图 10.16 中曲线（5）。按半焦占 50％、蒸汽占 70％、参与燃烧的空气量为 15％计算得到图 10.16 中曲线（6），即操作方案床层温升的下限。照此估算，床层温度从 490℃ 升高到 800℃ 需要 4h 到 7h 40min，从 650℃ 升高到 800℃ 需要 2h 40min 到 6h 20min。

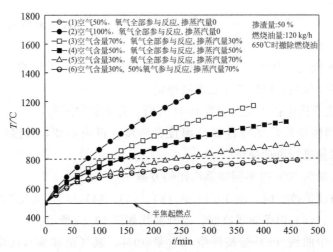

图 10.16　不同掺蒸汽量时的理论温升曲线（50％炉渣方案）

（4）掺渣量为 60％时不同掺蒸汽比例方案

图 10.17 中曲线（5）也是按照空气含量 30％、氧气全部参与反应、掺蒸汽量 70％

计算的，是该操作方案床层温升的上限，仅为理想情况，真实情况下床层温升速度低于图 10.17 中曲线（5）。按半焦占 40％、蒸汽占 70％，参与燃烧的空气量为 12％计算得到图 10.17 中曲线（6），即操作方案床层温升的下限。照此估算，床层温度从 490℃升高到 800℃需要 4h 到 7h 40min，从 650℃升高到 800℃需要 2h 40min 到 6h 20min。

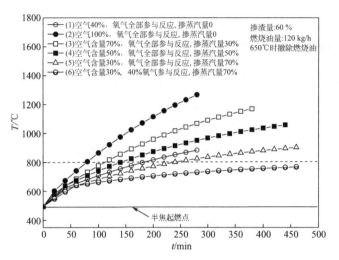

图 10.17　不同掺蒸汽量时的理论温升曲线（60％炉渣方案）

（5）掺渣量为 70％时不同掺蒸汽比例方案

图 10.18 中曲线（5）按照空气含量 30％、氧气全部参与反应、掺蒸汽量 70％计算，是该操作方案床层温升的上限，仅为理想情况。真实情况下床层温升速度低于图 10.18 中曲线（5）。按半焦占 30％、蒸汽占 70％，参与燃烧的空气量为 9％计算得到图 10.18 中曲线（6），即操作方案床层温升的下限。照此估算，床层温度

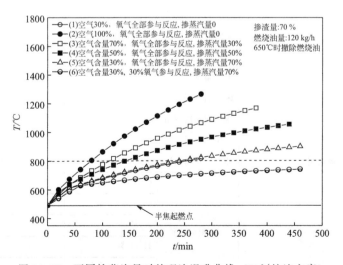

图 10.18　不同掺蒸汽量时的理论温升曲线（70％炉渣方案）

从 490℃升高到 800℃需要 4h 到 7h 40min，从 650℃升高到 800℃需要 2h 40min 到 6h 20min。

由以上分析可以看出，掺渣量越大，升温到 800℃需要的时间也越长，后期用半焦置换炉渣的时间也越长，最终采用何种方案，还需要根据开工具体情况确定。

10.1.3 循环流化床的操作条件

当燃烧器床层温度超过 700℃、两器循环已经建立、气提段料位达到 4.4t、提升管出口温度达到 650℃后，反应系统开始喷硫。此时应逐渐调整两器操作，使各部分进料量、线速度、温度、压力和藏量达到正常操作条件。正常操作条件如表 10.4。

表 10.4 循环流化床的典型操作条件

名称			数值
反应系统	沉降器顶压/kPa(G)		40
	半焦入提升管温度/℃		750
	预提升 CS_2 量/(kg/h)		600
	预提升 CS_2 温度/℃		300
	半焦夹带 N_2 量/(kg/h)		168
	半焦夹带 N_2 温度/℃		750
	气化液硫量/(t/h)		4.58
	沉降器出口温度/℃		679.71
	提升管出口温度/℃		685.02
	气提 N_2 流量/(kg/h)		1150
	气提 N_2 温度/℃		25
	燃烧器顶压/kPa(G)		60
燃烧系统	主风流量/(m³/h)		13566
	主风温度/℃		140
	床层温度/℃		760
	床层线速度/(m/s)		1.33
	热焦循环量/(t/h)		168.35
	补充半焦量/(kg/h)		3468
	烟气组成（体积分数）	CO_2/%	6.57
		CO/%	18.79
		N_2/%	69.11
		H_2O/%	5.53
		O_2/%	0

表 10.5 给出了反应-气提-沉降系统的物料平衡表，可以看出进入反应系统的主要是循环半焦，进料液硫的量为 4580kg/h，这些液硫并没有全部反应，只有约 77% 的硫转化成了 CS_2。

表 10.5　反应-气提-沉降系统物料平衡汇总

	名称	数量/(kg/h)	比例/%
进料	循环半焦	168350	96.15
	夹带烟气	168.35	0.10
	预提升 CS_2	600	0.34
	液硫雾化 CS_2	229	2.62
	液硫	4580	0.13
	气提 N_2	1149.77	0.66
	总计	175077.12	100.00
出料	CS_2	5014.48	2.86
	$S_6 + S_8$	1055.38	0.60
	N_2	1318.12	0.75
	循环半焦	167560.63	95.72
	杂质	128.5	0.07
	总计	175077.13	100.00

表 10.6 给出了燃烧器系统物料衡算表，每小时补充半焦 3.468t，其中 2.24t 用于燃烧提供热量，其余作为原料参与反应。

表 10.6　燃烧器物料平衡汇总

	名称	数量/(kg/h)	比例/%
进燃烧器	循环半焦	167560.53	88.87
	补充半焦	3468.36	1.84
	主风	17342.47	9.20
	补充蒸汽	0.00	0.00
	补充半焦夹带水分	5.20	0.00
	循环半焦夹带 N_2	167.56	0.09
	总计	188544.13	100.00
出燃烧器	循环半焦	168350.00	89.29
	燃烧器出口烟气	19808.13	10.51
	飞灰	386.00	0.2
	总计	188544.13	100.00

表 10.7 和表 10.8 给出了反应-燃烧系统的热平衡计算结果，可以看出约有99.93％的热量来自循环半焦，其余为热焦粉夹带的烟气携带的热量。这些热量约有 33.9％被用来离解 S_8，这和前面 9.1.1 的分析是一致的；约有 37.19％提供给二硫化碳反应吸热。在燃烧器内，燃烧放出的热量约有 53.8％被用来加热循环半焦，并最终提供给反应系统，约有 31.93％被用来加热干空气，加热主风携带的水分和半焦携带水分合计只有 0.62％。

表 10.7　反应-气提-沉降系统热平衡汇总

名称		热量/(kJ/h)	比例/%
放热	半焦	19685232.84	99.93
	夹带烟气	14152.11	0.07
	合计	19699384.95	100.00
吸热	预提升 CS_2	176109.50	0.89
	液硫雾化 CS_2	97308.02	0.49
	液硫升温	1541409.61	7.82
	液硫气化	1336581.40	6.78
	气硫升温	1098339.88	5.59
	$S_8 \Longrightarrow 4S_2$ 离解热	6678972.60	33.90
	反应热	7326334.09	37.19
	气提 N_2 吸热	788145.91	4.00
	散热	656183.94	3.34
	合计	19699384.95	100.00

表 10.8　燃烧系统热量平衡表

名称		热量/(kJ/h)	比例/%
放热	半焦	36589326.1	100.00
吸热	循环半焦升温热/(kJ/h)	19685232.8	53.80
	补充半焦升温热/(kJ/h)	4231746.04	11.57
	干空气升温热/(kJ/h)	11682314.2	31.93
	蒸汽升温热/(kJ/h)	220369.592	0.60
	补充半焦带入水汽升温热/(kJ/h)	7915.40448	0.02
	散热量/(kJ/h)	761748.016	2.08
	合计	36589326.1	100.00

表 10.9～表 10.10 给出了反应-燃烧系统的压力平衡计算结果，可以看出冷焦滑阀和热焦滑阀压降均在 30kPa 以上，处于安全操作范围。

表 10.9　热焦循环线路压力平衡表

项目		数值/kPa	项目		数值/kPa
推动力	燃烧器顶压	60	阻力	反应器顶压	40
	燃烧器稀相静压	0.884		反应器稀相静压	1.323
	燃烧器密相静压	22.255		反应器密相静压	24.5
	燃烧器环管静压	41.16		大孔分布板压降	5
				提升管总压降	18.03
				热焦滑阀压降	35.446
合计		124.299	合计		124.299

表 10.10　冷焦循环管线路压力平衡表

项目		数值/kPa	项目		数值/kPa
推动力	反应器顶压	40	阻力	燃烧器顶压	60
	反应器稀相静压	1.323		燃烧器稀相静压	0.882
	反应器密相静压	24.5		燃烧器密相静压	10.78
	冷焦循环管静压	13.72		冷焦滑阀压降	31.401
	气提段静压	23.52			
合计		103.063	合计		103.063

10.2　循环流化床工业装置工艺条件的优化

半焦制二硫化碳属于强吸热反应，相对于固定床反应器来说，循环流化床具有诸多的优点。在循环流化床工艺中半焦既是反应物又是热载体，而且还通过燃烧为反应提供热量。半焦在燃烧器内燃烧放热，然后又将热量带到反应器为反应提供热量，反应后的冷半焦再循环进入燃烧器燃烧，通过半焦在两器间的循环，不断将燃烧器内的热量带到反应器内。因此能够满足半焦连续反应、燃烧的循环流化床反应器是半焦制二硫化碳工艺的最优选择。第 8 章在实验室固定床实验装置内考察了半焦制二硫化碳反应温度、反应时间以及不同混合颗粒对二硫化碳转化率的影响，本节进一步在工业装置上考察半焦制二硫化碳反应的最优工艺条件，以便于为装置长周期稳定的运行提供直接的数据。

10.2.1　操作条件对反应产率和产品分布的影响

在分析反应温度和半焦循环量对反应产物影响时，为了在二硫化碳体积分数较低的情况下，更直观地描述参数变化对反应产物的影响，与前文固定床实验相同，定义一个相对收率。以所考察各变量下气体产物体积分数最大值为基准，则所得收率为气体产物体积分数和气体产物体积分数最大值的比值（v/v_{max}）。

（1）反应温度对反应产物和产品分布的影响

在第8章中，通过对半焦制二硫化碳固定床反应的研究，已经初步确定了半焦制二硫化碳反应的最佳反应温度为 $760\sim800℃$。本节进一步考察工业装置内反应温度对反应产物的影响及与固定床规律是否一致。图10.19给出了工业装置中二硫化碳、硫化氢和羰基硫收率随温度变化的关系，工业装置运行时反应起始温度定为 $720℃$，因此只有温度 $720℃$ 以上气体产物的收率数据。

从图10.19可以看出，随着反应温度的升高，二硫化碳的收率逐渐增大，而硫化氢和羰基硫的收率则是逐渐减小。由8.2.1中半焦制二硫化碳反应的热力学分析可知，二硫化碳生成反应是一个吸热反应，其吉布斯自由能随着温度的升高持续减小。根据热力学判据和能量最低原理，吸热反应在高温下向正反应方向进行，因此二硫化碳的收率随着温度的升高而增加是合理的；生成羰基硫的反应是放热反应，且同时是一个标准常数为负数的反应，随着温度的升高标准平衡常数会进一步减小，因此高温下反应向生成二硫化碳的逆反应方向进行，羰基硫收率减小。

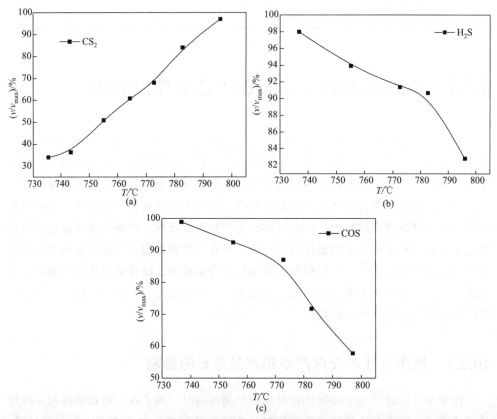

图 10.19　反应温度对反应产物收率的影响

由图10.19可以看出在735～795℃范围内，反应温度和二硫化碳收率近似呈线性关系，每升高1℃，二硫化碳收率提高约1.05％。反应温度的升高对二硫化碳收率影响很大，可以通过提高反应温度来增加二硫化碳收率。硫化氢收率随反应温度变化曲线可以分为两个部分，在735～780℃范围内，硫化氢收率减少量约为0.18％/℃，而在780～795℃范围内，减少量约为0.46％/℃，反应温度780℃以上硫化氢收率随温度变化较大。总体而言，在735～795℃温度范围内每升高1℃硫化氢收率平均才下降0.25％。这说明硫化氢收率受温度变化的影响很小，通过提高反应温度来降低硫化氢收率是不可行的，这与前面8.2.1节热力学的分析结果一致。羰基硫收率随反应温度的变化曲线也可以分为两个部分，在735～770℃之间，羰基硫收率随反应温度缓慢下降，羰基硫下降量为0.34％/℃；而在770～795℃之间，下降量为1.16％/℃。可见反应温度对羰基硫收率影响大幅度提高是在770℃以上。虽然升高温度可以减少羰基硫的生成，但主要在770℃以上，因此在反应温度760℃下还是要通过减少反应系统内的氧来减少羰基硫。

图10.20给出了工业数据和固定床实验数据。可以看出工业装置的二硫化碳收率略低于实验室固定床的二硫化碳收率。但流态化状态下半焦和气相硫的接触效率要高于实验室固定床，因此理论上工业装置的二硫化碳收率应该高于实验室固定床的二硫化碳收率。原因是工业装置运行过程中，半焦由燃烧器循环至提升管时夹带过来一部分水蒸气，水蒸气在提升管反应器中生成一定量的副产物羰基硫和硫化氢，降低了工业装置中二硫化碳的收率。在730～800℃温度范围内，工业数据和固定床实验数据的变化趋势基本相同。因此，只要尽量减少工业装置中副反应的产生，工业装置完全可以依据半焦制二硫化碳固定床所得的数据运行。

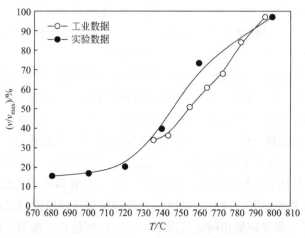

图10.20　二硫化碳收率工业数据和实验数据的比较

（2）半焦循环量对产品收率和产品分布的影响

半焦在燃烧器内流化燃烧，经热焦循环管线进入到提升管反应器，为半焦制二硫化碳反应提供热量的同时提供反应原料。半焦循环量直接影响着反应产物的转化率。图 10.21 给出了工业装置中二硫化碳收率随半焦循环量变化的关系图。

从图 10.21 中可以看出，二硫化碳收率和半焦循环量基本上呈线性关系，二硫化碳收率随着循环量的增大而增加。在投硫量一定的情况下，半焦循环量增大，与气相硫反应的半焦增多，在相同的反应时间内，碳硫比增加，提高了二硫化碳收率。在半焦循环量为 168t/h 时，二硫化碳相对收率达到 90%。继续增加循环量后二硫化碳收率虽有所增加，但是半焦吸附二硫化碳返回燃烧器的量也随之增多，减少了目的产品二硫化碳的产量。因此，选取 168t/h 作为半焦循环量是合适的。

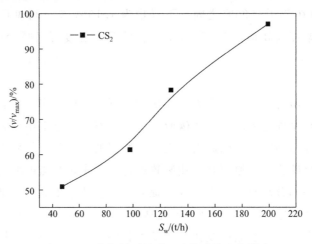

图 10.21　半焦循环量对二硫化碳收率的影响

（3）床层藏量对反应产物和产品分布的影响

在设计循环流化床工业装置时，为了能够给半焦制二硫化碳反应提供足够的反应时间，在提升管出口处增加了一个高 5m，藏量为 7.85t 的床层，提升管和床层分别为碳硫反应提供了 2.27s 和 9.46s 的反应时间。

半焦里面含有 2.26% 的氢元素，可以假设半焦颗粒是一个多层结构，氢与碳同时存在于每一层中，反应时每一层中的碳氢消耗完毕后下一层碳氢才能参与反应。由 8.2.1 节的研究结果可知，氢优先于碳参加反应。因此，如果反应床层藏量较小，没有建立起来足够高的反应床层，并且反应时间较短的话，气相硫与氢的反应就会优先发生，导致反应产物中含有大量的硫化氢及较少的二硫化碳；如果藏量较大，反应时间充足，半焦中的碳有足够的时间与气相硫反应，二硫化碳收率就能进一步提高。

由于现场条件的限制，没有数据可以直观地描述反应时间对二硫化碳收率的影响。在半焦循环量和投硫量相同的情况下，反应时间越长，参与到反应中的气相硫也就越多，因此可以将反应硫与总硫量的比值作为描述反应时间的间接参数。

将生成二硫化碳、硫化氢和羰基硫所消耗的硫称为反应硫，图 10.22 给出了二硫化碳占反应硫比例随反应硫占总硫量比例的变化关系。可以看出反应硫在总投硫量中所占的比例越大，生成的二硫化碳在反应硫中所占的比例也就越大，即二硫化碳收率随反应时间的增加而增加。

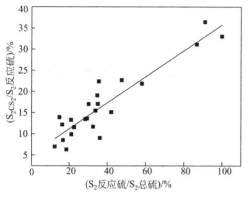

图 10.22　二硫化碳占反应硫比例随反应硫占总硫量比例的变化

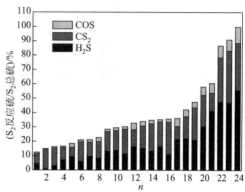

图 10.23　反应硫占总硫量的比例

图 10.23 是装置运行中反应硫占总硫量比例的平行数据，计算表明反应硫占总硫量百分比的平均值约为 35%，可见大部分的硫没有参与到碳硫反应中去，但是在后续分离系统也没有发现单质硫磺的存在，表明硫磺主要参与了副反应。

分析循环流化床运行的操作数据，可以获得反应器床层（湍流床）密度的分布图，如图 10.24 所示。从图 10.24 中可以看出三次投硫情况下反应器床层密度平均值分别为 130.9kg/m³、19kg/m³ 和 45.4kg/m³，而设计的反应床层密度为 500kg/m³。因此实际操作时的反应器床层密度远小于设计值，说明反应床层始终没有建立起足够的高度，碳硫反应少了 9.46s 的反应时间，导致反应产物中二硫化碳体积分数只有 15%。因此要想提高二硫化碳收率必须建立起足够高的反应床层，为碳硫反应提供足够的反应时间，才能获得理想的二硫化碳收率。

10.2.2　循环半焦夹带气体对产品收率和分布的影响

（1）氧对半焦制二硫化碳反应的影响

工业装置投硫运行一段时间后，对反应产物组成进行气相色谱分析，得出多组反应产物组成的平行数据，如图 10.25 所示。发现在反应产物中硫化氢的含量最高达到 50%～70% 之间，而目标产物二硫化碳的含量则是 1%～12%，其中还有 10%～17% 的羰基硫。通过第 8 章的半焦制二硫化碳反应体系的热力学计算可知，要想降低羰基硫的生成，一方面可以提高反应温度增加其逆反应，另一方面必须找出反应系统内氧的来源，从减少氧的角度来降低羰基硫的生成。

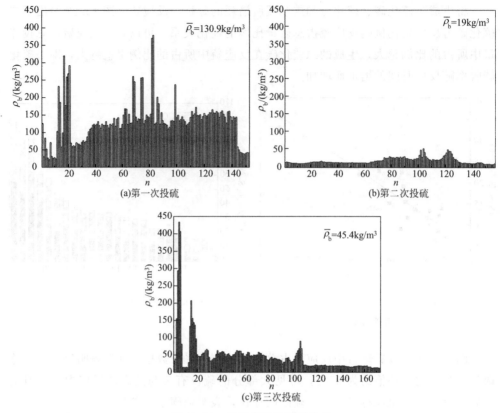

图 10.24　反应床层的密度分布

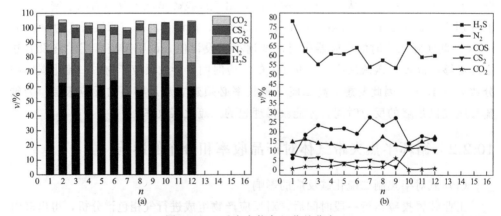

图 10.25　反应产物各组分的分布

　　反应系统中各个反应是在氮气环境下进行的，因此羰基硫中的氧必定是由其他系统带入的。一个可能的来源是半焦中含有的氧化物，但是半焦的成分是以碳氢为主且占到 86％左右，因此只可能有极少部分氧来自半焦的自身组成。另一个可能的来源就是水。反应-燃烧系统中的水主要有以下来源：①半焦在破碎前在露天储存，南方空气中湿度最高可达 98％左右，半焦吸水后湿基含水量可达到 14％左右，被加入燃烧系统时必然带入一定量的水分；②空气中所含的水分（每千克绝干气包含 0.028kg 水分）也会随着主风进入到燃烧系统；③工业装置运行时，为了对燃烧系统进行控温，将大量的水蒸气（1500～2500kg/h）注入半焦床层降温；④原料硫磺吸水变潮，直接由露天仓库加入熔硫系统并利用水蒸气进行熔化，液硫温度维持在 130℃，液硫中可能含有一定量的水分。表 10.11 给出了各部分含水量的大小。

表 10.11　反应系统氧来源的说明

来源	说明	含水量
半焦含水	$\omega=14\%$,燃烧器藏量 17200kg	2800kg/h
主风含水	$H=0.028$kg/kg 绝干气,$\rho=1.293$kg/m³	338kg/h
降温蒸汽	0.5MPa 水蒸气	1500～2500kg/h
料腿输送蒸汽	0.5MPa 水蒸气	200kg/h

装置正常运行时，燃烧系统温度始终维持在 800℃以上，半焦和空气所含的水分都会气化成水蒸气，半焦不可能夹带着晶体水进入到反应系统，而是以水蒸气的形式被半焦夹带或吸附进入到反应系统，然后与碳硫反应生成羰基硫。为了减少由燃烧系统进入的水蒸气、减少硫化氢和羰基硫的生成，在热焦斜管处加入一个气提器，利用循环氮气作为气提介质将进入反应系统的水蒸气置换出来并返回燃烧系统，尽量减少水蒸气和其他杂质气体进入反应系统影响二硫化碳收率。热焦气提器的效果可以通过计算来评估。

根据催化裂化等循环流化床装置的操作经验，物料在反应器和再生器（或燃烧器）之间循环时会夹带一定的气体，在半焦制二硫化碳循环流化床装置中同样如此。热半焦由燃烧器进入反应器时会夹带一定量的烟气和水蒸气，冷半焦由反应器进入燃烧器时会夹带一定量的气提氮气和产物和反应物，由于现场测量条件的限制，无法测量出反应-燃烧系统中气体的真实窜入量。根据 8.2.1 节的分析结果，整个反应体系（表 8.2）中 H_2S 的生成反应（6）的吉布斯自由能远小于 0，反应平衡常数远大于 1，和主反应 CS_2 生成反应相比更加容易发生；此外，反应（8）也是以逆反应的形式存在于体系中。因此，可以假设反应物和产物如气相硫、二硫化碳、羰基硫进入燃烧器后，优先与半焦中的氢或半焦和 H_2O 反应产生的氢发生反应并生成硫化氢，进入反应系统的水蒸气则反应生成羰基硫和硫化氢。这样，我们就可以通过物料平衡计算出反应系统内转变成羰基硫的水蒸气量和燃烧系统内转化为硫化氢的气相硫的量。

烟气、循环氮气和气体产物的组成列于表 10.12。由表 10.12 可以看出烟气中的氮气达到 70.5％，循环氮气（气提氮气）中的硫化物达到 82％，说明热半焦夹带的烟气以氮气为主，冷半焦夹带的循环氮气以硫化物为主。因此在做物料衡算的过程中，热半焦忽略夹带的烟气只考虑夹带入反应器中的水蒸气，而冷半焦则忽略夹带的氮气只考虑其中的硫化物。工业装置中各物流的进一步说明列于表 10.13。

表 10.12　烟气、循环氮气与气体产物的气体组成分析

项目	N_2/%	CO_2/%	H_2S/%	COS/%	CS_2/%
烟气	70.50	18.9	5.17	1.123	0
循环氮气	18.02	1.06	63.10	17.76	6.42
气体产物	16.13	0.94	60.02	17.39	10.27

表 10.13　反应-燃烧系统各物流的说明

物流	说明
主风	空气(21%氧,79%氮)
烟气	烟风比 1.13,烟气组成由气相色谱测得
外旋风分离器料腿松动风	压缩空气($2\times42.5m^3$/h,21%氧,79%氮)
热焦斜管气提气	循环氮气作为热焦斜管气提气
流化气	循环氮气作为流化氮气
气提气	循环氮气作为气提气
预提升气	循环氮气作为预提升气
热焦斜管松动风	循环氮气作为热焦斜管松动风
冷焦斜管松动风	循环氮气作为冷焦斜管松动风
热焦夹带的气体	忽略热半焦带入反应器中的烟气,只考虑水蒸气
冷焦夹带的气体	忽略半焦中带入燃烧器中的氮气,只考虑硫化物
气体产物	反应产物组成由气相色谱仪测得

图 10.26 给出了热焦斜管未加气提器时反应-燃烧系统的物料平衡示意图，物料衡算式列于表 10.14 中。

图 10.26　未加气提器的物料平衡示意图

表 10.14　未加气提器时的物料衡算公式

项目	物料平衡	衡算公式
燃烧系统	氮平衡	$c_{N,烟气}(V_{烟气}+V_{热焦夹带气})=c_{N,空气}(V_{主风}+V_{外旋料腿松动风})$ $+c_{N,循环氮气}(V_{热焦斜管松动风}+V_{冷焦夹带气})$
	硫平衡	$c_{S,烟气}(V_{烟气}+V_{热焦夹带气})=c_{S,循环氮气}(V_{热焦斜管松动风}+V_{冷焦夹带气})$
反应系统	氮平衡	$c_{N,气体产物}V_{气体产物}+c_{N,循环氮气}V_{冷焦夹带气}=c_{N,烟气}V_{热焦夹带气}+c_{N,循环氮气}(V_{冷焦斜管松动风}+V_{预提升气}+V_{气提气}+V_{流化气})$
	硫平衡	$c_{S,气体产物}V_{气体产物}+c_{S,循环氮气}V_{冷焦夹带气}=c_{S,烟气}V_{热焦夹带气}+c_{S,循环氮气}(V_{冷焦斜管松动风}+V_{预提升气}+V_{气提气}+V_{流化气})+n_{S,原料}$
	氧平衡	$c_{O,气体产物}V_{气体产物}+c_{O,循环氮气}V_{冷焦夹带气}=c_{O,烟气}V_{热焦夹带气}+c_{O,循环氮气}(V_{冷焦斜管松动风}+V_{预提升气}+V_{气提气}+V_{流化气})$

注：

1. 反应系统包括反应器和气提器，燃烧系统包括燃烧器，二者以冷焦滑阀和热焦滑阀为界。

2. 液硫在 130℃下的密度为 1797kg/m³，可计算出投硫量 $m_S=V_{原料}\rho_{原料}$。

3. 在工业装置中由于后续分离系统效果不佳，循环氮气中存在少量氧气和一定量的硫。

4. 气提器和热焦气提器的气提介质均为循环氮气。

5. 表中 c_N、c_S、c_O 分别为氮气、硫和氧的物质的量浓度，mol/m³。

图 10.27 给出了加入气提器后燃烧反应系统的物料平衡示意图，物料衡算公式列于表 10.15 中。

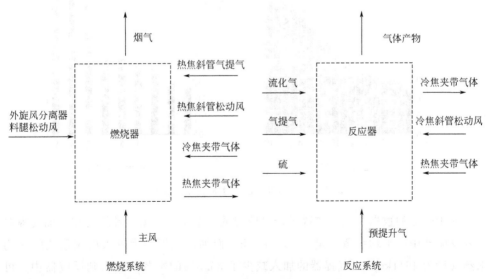

图 10.27　加入气提器后的物料平衡示意图

表 10.15　加气提器后的物料衡算公式

项目	物料平衡	衡算公式
燃烧系统	氮平衡	$c_{N,烟气} V_{烟气} + c_{N,循环氮气} V_{热焦夹带气} = c_{N,空气}(V_{主风} + V_{外旋料腿松动风}) + c_{N,循环氮气}(V_{热焦斜管松动风} + V_{热焦斜管气提气} + V_{冷焦夹带气})$
	硫平衡	$c_{S,烟气} V_{烟气} + c_{S,循环氮气} V_{热焦夹带气} = c_{S,循环氮气}(V_{热焦斜管松动风} + V_{热焦斜管气提气} + V_{冷焦夹带气})$
反应系统	氮平衡	$c_{N,气体产物} V_{气体产物} + c_{N,循环氮气} V_{冷焦夹带气} = c_{N,循环氮气}(V_{热焦夹带气} + V_{冷焦斜管松动风} + V_{预提升气} + V_{气提气} + V_{流化气})$
	硫平衡	$c_{S,气体产物} V_{气体产物} + c_{S,循环氮气} V_{冷焦夹带气} = c_{S,循环氮气}(V_{热焦夹带气} + V_{冷焦斜管松动风} + V_{预提升气} + V_{气提气} + V_{流化气}) + n_{S,原料}$
	氧平衡	$c_{O,气体产物} V_{气体产物} + c_{O,循环氮气} V_{冷焦夹带气} = c_{O,循环氮气}(V_{热焦夹带气} + V_{冷焦斜管松动风} + V_{预提升气} + V_{气提气} + V_{流化气})$

由于反应系统中羰基硫的氧全部来自于水，可以通过表 10.14 和 11.15 中反应系统氧衡算式分别计算出加气提器和未加气提器两种操作条件下反应系统中水的消耗量，并做出两种工况下水消耗量柱状图，如图 10.28。

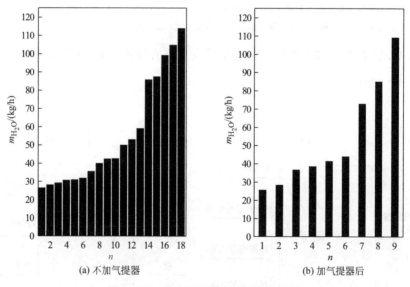

图 10.28　两种工况下水消耗量的比较

图 10.28 的数据是工业装置运行时所得的多组平行数据，计算可知未加气提器进入反应器中的平均水蒸气量为 71.2kg/h，而加入气提器后进入反应系统的平均水蒸气量为 46.1kg/h，气提器的加入减少了 35.3% 的水蒸气进入到反应器中，可见气提器的加入能够显著减少羰基硫的生成。

尽管气提器加入后减少了 35.3% 的水蒸气，但是仍然有 46.1kg/h 的水蒸气进入反应器，这一方面是由于水在半焦上的吸附性能要强于氮气，以氮气作为气提介质对半焦上吸附水的置换气提能力提高得有限，因此加入气提器后仍然还有一定量的水蒸气进入到反应器中；另一方面是由于液硫的投入量在 $1\sim3m^3/h$ 之间，有可能为反应器提供稳定的氧源，因此应严格控制液硫中的含水量。由于液硫操作通过 0.5MPa 的水蒸气进行，应密切监视是否有水蒸气进入到熔硫系统和液硫输送管线中，防止影响提升管反应系统的反应气体产物分布。

（2）氢对半焦制二硫化碳反应的影响

装置运行时，反应产物中含有大量的硫化氢，通过对反应系统中二硫化碳和硫化氢的物料衡算，可以找到反应系统中的氢来源。

通过对进入反应系统中氢的分析，反应系统中的氢最有可能来自进入反应器的水和半焦中所含的 2.26% 的氢，详细说明列于表 10.16 中。

表 10.16　反应系统氢的来源

来源	说明	氢含量/(kmol/h)
半焦	半焦循环量168t/h,氢质量分数2.26%	1898.4
进入反应器的水	水量71.2kg/h	3.95

反应产物中的硫化氢和羰基硫同时存在，如果硫化氢中的氢全部来自水，硫化氢和羰基硫应该具有相同的生成量，但是表 10.16 中进入反应器中的水能够提供的氢只有 3.95kmol/h，而反应系统中生成硫化氢的平均值为 38.5kmol/h，可见硫化氢中的氢不仅仅来自进入反应器中的水。

工业装置中半焦的循环量为 168t/h，如果半焦中的氢全部生成硫化氢，能够为反应系统提供 1898.4kmol/h 的硫化氢，转化成 H_2S 的氢仅占半焦氢的 2.03%，可见反应系统中硫化氢中的氢基本来自半焦。由于去除半焦中的氢是极不经济的，因此不可能减少硫化氢的生成量，只能够通过增加二硫化碳的生成量来提高二硫化碳的收率。为气相硫与半焦的反应提供足够的反应时间可以增加二硫化碳的收率，前面已有叙述，在此不再赘言；另一方面，可以通过维持装置长周期运行减小半焦中的氢含量来提高二硫化碳收率。

（3）半焦吸附二硫化碳的影响

由于现场测量条件的限制，无法测得 SO_2 的浓度，在计算燃烧系统硫平衡时，只考虑了烟气中的 H_2S、CS_2 和 COS，所得的气相硫的吸附量一定是小于实际气相硫的吸附量。通过表 10.14 和表 10.15 中燃烧系统中的硫衡算式分别计算了加气提器和未加气提器两种工况下的气相硫吸附量，并得到了气相硫吸附量占总硫量的比例，如图 10.29。从图中可以看出两种工况下硫量吸附量占总硫量的平均值分别为 5.09% 和 9.67%。

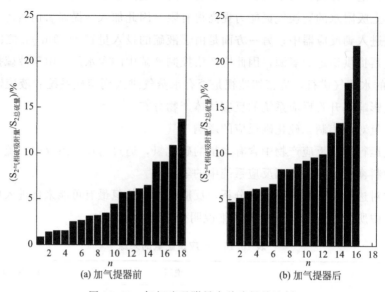

图 10.29　气相硫吸附量占总硫量的比例

　　在半焦上生成的二硫化碳来不及脱离半焦表面，被半焦吸附返回燃烧系统。通过查阅文献[1-4] 可以分析得到半焦对二硫化碳和硫化氢的吸附性能，图 10.30 和图 10.31 的两个吸附曲线都是在低温下得到的实验数据。

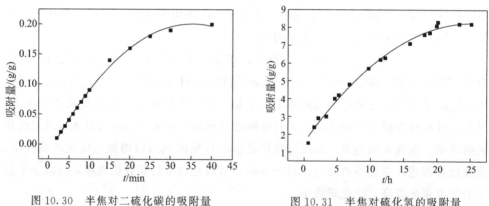

图 10.30　半焦对二硫化碳的吸附量　　　　图 10.31　半焦对硫化氢的吸附量

　　所有临界温度以下的气体都是蒸汽，在固体表面吸附后的状态与饱和液体非常相近。由于蒸汽可以凝聚，故在开放表面发生多分子层吸附，在吸附剂的微孔中发生体积填充，在中孔发生毛细管凝聚，临界温度以下的等温曲线都是随压力单调地增加；在临界温度以上，无论在何种吸附剂上，其初始吸附量都急剧增加，在某一压力下达到最大值后出现负增长，临界温度上的等温曲线不再是单调增加，因此在临界温度上的半焦吸附量要小于临界温度下的半焦吸附量。

在工业条件下，半焦对二硫化碳的吸附为在超临界条件下的吸附，其吸附性能与低温时截然不同。由于缺乏相关数据，此处只能用低温的数据进行计算，可以作为吸附的极限量。

图 10.30 和图 10.31 是计算得到的半焦对二硫化碳和硫化氢的吸附曲线，工业装置内半焦在反应器中的最大停留时间是 106.57s，低温下每克半焦在 2min 内对二硫化碳的吸附量为 0.00835g，而在设计条件下二硫化碳在半焦上的生成量为 0.0346g，可见其中有 24.1% 的二硫化碳被吸附进入到燃烧器内。通过查阅文献得到图 10.32，从图中可以看出硫化氢在 700℃ 以上解吸率高达 80% 以上，因此，进入燃烧器的

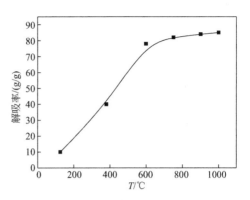

图 10.32　硫化氢解吸率随温度的变化

硫化氢气体极少忽略不计。由于没有高温条件下二硫化碳解吸率的数据，借鉴硫化氢的解吸率的数据，假设 700℃ 以上二硫化碳解吸率为 80%，则每克半焦对二硫化碳的吸附量为 0.00167g，即 4.82% 的二硫化碳被半焦吸附进入到燃烧器内。在没有气提的情况下，168t/h 的半焦循环量能够吸附二硫化碳的极限量为 0.28t，半焦对二硫化碳如此高的吸附量，可以通过增加气提效率来减少半焦对二硫化碳的吸附，从而提高目的产品二硫化碳的收率。

（4）半焦在燃烧器内的流动与燃烧

第 9 章在冷态实验装置中研究了半焦颗粒的流化特性，获得了床层密度的轴、径向分布、半焦循环量等一系列数据。根据催化裂化的工业化经验，固体颗粒在高温、高压下的大型工业装置中的流化特性与冷态（常温常压）下实验装置中获得的流化特性有显著的不同。本节使用某公司现场采集的 4 万 t/a 二硫化碳工业装置开车时的工业数据，获得了加焦速率对燃烧器内温度的影响，以及起始装料高度、表观气速、循环量对半焦沿燃烧器轴向密度的分布，结合冷态实验数据和工业数据建立了相关半经验模型。

为了获得系统的实验数据，开工时首先在燃烧器内进行了冷态流化实验。图 10.33 给出了冷态燃烧器中不同轴向高度处床层密度的变化曲线。其中起始装料高度 H_0 可以用式（10.1）表示。

$$H_0 = \frac{W}{(\pi D^2 \rho_{床层})/4} \tag{10.1}$$

由图 10.33 可以看出，随着轴向高度的增加，床层密度快速减小，进入稀相后基本保持不变。流化气体在流化床顶部经一个短管进入旋风入口，因而在流化床顶部存在一个强约束段，颗粒到达流化床顶部发生反弹，造成局部稀相浓度增加。

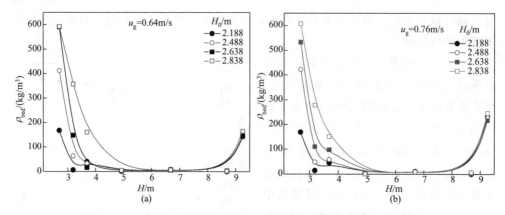

图 10.33　不同起始装料高度下，床层密度与轴向高度的关系图

从图 10.33 可以看出密相密度随起始装料高度的增大而增大，这是因为密相密度测量点上，测点距分布器距离为 3000mm，当起始装料高度较小时，膨胀床层的高度也比较低，此时密度测量点并未始终淹没在床层中，造成密相密度偏低的假象。

当气泡在床层表面破裂时，会将大量的半焦弹溅到稀相，其中粒径较大的颗粒会在重力的作用下返回床层，而粒径较小的颗粒则被气体夹带继续向上运动，因而会在床层上部形成一个相对较密的稀相区域，该区域又被称作弹溅区。在弹溅区以上的稀相空间，床层密度很低并且随高度的增加缓慢降低。由图 10.33 可以看出，当起始装料高度 H_0 为 2.188m 时，弹溅区高度约为 3.5m，起始装料高度为 2.838m 时，弹溅区高度约为 5.5m。两种起始装料高度相差 0.65m，但弹溅区高度相差了 2m，这主要是由于起始装料高度增加后，床层膨胀高度也相应增加，导致弹溅区上移。此外，床层高度增加使气泡尺寸进一步增加，弹溅到稀相的颗粒速度也随之增加，导致弹溅区高度增加。流化床轴向高度达到 9m 时，到达颗粒约束返混区，颗粒轴向浓度随表观气速的增加而增大，但起始装料高度对约束返混区内的密度影响不大。

图 10.34 给出了冷态燃烧器中半焦循环强度对床层密度的影响。由图可以看出，除了低循环强度 [G_s = 31.5kg/($m^2 \cdot s$)] 以外，循环强度对床层密度没有产生明显的影响，说明循环强度的变化只对半焦的置换速度产生影响，对流化床的膨胀特性影响很小。

图 10.35 给出了燃烧器中表观气速对床层密度的影响。由图可以看出，床层密度随表观气速的增加而减小，但变化幅度并不大，这可能是因为表观气速的变化幅度较小。

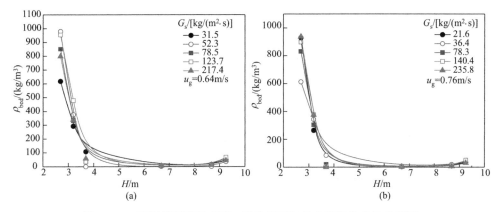

图 10.34　不同循环强度表下，半焦密度与轴向高度分布的关系图

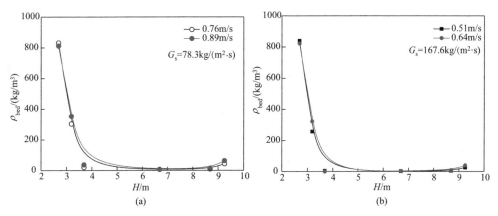

图 10.35　不同表观气速下，半焦密度与轴向高度分布的关系图

（5）燃烧器中半焦颗粒轴向密度分布

图 10.36 给出了热态燃烧器中床层密度沿轴向高度的分布曲线。可以看出，和冷态时的情况类似，除了低藏量（$H_0 = 1.8m$）、低床层高度时的工况外，藏量或者起始装料高度对密相密度的影响并不大。按一般规定，流化床稀、密相以 $100kg/m^3$ 为分界，大于 $100kg/m^3$ 为密相（或浓相）。由图 10.36 可以看出，随着燃烧器内起始装料高度的增加，密相床床高呈增大趋势，而床膨胀呈减小趋势，说明起始床高相对较大时，燃烧器内的流化性能不如起始床高小时的流化性能。当起始装料高度为 1.8m，轴向高度 3.6m 时，轴向密度基本不变；而起始装料高度为 2.8m，轴向高度在 5.6m 时轴向密度基本不变。两种起始装料高度相差 1m，但达到颗粒浓度不变的高度相差了 2m，这主要是由床膨胀导致的。

图 10.37 给出了半焦在固定循环强度和起始床高时，不同表观气速下，燃烧器轴向密度与轴向高度的关系曲线。

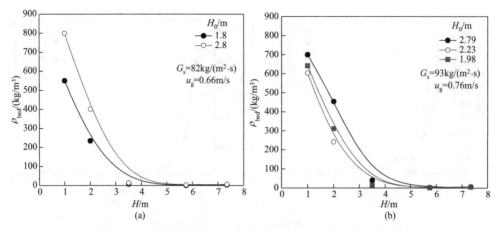

图 10.36　不同起始装料高度下，半焦密度与轴向高度的关系图

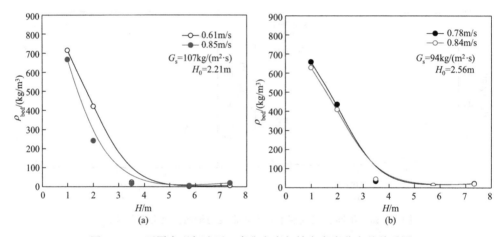

图 10.37　不同表观气速下，半焦密度与轴向高度分布的关系图

由图 10.37 可以看出，当固体循环强度一定时，半焦密度随轴向高度的增加而减小。由图 10.37（a）可以看出，同一实验条件下，燃烧器密相密度在同一轴向高度下随着表观气速的增加而减小。这是因为随表观气速的增加，密相床内气体量增多，导致密相床层的气泡亦增多，故密相床层空隙率增大，由于气体密度远小于颗粒密度，因而使得密相床层的颗粒浓度随表观气速的增加而减小。而稀相的密度基本处在 $0\sim50\mathrm{kg/m^3}$，燃烧器顶部颗粒浓度随着表观气速的增加而增大，由于表观气速增加，夹带到稀相空间的颗粒也便增加了。

图 10.38 给出了不同循环强度下燃烧器轴向密度分布与轴向高度和起始装料高度之比的关系曲线。

由图 10.38 可以看出，燃烧器轴向密度基本不受半焦循环强度的影响，同时燃烧器密相区的密度随起始装料高度的增加而增大，燃烧器内的床层高度大约在 3.5m。

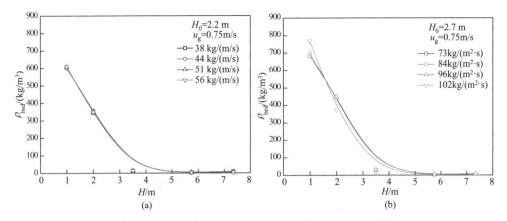

图 10.38　不同循环强度表下，半焦密度与轴向高度分布的关系图

10.3　工业装置燃烧器内半焦流动规律的研究

前述章节给出了 4 万 t/a 二硫化碳耦合流化床装置燃烧器中的工业数据。下面将结合第 9 章大型冷态实验数据，对燃烧器内半焦的流动规律进行关联。

（1）半焦颗粒密相床膨胀特性

目前表征密相床膨胀特性有两种方法，一种是基于密相床高（H_f）与初始床高（H_0）之比表示的床膨胀系数（R_h），另一种是基于初始固含率 $\varepsilon_{s,0}$ 与密相区平均固含率 ε_s 表示的床膨胀系数（R_ε）。其计算式如下：

$$R_h = \frac{H_f}{H_0} \tag{10.2}$$

$$R_\varepsilon = \frac{\varepsilon_{s,0}}{\varepsilon_s} \tag{10.3}$$

本文采用基于床高比的方法对半焦颗粒密相床膨胀特性进行实验考察，得到表观气速及初始床高等对密相床膨胀特性的影响规律。

图 10.39 为基于床高比表示的半焦颗粒密相床膨胀特性。从图 10.39 可以看出，在表观气速 0.20～0.40m/s 时，随表观气速增加，半焦密相床膨胀系数都呈现为先增大后减小的趋势。这是由于随表观气速增加，通过密相床层的气体量增多，密相平均固含率减小，密相床膨胀系数增大。随表观气速增加，大量颗粒被夹带到稀相，另一方面半焦在燃烧器内燃烧导致床层物料减少，膨胀比开始降低。在表观气速大于 0.4m/s 后，床层膨胀系数基本处于一个稳定的阶段。

（2）燃烧器密相区轴向密度分布的关联

通过对密相区密度的实验结果及前人研究结果的综合分析，可确定流化床密相密度分布应与下列因素有关。可表示成如下形式：

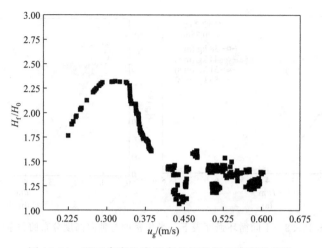

图 10.39 基于床高比表示半焦颗粒密相床膨胀系数

$$\rho_B = k_1 \rho_g^{a_1} \mu_1^{a_2} d_p^{a_3} U_1^{a_4} D_1^{a_5} h^{a_6} H_0^{a_7} \tag{10.4}$$

分析各参数的因次

$$\rho_B, \rho_g = [M \cdot L^{-3}]$$
$$\mu_1 = [M \cdot L^{-1} \cdot \theta^{-1}]$$
$$h, d_p, D, H_0 = [L]$$
$$U_1 = [L \cdot \theta^{-1}]$$

即

$$[M \cdot L^{-3}] = [M \cdot L^{-3}]^{a_1} [M \cdot L^{-1} \cdot \theta^{-1}]^{a_2} [L]^{a_3} [L \cdot \theta^{-1}]^{a_4} [L]^{a_5} [L]^{a_6} [L]^{a_7}$$

合并后得

$$[M \cdot L^{-3}] = [M]^{a_1 + a_2} \cdot [L]^{-3a_1 - a_2 + a_3 + a_4 + a_5 + a_6 + a_7} \cdot [\theta]^{-a_2 - a_4}$$

$$a_1 + a_2 = 1$$
$$-3a_1 - a_2 + a_3 + a_4 + a_5 + a_6 + a_7 = -3$$
$$-a_2 - a_4 = 0$$

解得

$$3a_1 = 3 + 2a_4 - 3a_5 + a_6 + a_7 + a_8 - a_9$$
$$3a_2 = -2a_4 - a_6 - 2a_7 - 2a_8 - 2a_9$$
$$3a_3 = a_4 - a_6 + a_7 + a_8 - 2a_9$$

带入式并整理后得

$$\frac{\rho_B}{\rho_g} = k_1 \left(\frac{\rho_g U_1 d_p}{\mu_1} \right)^{a_4} \left(\frac{D_1}{d_p} \right)^{a_5} \left(\frac{h}{d_p} \right)^{a_6} \left(\frac{H_0}{d_p} \right)^{a_7} \tag{10.5}$$

将冷态实验数据和工业实验数据按方程的准数关系一回归可得如下方程：

$$\frac{\rho_B}{\rho_g} = k_1 X_1 \tag{10.6}$$

$$X_1 = \left(\frac{\rho_g U_1 d_p}{\mu_1}\right)^{0.06} \left(\frac{D_1}{d_p}\right)^{1.47} \left(\frac{h}{d_p}\right)^{-0.87} \left(\frac{H_0}{d_p}\right)^{1.31}$$

图 10.40（a）、（b）给出了方程（10.6）的计算结果与实验结果的比较，由图 10.40 可以看出两者吻合较好。

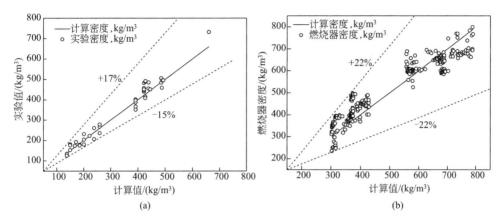

图 10.40　模型计算值与实验值的比较

有了密相密度沿轴向分布规律的关联（10.6）便可以推导出密相平均密度的关联。将式（10.6）整理可得：

$$\frac{\overline{\rho_B}}{\rho_g} = k_2 X_2 \tag{10.7}$$

$$X_2 = \left(\frac{\rho_g U_1 d_p}{\mu_1}\right)^{-0.13} \left(\frac{D_1}{d_p}\right)^{-0.53} \left(\frac{H_0}{d_p}\right)^{1.15}$$

（3）稀相区颗粒的浓度

图 10.41 给出了冷态实验中测定的稀相区颗粒浓度与表观气速的实验关联曲线，由图可以看出稀相区颗粒浓度随表观气速的增加而增大。稀相的浓度 $\xi_{p\infty}$ 可由下式描述[5]：

$$\xi_{p\infty} \propto Fr_2^a \left[(\rho_p - \rho_g)/\rho_g\right]^b \tag{10.8}$$

对实验数据采用式（10.8）进行多元回归可得以下准数关联式：

$$\xi_{p\infty} = 0.98 \left[(\rho_p - \rho_g)/\rho_g\right]^{-0.15} Fr_2^{0.63} \tag{10.9}$$

图 10.42 为工业装置内稀相浓度随着稀相表观气速变化的关系，用工业数据对式（10.9）进行关联后便可以用于工业装置，得到关联式：

$$\xi_{p\infty} = 0.90 \left[(\rho_p - \rho_g)/\rho_g\right]^{-0.63} Fr_2^{1.11} \tag{10.10}$$

图 10.43 给出了计算结果与工业数据的比较。由图可以看出，关联式的计算结果与工业数据吻合较好。

（4）稀相区夹带速率

自由空域的夹带量对于研究颗粒的夹带规律分布具有重要意义，如：根据自由空域夹带规律可以确定旋风分离器的安装位置；确定旋风分离器的入口负荷，以便

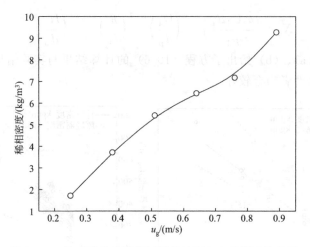

图 10.41　冷态实验中稀相区颗粒浓度与表观气速的关系

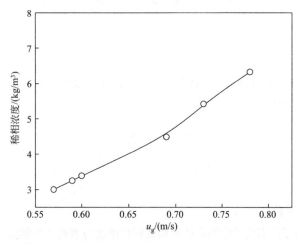

图 10.42　工业装置内稀相浓度与表观气速的关系

进行设计选用；建立自由空间的数学模型，以确定反应在该空间中的进行程度。

　　在第 9 章大型冷态实验中采用的是在料腿上加装计量筒的方式，用容积法测定颗粒在自由空域的夹带速率。工业实验中通过燃烧器外旋入口浓度和入口烟气量计算出半焦收集量。燃烧器的外旋风分离器的回收率在 99.99% 以上，因此可以由半焦收集量来确定旋风入口处的夹带速率。

　　图 10.44 和图 10.45 给出了实验装置与工业装置中表观气速与半焦夹带速率的关联曲线，从图中可以发现夹带速率随着表观气速的增大而增大。这主要是由于随着表观气速的增大，颗粒在密相床中的湍动加剧，床界面弹溅加剧，导致更多的颗粒被弹向稀相空间，并且气速增大还导致颗粒的沉降减少，所以其夹带速率增大。说明气速大小对夹带速率影响较大，这一结果与前人的研究吻合较好，也与 FCC催化剂扬析和夹带规律一致。

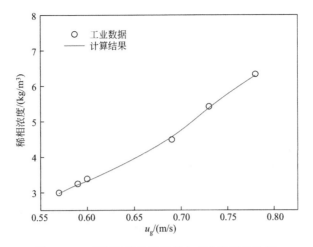

图 10.43　稀相浓度关联结果与工业数据的比较

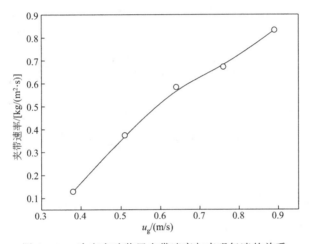

图 10.44　冷态实验装置夹带速率与表观气速的关系

将工业数据以 F_∞/U_2 对 $\xi_{p\infty}$ 进行回归可得如下关联式：

$$F_\infty/u_g = 3.9\left[(\rho_p-\rho_g)/\rho_g\right]^{-0.63}Fr_2^{1.11}+0.53 \qquad (10.11)$$

比较（10.10）(10.11) 两式可得：

$$F_\infty/u_g = 4.439\xi_{p\infty}+0.53 \qquad (10.12)$$

式(10.12) 便可以对工业装置的夹带速率进行计算。

（5）加焦速率对燃烧器内温度的影响

用循环流化床的方法生产二硫化碳是一种新的工艺，需要经过工业热态实验以获取相关的规律。其中，半焦在燃烧器中既作为反应原料又为反应提供热源。一般认为半焦起燃后易出现爆燃，使燃烧器温度升温过快，为此，在设计中采用多种方法抑制半焦的爆燃，如向燃烧器中通入蒸汽等。第 9 章也在冷态实验装置中进行了流体力学行为的研究。工业装置开工中，同样特别重视半焦加入燃烧器后燃烧器内

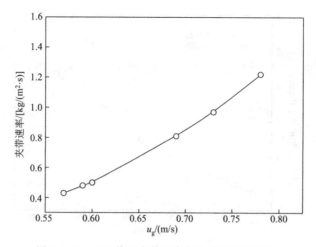

图 10.45　工业装置夹带速率与表观气速的关系

温度的变化情况。图 10.46 给出了半焦加料速率与不同高度处床层温度的关系，加焦时燃烧器内的操作工况如表 10.17，不同加焦速率下的烟气分析见表 10.18。

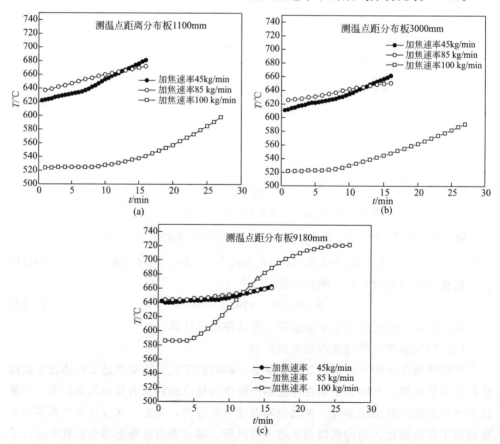

图 10.46　半焦加料速率与不同高度处床层温度的关系

表 10.17　加焦速率不同时燃烧器内工况

加焦速率/(kg/min)	主风流量/(m³/h)	燃烧器藏量/kg	U1/(m/s)	TI135/℃	DI105/(kg/m³)	DI106/(kg/m³)	DI107/(kg/m³)	DI108/(kg/m³)
45	6000	9000	0.98	622	524	12	2	1.4
85	5600	9000	0.99	637	567	14	3	2.3
100	6200	9000	1.03	524	517	20	5	3

表 10.18　不同加焦速率的烟气分析

加焦速率/(kg/min)	加焦时间	烟气分析/%			
		N_2	O_2	CO	CO_2
45	加焦后 10min	85.27	1.60	0	13.63
85	加焦后 10min	85.09	1.13	0	13.72
100	加焦后 10min	76.95	0	6.04	17.01
	加焦后 30min	83.94	1.02	0.05	14.93

从图 10.46（a）可以看出，随着半焦的加入，燃烧器内的温度随着加焦时间的增加而逐渐增加。当加焦速率为 45kg/min 时，升温一开始比较平缓，升温速率约为 1℃/min，加焦 6min 后，升温趋势较之前有所增大，升温速率约为 2℃/min。加焦速率为 85kg/min 时，升温速率一直都维持在约 2℃/min。分析原因，主要是因为加料口距分布板 0.7m，大约位于床层下部。当加焦速率过大时，大量加入的冷焦和燃烧器内的混合颗粒进行混合，吸收的热量占据了大部分半焦燃烧所放的热，所以一开始温度增加得较少；当加入半焦 6min 后，之前加入的半焦开始大量燃烧，放出了大量的热，所以升温速率开始变大。TI135 测点的位置离分部器1.1m（见图 10.2），其位置正好处于床层中部。由趋势可以看出，随着半焦的加入，床层中部的温度变化比较稳，没有出现大的波动。在加焦温度为 524℃，加焦速率为 100kg/min 时，在加入半焦 9min 左右，床内温度基本没有上涨，处于一个平稳状态；当焦炭持续加焦 9min 后，升温幅度开始增加，温度和时间呈抛物线增长。

从图 10.46（b）可以看出，三条曲线升温趋势随着加焦时间增加而增加，可以看出床层中部的升温趋势与床层 1m 以上的升温趋势基本一致。当加焦速率为85kg/min 时，床层 1m 以上的温度分布比加焦速率为 45kg/min 时均匀。

TI133 的测点位置距分布器高度为 3m，由床层膨胀高度可以知道，此测点所测的温度应该为床界面 1m 以上温度，气泡穿过密相床层表面，在床层表面破裂时，使颗粒飞溅到稀相空间。测点 TI133 温度开始上涨主要就是由于高温烟气携带热量同时夹带部分细小碳颗粒在此区间燃烧。

TI132 的测点位置距分布器高度为 11m，测的温度为燃烧器稀相的温度，

DI108 所测的密度为该区的密度。

从图 10.46（c）中可以看出，加焦速率为 45kg/min 和 85kg/min 时，燃烧器稀相温度随着时间逐渐增加，此测点的温升主要依靠烟气带入此点的热量。由于此测点离床界面大约 9m，高温烟气流动到燃烧器上部时，所带的热量较少，故升温较慢。当加焦速率为 100kg/min 时，由升温曲线看出，前 4min 内，TI132 温度基本没有变化，4min 之后，燃烧器稀相温度增加较快，11min 后超过了加焦速率为 45kg/min 和 85kg/min 时的曲线。主要原因是加入半焦量较大，燃烧器床层半焦燃烧不充分，产生了大量的一氧化碳，一氧化碳随着烟气在稀相空间内大量燃烧，所以温度增加较快。当加焦 24min 之后，随着床层内半焦大量燃烧，一氧化碳含量逐渐变小，稀相温度增加开始变慢。和前两张图相比，加焦速率为 45kg/min、85kg/min 和 100kg/min 时的稀相温度分别比床层温度高 20℃、7℃ 和 60℃。主要原因是密相床层的半焦燃烧释放的热被主风和循环半焦带走，同时有部分半焦被带入稀相进行燃烧，释放大量热量，所以密相床层的温度相对于稀相温度较低。

由表 10.17 可知，加入半焦之后密相床与床界面以上 2m 内的温度差多数处在 10～20℃，说明燃烧器内温度变化比较均匀稳定，没有出现半焦在床内爆燃、温度上升较快等现象。当加焦速率过快时，半焦在床层中燃烧不充分产生一氧化碳，产生的一氧化碳被带入稀相和过剩氧反应，大量燃烧导致稀相温度升高得过快；当持续加焦 24min 之后，稀相温度增加开始变缓。由表 10.17 知，此时床层内半焦燃烧充分，稀相的一氧化碳含量也减少，继续加焦温度基本维持不变，此时此点的温度主要靠烟气携带的热量维持。

通过以上分析可知，燃烧器中加入半焦后，半焦并没有出现爆燃现象，半焦在燃烧器中能够稳定燃烧，燃烧器内温度稳定增加，为将来开车提供借鉴。

参考文献

［1］ 金国杰,郭汉贤,李永爱等.活性炭吸附 CS_2 的共性行为研究［J］.天然气化工:C1 化学与化工,1996(A00):8.

［2］ 北川浩,铃木谦一郎.吸附的基础与设计［M］.北京:化学工业出版社,1983:48-49.

［3］ H.凯利,E.巴德.活性炭及其工业应用［M］.魏同成,译.北京:中国环境出版社,1990:178.

［4］ 叶振华.化工吸附分离过程［M］.北京:中国石化出版社,1992:81.

［5］ 卢春喜,王祝安.催化裂化流态化技术［M］.北京:中国石化出版社,2002.

［6］ 卢春喜,孔庆然,王祝安,等.一种循环流化床制备二硫化碳的工艺:ZL 200810055444. X［P］.2008-08-10.

［7］ 卢春喜,孔庆然,王祝安,王捷,刘梦溪,康和平.一种循环流化床制备二硫化碳的设备:ZL 200810055443. 5［P］.2008-08-25.